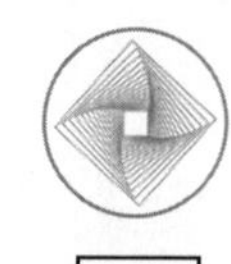

科学与工程计算技术丛书

MATLAB 神经网络分析及应用

顾艳春 编著

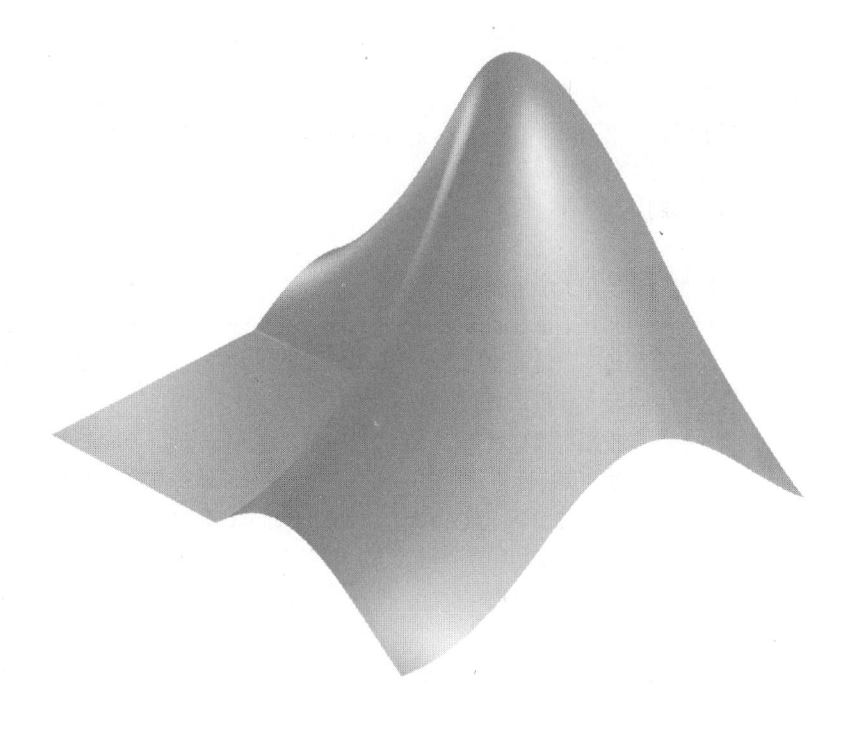

清華大学出版社
北京

内 容 简 介

本书以MATLAB R2023b为平台，以实际应用为背景，采用“理论+公式+经典应用”相结合的形式，深入浅出地讲解MATLAB神经网络经典分析与应用。全书共11章，主要包括为什么神经网络应用广泛、MATLAB快速入门、感知器分析与应用、线性神经网络分析与应用、BP神经网络分析与应用、RBF神经网络分析与应用、反馈神经网络分析与应用、竞争型神经网络分析与应用、神经网络的Simulink应用、自定义神经网络、深度神经网络的分析与应用。通过学习本书，读者可以认识到神经网络在各领域中的广泛应用，可以领略到利用MATLAB实现神经网络的方便、快捷、专业性强等特点。

本书可作为神经网络领域初学者和提高者的学习资料，也可作为高等院校相关课程的教材，还可作为广大科研人员、学者、工程技术人员的参考用书。

图书在版编目(CIP)数据

MATLAB神经网络分析及应用 / 顾艳春编著. -- 北京 : 清华大学出版社, 2024. 11. -- (科学与工程计算技术丛书). -- ISBN 978-7-302-67741-3

Ⅰ. TP183

中国国家版本馆CIP数据核字第2024DN6513号

策划编辑：刘　星
责任编辑：李　锦
封面设计：李召霞
责任校对：刘惠林
责任印制：刘　菲

出版发行：清华大学出版社
网　　址：https://www.tup.com.cn，https://www.wqxuetang.com
地　　址：北京清华大学学研大厦 A 座　　邮　　编：100084
社 总 机：010-83470000　　邮　　购：010-62786544
投稿与读者服务：010-62776969，c-service@tup.tsinghua.edu.cn
质 量 反 馈：010-62772015，zhiliang@tup.tsinghua.edu.cn
课 件 下 载：https://www.tup.com.cn，010-83470236
印 装 者：天津鑫丰华印务有限公司
经　　销：全国新华书店
开　　本：185mm×260mm　　印　　张：17.75　　字　　数：443 千字
版　　次：2024 年 12 月第 1 版　　印　　次：2024 年 12 月第 1 次印刷
印　　数：1~1500
定　　价：69.00 元

产品编号：107588-01

前言

PREFACE

人工神经网络是一种类似于人类神经系统的信息处理技术，可以视为一种功能强大、应用广泛的机器学习算法。它是人工智能学科的重要组成部分，在很多领域有着不可替代的作用，广泛应用于实现分类、聚类、拟合、预测、压缩等方面。随着科技的不断发展，在传统神经网络基础上发展起来的以深度神经网络为主要代表的深度学习方法在近几年有了非同寻常的表现。

神经网络的发展经历了兴起—低潮—复兴的过程，特别是 20 世纪 80 年代后，人工神经网络的发展十分迅速，其中应用最广的是 BP 神经网络，此外还有径向基网络、自组织网络、反馈网络等其他神经网络形式，分别适用于不同的场合，在解决各行各业的难题中显示出巨大的潜力，取得了丰硕的成果。

神经网络是一种网络模型，它的具体使用必须依赖某种实现方式。部分反馈神经网络可以使用电子电路来实现，但更通用的实现方法是利用计算机编程语言。由 MathWorks 公司研发的 MATLAB 商业数学软件在科研和工程实践中获得了广泛的应用，MATLAB 编程形式自由、简洁、便捷，可以方便地实现神经网络算法，且 MATLAB 自带了神经网络工具箱，用户可以直接调用工具箱中的函数，将自己从烦琐的编程中解脱出来，集中精力去思考问题和解决问题。

为了使初学者更加深入地了解神经网络与深度学习的基本原理以及实现方法，本书在 MATLAB R2023b 平台上进行神经网络分析与应用。书中阐述了各种神经网络模型的基本结构、算法原理以及实现方法，提供了各神经网络在 MATLAB 软件中的基本实现函数、格式及实例。本书所有实例均在 MATLAB R2023b 版本上调试运行通过，希望能为广大读者提供帮助。

【本书特色】

本书根据目前市场应用的需要编写，具有以下特色。

1. 软件版本较新，函数较新

MATLAB 每年更新两次，神经网络工具箱也随之更新换代，许多旧的函数已经被新的函数替换。已经出版的图书和网上的很多资料都是旧版本的工具箱，本书基于 MATLAB R2023b 平台编写，介绍了该版本下的神经网络工具箱的使用方法。

2. 内容全面，重点突出，应用广泛

本书内容由浅入深，循序渐进，从最简单的感知器到复杂的自组织竞争网络，最后到深度神经网络等，对它们的原理都进行了全面的介绍，再通过相应的实例来巩固原理及概念，并结合实际对常用的网络进行重点讲解。

3. 实例丰富，贴近实际，应用性强

本书在讲解利用 MATLAB 分析神经网络问题时，精心选择了有代表性的实例，使读者做到学以致用。通过介绍神经网络的应用来启迪读者的应用灵感，进而起到抛砖引玉的作用。同时每章还提供了贴近工程实践的案例，便于读者了解实际应用。书中的源代码、数据集等都可免费、轻松获得。

4. 语言通俗，讲解详细，图文并茂

本书在讲解上力求详细，在原理分析上力求通俗易懂，且在一些简单的实例演示中，用 MATLAB 编程实现了部分简单的神经网络，有利于加深读者对神经网络的理解。为了增加可读性，本书给出了大量的代码及其实际运行生成的效果图，且书中的代码力求完整、注释丰富，使读者一目了然。

【本 书 内 容】

全书共 11 章，每章的主要内容如下。

第 1 章　神经网络应用广泛的原因，主要介绍了人工神经网络的定义、人工神经网络的类型、人工神经网络的应用等内容。

第 2 章　MATLAB 快速入门，主要介绍了 MATLAB 功能及发展、MATLAB R2023b 集成开发环境、MATLAB 语言基础等内容。

第 3 章　感知器分析与应用，主要介绍了单层感知器、感知器的限制、感知器工具箱函数等内容。

第 4 章　线性神经网络分析与应用，主要介绍了线性神经网络与感知器的区别、线性神经网络原理、线性神经网络函数等内容。

第 5 章　BP 神经网络分析与应用，主要介绍了 BP 神经网络原理、BP 神经网络设计、BP 神经网络函数等内容。

第 6 章　RBF 神经网络分析与应用，主要介绍了 RBF 神经网络模型、RBF 解决插值问题、RBF 学习算法、RBF 网络工具箱函数等内容。

第 7 章　反馈神经网络分析与应用，主要介绍了静态与反馈网络、Elman 神经网络、离散 Hopfield 神经网络、连续 Hopfield 神经网络等内容。

第 8 章　竞争型神经网络分析与应用，主要介绍了竞争型神经网络、自组织神经网络、自组织特征映射网络、学习向量量化神经网络等内容。

第 9 章　神经网络的 Simulink 应用，主要介绍了 Simulink 神经网络模块、基于 Simulink 的神经网络的控制系统等内容。

第 10 章　自定义神经网络，主要介绍了自定义神经网络、自定义函数等内容。

第 11 章　深度神经网络分析与应用，主要介绍了卷积神经网络、循环神经网络、长短时记忆网络等内容。

【配 套 资 源】

本书提供程序代码、教学课件等配套资源，可以在清华大学出版社官方网站本书页面下载，或者扫描封底的“书圈”二维码在公众号下载。

由于时间仓促，加之作者水平有限，书中疏漏之处在所难免。在此，诚恳地期望得到各领域的专家和广大读者的批评指正。

作　者

2024 年 9 月

目录

CONTENTS

第 1 章 CHAPTER 1 神经网络应用广泛的原因

神经网络是一门重要的机器学习技术，它是一种能够模拟人脑的神经网络，实现类人工智能的机器，是目前最为火热的研究方向。

1.1 人工神经网络的定义

人工神经网络（Artificial Neural Networks，ANNs）也简称为神经网络（NNs）或连接模型（connection model），它是一种模仿动物神经网络行为特征，进行分布式并行信息处理的算法数学模型。这种网络通过调整内部大量节点之间相互连接的关系，达到处理信息的目的。

1.1.1 神经网络基本概述

ANNs 是一种应用类似于大脑神经突触连接的结构进行信息处理的数学模型。神经网络是一种运算模型，由大量的节点（或称神经元）和节点之间的连接构成。每个节点代表一种特定的输出方，称为激励函数（activation function）。每两个节点间的连接都代表一个对于该连接信号的加权值，称为权重，这相当于神经网络的记忆。

ANNs 通常通过一个基于数学统计学的学习方法（learning method）得以优化，所以 ANNs 也是数学统计学的一种实际应用。另外，人工智能学的人工感知器通过数学统计学的应用可以解决人工感知方面的决定问题，这比正式的逻辑学推理演算更具有优势。

1.1.2 人工神经元的基本特征

人工神经网络是由大量处理单元互联组成的非线性、自适应信息处理系统，它具有以下 4 个基本特征。

（1）非线性。

非线性关系是自然界的普遍特性。大脑的智慧就是一种非线性现象。人工神经元处于激活或抑制两种不同的状态，具有阈值的神经元构成的网络具有更好的性能，可以提高容错性和存储容量。

（2）非局限性。

一个神经网络通常由多个神经元广泛连接而成。一个系统的整体行为不仅取决于单个神经元的特征，而且可能主要由单元之间的相互作用、相互连接所决定。

（3）非常定性。

神经网络可以处理的有各种变化的信息，而且在处理信息的同时，其本身也在不断变化。人工神经网络具有自适应、自组织、自学习能力。

（4）非凸性。

一个系统的演化方向在一定条件下取决于某个特定的状态函数。在人工神经网络中，神经元处理可表示不同的对象，是一种非程序化、适应性、大脑风格的信息处理，其本质是通过网络的变换和动力学行为得到一种并行分布式的信息处理功能，并在不同程度和层次上模仿人脑神经系统的信息处理功能。

人工神经网络是并行分布式系统，采用了与传统人工智能和信息处理技术完全不同的机理，克服了传统的基于逻辑符号的人工智能在处理直觉、非结构化信息方面的缺陷，具有自适应、自组织和实时学习的特点。

1.1.3 人工神经元的特点与优越性

人工神经网络的结构如图 1-1 所示。

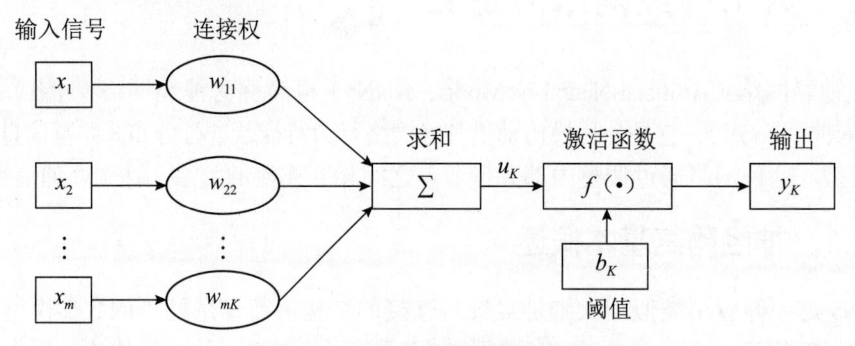

图 1-1 人工神经网络的结构

人工神经网络的特点和优越性主要表现在以下几方面。

（1）具有自学习功能。例如，进行图像识别时，只要先把许多不同的图像样板和对应的识别结果输入人工神经网络，网络就会通过自学习功能，慢慢学会识别类似的图像。自学习功能对于预测有特别重要的意义，未来的人工神经网络计算机将可以为人类提供经济预测、市场预测、效益预测，其应用前景远大。

（2）具有联想存储功能。用人工神经网络的反馈网络就可以实现这种联想。

（3）具有高速寻找优化解的能力。寻找一个复杂问题的优化解往往需要很大的计算量，利用一个针对某问题而设计的反馈型人工神经网络，发挥计算机的高速运算能力，可能很快找到优化解。

1.2 人工神经网络的类型

神经网络中神经元的连接方式与用于训练网络的学习算法是紧密结合的，可以认为应用于神经网络设计中的学习算法是被结构化了的。可以从以下不同角度对人工神经网络进行分类。

（1）从网络性能角度可分为连续型网络和离散型网络，以及确定性网络和随机性网络。

（2）从网络结构角度可分为前向网络和反馈网络。

（3）从学习方式角度可分为有导师学习网络和无导师学习网络。

（4）从连续突触性质角度可分为一阶线性关联网络和高阶非线性关联网络。

本书将网络结构和学习算法相结合，对人工神经网络进行分类。

1.2.1　单层前向网络

单层前向网络是指拥有的计算节点（神经元）是单层的，如图 1-2 所示。这里把表示源节点个数的输入层看作一层神经元，因为该输入层不具有执行计算的功能。

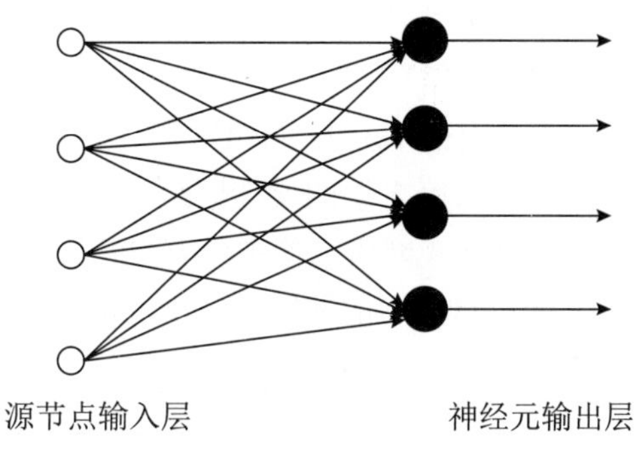

图 1-2　单层前向网络

1.2.2　多层前向网络

多层前向网络与单层前向网络的区别在于：多层前向网络含有一个或更多的隐含层，其中计算节点被相应地称为隐含神经元或隐含单元，如图 1-3 所示。

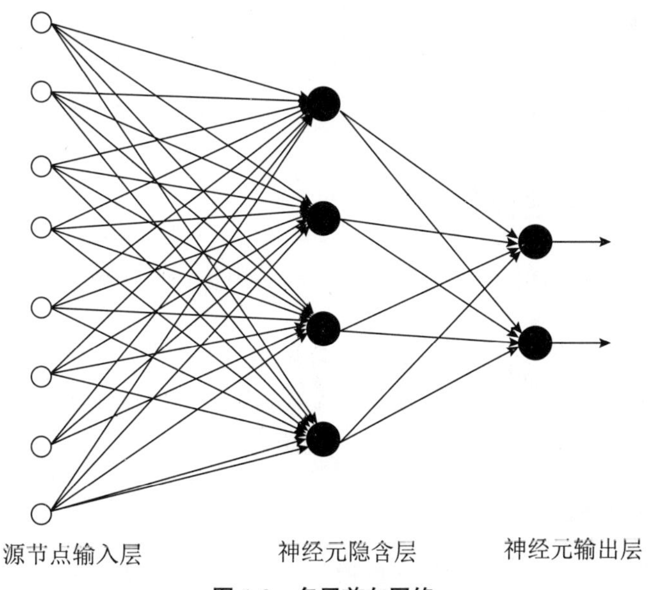

图 1-3　多层前向网络

图 1-3 所示的多层前向网络由含有 8 个神经元的输入层、含有 4 个神经元的隐含层和含有 2 个神经元的输出层组成。

网络输入层中的每个源节点的激励模式（输入向量）单元组成了应用于第二层（如第一隐含层）神经元（计算节点）的输入信号，第二层的输出信号成为第三层的输入信号，其余层类似。网络每一层的神经元只含有作为它们输入前一层的输出信号，网络输入层（终止层）神经元的输出信号组成了对网络中输入层（起始层）源节点产生的激励模式的全部响应。即信号从输入层输入，经隐含层传给输出层，由输出层得到输出信号。

通过加入一个或更多的隐含层，网络能提取出更高维的统计，尤其当输入层规模庞大时，隐神经元提高高维统计数据的能力便显得格外重要。

1.2.3 反馈网络

反馈网络是指在网络中至少含有一个反馈回路的神经网络。反馈网络可以包含一个单层神经元，其中每个神经元都将自身的输出信号反馈给其他所有神经元的输入，如图 1-4 所示，图 1-4 中所示的网络即为著名的 Hopfield 网络。

图 1-5 所示是另一种类型的含有隐含层的反馈网络，图中的反馈连接起始于隐神经元和输出神经元。图 1-4 和图 1-5 所示的网络结构中没有自反馈回路。自反馈回路是指一个神经元的输出反馈至其输入，含有自反馈的网络也属于反馈网络。

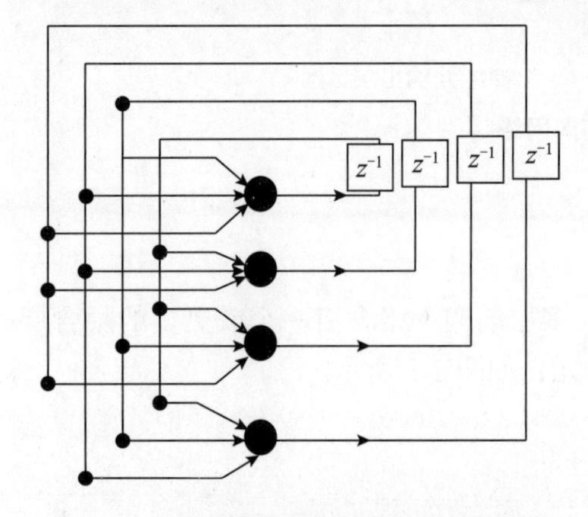

图 1-4 无自反馈回路和隐含层的反馈网络

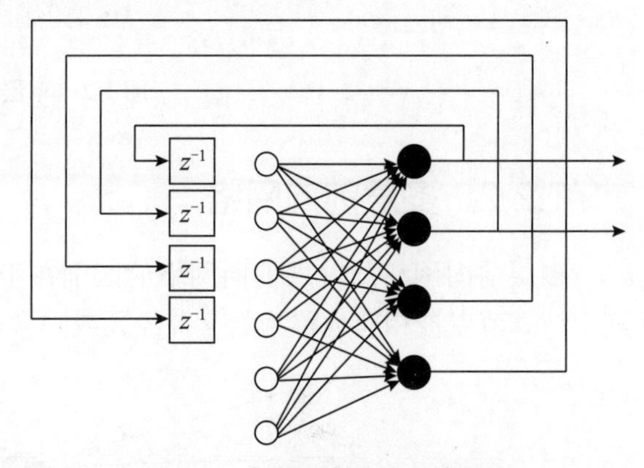

图 1-5 含有隐含层的反馈网络

1.2.4 竞争型神经网络

竞争型神经网络的显著特点是它的输出神经元相互竞争以确定胜者，胜者指出哪一种原形模式最能代表输入模式。

Hamming 网络是一个最简单的竞争型神经网络，如图 1-6 所示。神经网络有一个单层的输出神经元，每个输出神经元都与输入节点全相连，输出神经元之间全互联。从源节点到神经元之间是兴奋性连接，输出神经元之间横向侧抑制。

1.2.5 深度神经网络

深度神经网络是一个由多个层组成的递归函数，如图 1-7 所示。网络中每一层由多个神经元组成，每个神经元都接收前一层所有神经元的输出，根据输入数据对输出进行计算并传递给下一层神经网络，最终完成预测或分类任务。

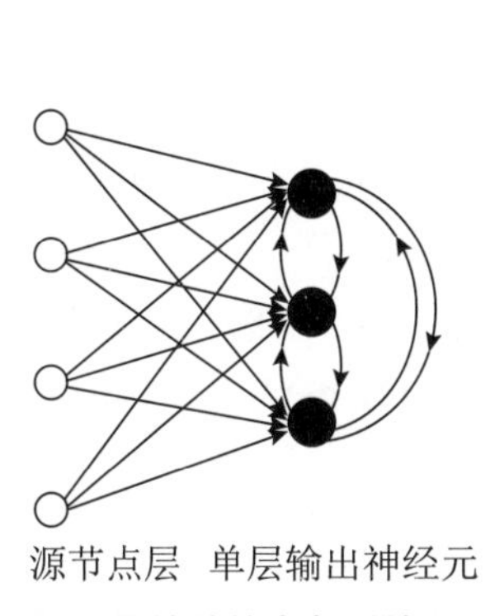

图 1-6 最简单的竞争型神经网络

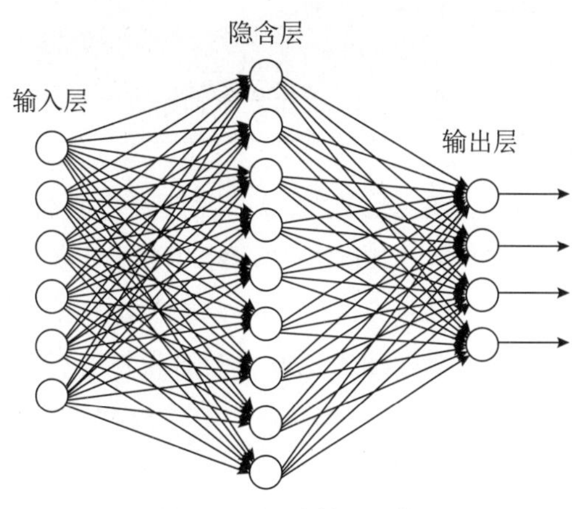

图 1-7 深度神经网络

1.3 人工神经网络的应用

在网络模型与算法研究的基础上，利用人工神经网络可以组成实际的应用系统，例如，完成某种信号处理或模式识别的功能、构建专家系统、制成机器人、进行复杂系统控制等。

纵观当代新兴科学技术的发展史，人类在征服宇宙空间、基本粒子、生命声源等科学技术领域的进程中历经了崎岖不平的道路。探索人脑功能和神经网络的研究也是伴随着重重困难的克服而日新月异。

神经网络的研究内容相当广泛，是多学科交叉的技术领域，其主要研究工作集中在以下几方面。

1. 生物原型

从生理学、心理学、解剖学、脑科学、病理学等方面研究神经细胞、神经网络、神经系统的生物原型结构及其功能机理。

2. 建立模型

根据生物原型的研究，建立神经元、神经网络的理论模型，其中包括概念模型、知识模型、物理化学模型、数学模型等。

3. 算法

在理论模型研究的基础上构建具体的神经网络模型，以实现计算机模拟或准备制作硬件，包括网络学习算法的研究。这方面的工作也称为技术模型研究。

神经网络用到的算法就是向量乘法，并且广泛采用符号函数及其各种逼近。并行、容错、可以硬件实现以及自我学习，是神经网络的几个基本优点，也是神经网络计算方法与传统方法的区别所在。

1.4 神经网络的发展史

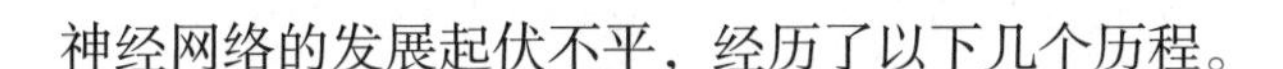

神经网络的发展起伏不平，经历了以下几个历程。

1.4.1 模型提出

1. 第一个神经元模型

1943 年，麦卡洛克（McCulloch）和皮茨（Pitts）为单个神经元建立了第一个数学模型，称为 MP 模型，从而开创了研究人工神经网络的时代。

2. 感知机模型

1958 年，罗森・布拉特正式把算法取名为 Perceptron（感知机），感知机是二类分类的线性分类模型，其输入为实例的特征向量，输出为实例的类别。

假设输入空间（特征空间）是 $\boldsymbol{X} \subseteq \mathbf{R}^n$，输出空间是 $y = \{+1, -1\}$。输入 $\boldsymbol{x} \in \boldsymbol{X}$ 表示实例的特征向量，对应输入空间（特征空间）的点；输出 $y \in Y$ 表示实例的类别。由输入空间到输出空间的函数

$$f(x) = \text{sign}(\boldsymbol{w} \cdot \boldsymbol{x} + b)$$

称为感知机。其中 $\boldsymbol{w}$ 和 b 为感知机模型参数，$\boldsymbol{w} \in \mathbf{R}^n$ 叫作权值或权值向量，$b \in \mathbf{R}$ 叫作偏置，$\boldsymbol{w} \cdot \boldsymbol{x}$ 表示 $\boldsymbol{w}$ 和 $\boldsymbol{x}$ 的内积。sign 为符号函数，即

$$\text{sign}(x) = \begin{cases} +1, & x \geqslant 0 \\ -1, & x < 0 \end{cases}$$

1.4.2 冰河期

1. XOR 异或问题

马文・明斯基在 1969 年指出了神经网络的两个缺陷：第一，感知器无法处理异或问题；第二，当时的计算机不具备大型神经网络所需要的算力。

2. BP 反向传播

反向传播（Back Propagation，BP）是“误差反向传播”的简称，是一种与最优方法（如梯度下降法）结合使用的、用来训练人工神经网络的常见方法。BP 算法对网络中所有权重计算损失函数的梯度，这个梯度会反馈给最优化方法，用来更新权值以最小化损失函数。BP 算法会先按前向传播方式计算（并缓存）每个节点的输出值，然后按反向传播遍历图的方式计算损失函数值相对于每个参数的偏导数。

3. 新识别机的提出

福岛邦彦（Fukushima）于 1979 年提出了神经认知机（Neocognitron，新识别机）模型，这是一个使用无监督学习训练的神经网络模型，也是卷积神经网络的雏形。

1.4.3 反向传播引起的复兴

1. Hopfield 网络

约翰・霍普菲尔德于 1982 年发明了一种递归神经网络——Hopfield 神经网络。Hopfield 网络是一种结合存储系统和二元系统的神经网络。它保证了向局部极小值的收敛，但收敛到错误的局部极小值而非全局极小值的情况也可能发生。Hopfield 网络也提供了模拟人类记忆的模型。

2. 玻尔兹曼机

玻尔兹曼机（Boltzmann machine）是一种随机神经网络和递归神经网络，于 1985 年

由杰弗里·辛顿（Geoffrey Hinton）和特里·谢泽诺斯基（Terry Sejnowski）发明。

玻尔兹曼机可被视作随机过程，可生成相应的 Hopfiled 神经网络。它是最早能够学习内部表达，并能表达和解决复杂的组合优化问题的神经网络。但目前并没有证据证明没有特定限制连接方式的玻尔兹曼机对机器学习的实际问题起作用，所以它目前只有理论意义。然而，由于局部性和训练算法的赫布性质，以及它们和简单物理过程相似的并行性，如果连接方式是受约束的（即约束玻尔兹曼机），那么它在解决实际问题时将会足够高效。

3. RNN（1986 年）

循环神经网络（Recurrent Neural Network，RNN）是一类以序列（sequence）数据为输入，在序列的演进方向进行递归，且所有节点（循环单元）按链式连接的递归神经网络（Recursive Neural Network）。

4. LeNet（1990 年）

LeNet 是一个 7 层的神经网络，包含 3 个输入层、2 个池化层、2 个全连接层。其中所有卷积层的所有卷积核都为 5×5，步长 strid=1，池化方法都为全局 pooling，激活函数为 Sigmoid，其网络结构如图 1-8 所示。

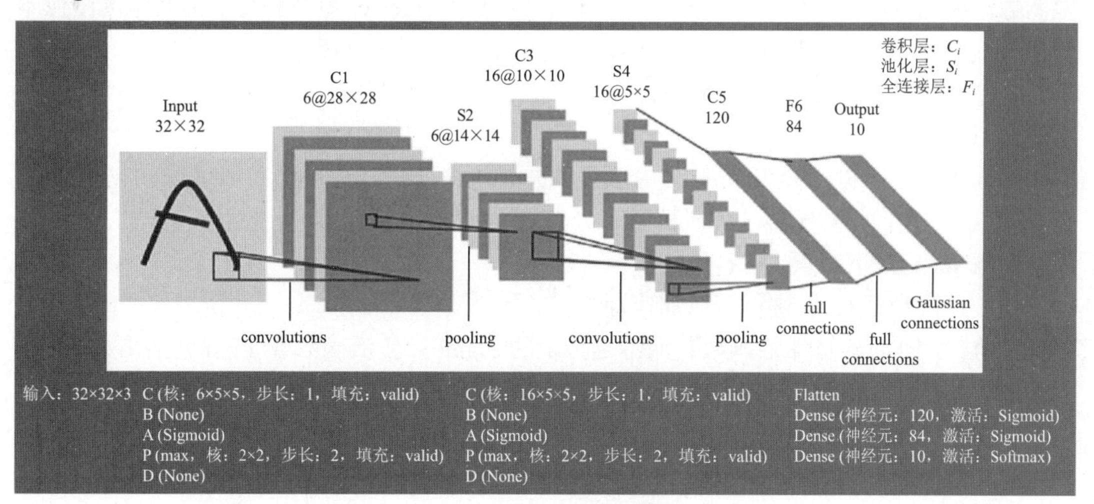

图 1-8　LeNet 网络结构

1.4.4　第二次低潮

这一阶段，机器学习的一些策略的流行度超过了深度学习，如 1997 年的 LSTM、双向 RNN。

1.4.5　深度学习的崛起

1. DBN 深度置信网络

深度置信网络是深度学习方法中的一种神经网络模型，如图 1-9 所示。该模型以限制玻尔兹曼机为基础，运用多 RBM 的方式实现概率生成，其概率生成方式主要是构造联合分布函数，函数用于针对输入数据与样本之间的标签。

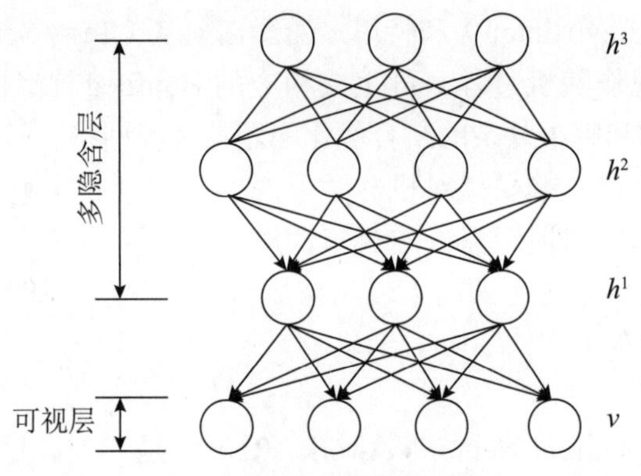

图 1-9 深度置信网络结构

2. ImageNet

ImageNet 是一个用于视觉对象识别软件研究的大型可视化数据库。超过 1400 万幅图像 URL 被 ImageNet 手动注释，以指示图像中的对象；其在至少 100 万幅图像中提供了边界框。ImageNet 包含 2 万多个类别，一个典型的类别，如“气球”或“草莓”，包含数百幅图像。第三方图像 URL 的注释数据库可以直接从 ImageNet 免费获得，但实际的图像不属于 ImageNet。2012 年，研究人员在解决 ImageNet 问题方面获得了巨大的突破，被广泛认为是“深度学习革命”的开始。

3. AlexNet

AlexNet 是于 2012 年设计的，同年更多更深的神经网络被提出，如优秀的 VGGNet、GoogLeNet。它们相对于传统的机器学习分类算法而言，已经相当地出色。

AlexNet 有以下亮点。

（1）首次利用 GPU 进行网络加速训练。

（2）使用了 ReLU 激活函数，而不是传统的 Sigmoid 激活函数或 Tanh 激活函数。

（3）使用了 LRN 局部响应归一化。

（4）在全连接层的前两层中使用了 Dropout 随机失活神经元操作，减少了过拟合。

4. VGGNet、GoogLeNet

牛津大学计算机视觉组和 Google DeepMind 公司一起研发了新的卷积神经网络——VGGNet，它是比 AlexNet 更深的深度卷积神经网络。

GoogLeNet 是 2014 年提出的一种全新的深度学习结构，之前的 AlexNet、VGGNet 等结构都是通过增大网络的深度（层数）来获得更好的训练效果，但层数的增加会带来很多负面的作用，如过拟合、梯度消失、梯度爆炸等。

5. 残差网络

残差网络是由来自 Microsoft Research 的 4 位学者提出的卷积神经网络，它的特点是容易优化，并且能通过增加深度来提高准确率。其内部的残差块使用了跳跃连接，缓解了在深度神经网络中增加深度带来的梯度消失问题。

1.5 神经网络学习

学习是神经网络研究的一个重要内容，神经网络的适应性是通过学习实现的——根据环境的变化，对权值进行调整，改善系统的行为。

由 Hebb 提出的 Hebbian 学习规则为神经网络的学习算法奠定了基础。Hebbian 规则认为学习过程最终发生在神经元之间的突触部位，突触的联系强度随着突触前后神经元的活动而变化。

在此基础上，人们提出了各种学习规则和算法，以适应不同网络模型的需要。有效的学习算法使神经网络能够通过连接权值的调整，构造客观世界的内在表示，形成具有特色的信息处理方法，信息存储和处理体现在网络的连接中。

根据学习环境不同，神经网络的学习方式可分为监督学习和非监督学习。在监督学习中，将训练样本的数据加到网络输入端，同时将相应的期望输出与网络输出相比较，得到误差信号，以此调整连接权值，多次训练后收敛到一个确定的权值。当样本情况发生变化时，经学习可以修改权值以适应新的环境。使用监督学习的神经网络模型有反传网络、感知器等。

非监督学习时，事先不给定标准样本，直接将网络置于环境之中，学习阶段与工作阶段是一体的。此时，学习规律的变化服从连接权值的演变方程。非监督学习最简单的实例是 Hebbian 学习规则。竞争学习是一个更复杂的非监督学习的实例，它根据已建立的聚类进行权值调整。下面对神经网络常用的几种学习规则进行介绍。

1. Hebbian 学习规则

Hebbian 学习规则是一种参数更新的方式。该学习规则将一个神经元的输入与输出信息进行对比，对该神经元的输入权重参数进行更新。该学习规则使每个神经元独自作战。一个神经元的参数更新，仅与它自己的输入与输出数据有关，不考虑整个网络的情况。

Hebbian 学习规则通常使用双极性激活函数，即激活函数的取值范围是 [-1，1]，其作用是当输入与输出同号（+或-）时加大权重，否则降低权重。

因此，通常 Hebbian 学习规则用当前神经元的输入与输出的乘积更新自己的权重。

$$\Delta w_{ij} = \eta o_j x_i$$

式中，o_j 是第 j 个神经元的输出，x_i 是神经元的第 i 个输入，w_{ij} 是神经元 j 与第 i 个输入数据 x_i 之间的权重。

2. 感知器学习规则

感知器的学习规则规定，学习信号等于神经元期望输出（教师信号）与实际输出之差。

对样本输入 x，假定神经元的期望输出为 d，当前输出为 y，而神经元的传递函数取符号函数，则在感知器学习规则中，权值调整量为

$$\Delta \boldsymbol{w}(t) = e(t)\boldsymbol{x}$$

其中，误差信号为

$$e(t) = d - y = d - \mathrm{sgn}(\boldsymbol{w}^{\mathrm{T}}\boldsymbol{x})$$

3. δ（Delta）学习规则

δ学习规则也称梯度法或最速下降法，是最常用的神经网络学习算法。

4. Widrow-Hoff 学习规则

Widrow-Hoff（简称 W-H）学习规则又称最小均方规则（LMS）。W-H 学习规则与 δ学习规则的推导类似，该学习规则也可用于神经元传递函数取符号函数的情形。

第2章 CHAPTER 2 MATLAB快速入门

MATLAB 是一款大型数学计算软件，它具有强大的处理功能和绘图功能，已经广泛地应用于科学研究和工程技术的各个领域。

2.1 MATLAB 功能及发展

随着 MathWorks 公司对 MATLAB 软件的不断升级，目前的 MATLAB 功能已相当完善，它是一款集数据计算、程序设计、图形可视化、建模仿真于一体的软件。

2.1.1 MATLAB 常用功能

MATLAB 较为常用的一些功能如下。

1）数据计算

MATLAB 数据计算功能强大，基于矩阵的计算机制使其在线性代数、矩阵分析、数值分析、方程求解、傅里叶分析、数值微积分等多方面都有广泛应用，且易获得精确可靠的结果。

2）符号计算

MATLAB 提供了专门的工具箱用于符号运算，用户可以直接对字符串符号进行分析计算，此功能进一步扩展了计算机解决数学问题的能力。符号计算在公式推导、逻辑计算等方面也有重要应用。

3）图形功能

MATLAB 提供了数据的可视化功能，包括常用二维和三维图形的绘制，用户可以方便地绘制各种图形。同时，使用 MATLAB 的绘制功能还可以方便地编辑图形、设置相应的图形注释等，进而优化绘制的图形。

4）建模仿真

MATLAB 是一款优秀的建模仿真软件，用户利用该项功能可以很方便地模拟现实。MATLAB 的 Simulink 部分是仿真领域常用的工具，可以较为真实地模拟实际条件或者一些不可能实现的条件下的场景，减少实现真实场景不必要的开支。

5）程序设计

MATLAB 的程序设计功能完善，为面向对象的程序设计机制。MATLAB 包含大量的函数库，供用户直接调用。同时，MATLAB 程序设计功能为用户提供了方便的调试工具，在程序出错后，也会出现详细的错误信息。

6）界面设计

MATLAB 软件提供了方便的界面设计功能，用户可以利用该功能完成相应的界面设计。MATLAB 中的图形界面设计多为界面操作，无须大量复杂的算法。MATLAB 的界面设计功能可以进一步提高 MATLAB 所设计程序的可操作性。

7）与其他程序的集成与扩展

MATLAB 软件与其他编程语言具有较好的链接能力，其应用接口编程技术为其他编程语言与 MATLAB 软件的交互使用提供了良好的应用平台。MATLAB 软件还支持与常用的 Office 操作软件的交互使用，可以在 Word 或 Excel 中直接使用 MATLAB 的各项功能。

2.1.2 MATLAB 的发展

MALAB 诞生于 20 世纪 70 年代，它的编写者是 Cleve Moler 博士和他的同事。1984 年，Cleve Moler 和 John Little 成立了 MathWorks 公司，正式把 MATLAB 推向市场，并继续进行 MATLAB 的开发。MathWorks 公司于 1992 年推出了 MATLAB 4.0，1995 年推出了 MATLAB 4.2C 版（For Win3.x），1997 年推出了 MATLAB 5.0，2004 年 9 月发布了 MATLAB 7.0，2006 年 3 月发布了 MATLAB 2006a，2006 年 9 月发布了 MATLAB 2006b，2007 年 3 月发布了 MATLAB R2007，2023 年 9 月发布了 MATLAB R2023b。每一次版本的推出，MATLAB 都有长足的进步，界面越来越友好，内容越来越丰富，功能越来越强大，帮助系统越来越完善。

MATLAB 擅长数值计算，能处理大量的数据，而且效率比较高。MathWorks 公司在此基础上加强了 MATLAB 的符号计算、文字处理、可视化建模和实时控制能力，增强了 MATLAB 的市场竞争力，使 MATLAB 成为市场主流的数值计算软件。

MATLAB 产品族是支持从概念设计、算法开发、建模仿真到实时实现的理想的集成环境。无论进行科学研究还是产品开发，MTALAB 产品族都是必不可少的工具。

本书使用的 MATLAB 版本是 R2023b，它于 2023 年 9 月发布。

2.2 MATLAB R2023b 集成开发环境

正确安装并激活 MATLAB R2023b 后，把图标的快捷方式发送到桌面，即可双击 MATLAB 图标启动 MATLAB R2023b，其界面如图 2-1 所示。

MATLAB R2023b 的主界面即用户的工作环境，包括菜单栏、工具栏、开始按钮和各个不同用途的窗口。主要包括的相关工具如下。

1）命令窗口

MATLAB 的命令窗口是用户与软件交互的主要界面。用户可以在命令窗口中输入和执行 MATLAB 命令，进行数据处理、计算和编程等操作。

2）编辑器

MATLAB 的编辑器提供了一个集成的开发环境，用于编写、编辑和调试 MATLAB 代码。它具有语法高亮、自动补全、代码折叠等功能，方便用户进行代码编写和调试。

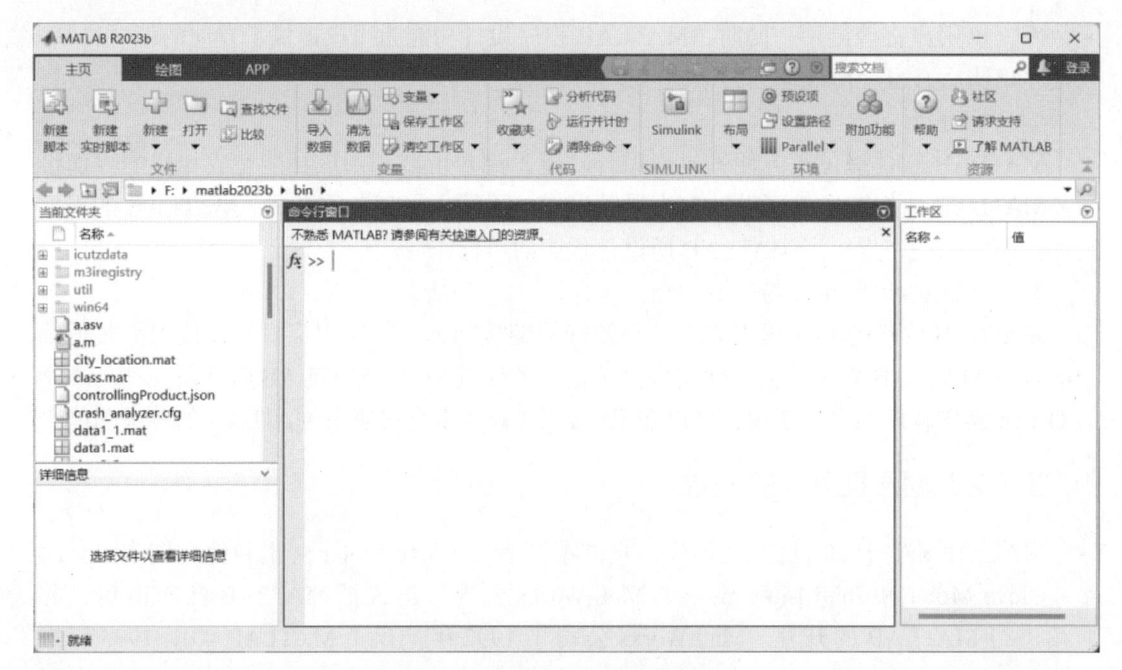

图 2-1 MATLAB R2023b 界面

3）图形用户界面（GUI）设计工具

MATLAB 提供了一个可视化的 GUI 设计工具，用于创建交互式的图形用户界面。用户可以使用该工具设计和构建自定义的 GUI 应用程序，以实现更直观和友好的用户界面。

4）数学和工程工具箱

MATLAB 提供了多个数学和工程工具箱，用于解决特定领域的问题。这些工具箱包括控制系统设计、信号处理、图像处理、优化、统计分析等，为用户提供了丰富的函数和算法，以解决各种复杂的数学和工程问题。

5）模型建立和仿真工具

MATLAB 提供了建模和仿真工具，用于创建和模拟各种系统和过程。用户可以使用这些工具构建数学模型，并通过仿真来验证和优化模型的性能。

6）应用部署工具

MATLAB 提供了应用部署工具，用于将 MATLAB 代码转换为独立的可执行文件或部署到 Web、移动设备和云平台上。这使得用户可以将 MATLAB 应用程序分享给其他人，让其在没有安装 MATLAB 的情况下也可以运行。

2.3 帮助命令

MATLAB 的各个版本都为用户提供了详细的帮助系统，可以帮助用户更好地了解和运行 MATLAB。因此，不论用户是否用过 MATLAB、是否熟悉 MATLAB，都应该了解和掌握 MATLAB 的帮助系统。

在图 2-1 所示的 MATLAB 界面中，单击快捷按钮即可打开 MATLAB 的“帮助”界面，如图 2-2 所示。

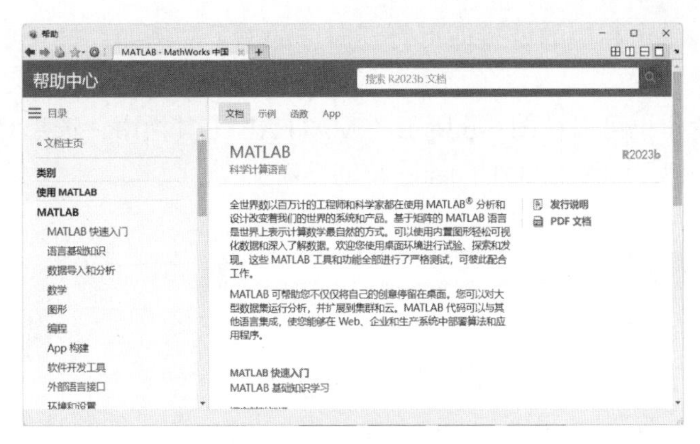

图 2-2 “帮助”界面

在“搜索 R2023b 文档”搜索框中输入所需要查询的函数并回车，即可进行函数查询，效果如图 2-3 所示。

图 2-3 函数查询界面

在图 2-3 的界面中单击相应的链接即可对函数进行查询，在查询中，可以了解函数的语法格式和用法等内容。

此外，在 MATLAB 的命令窗口中输入 demo 命令，即可调用关于演示程序的帮助对话框，如图 2-4 所示。

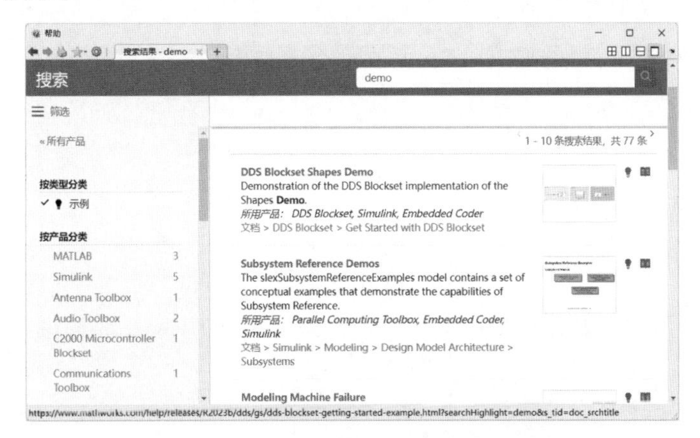

图 2-4 MATLAB 中的 demo 帮助界面

在该界面中，单击相应的链接即可打开对应的例子。例如，打开基本矩阵运算的例子，如图 2-5 所示。

除此之外，用户也可以在图 2-6 所示的 MATLAB 工具栏中，选择“帮助”下拉菜单中的“示例”选项打开 MATLAB 的 demo 帮助界面。

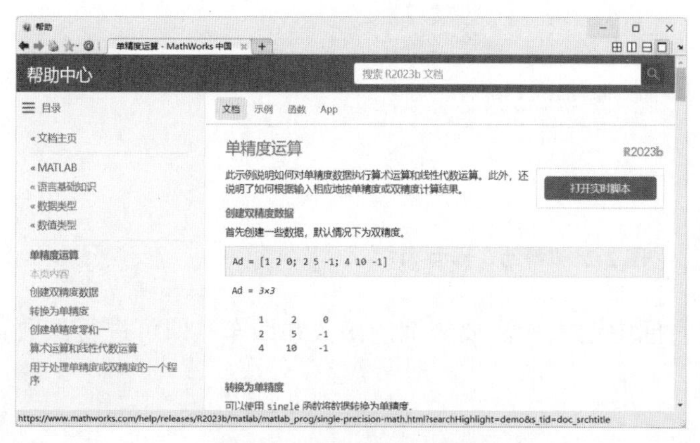

图 2-5　矩阵运算实例界面

图 2-6　“帮助”下拉菜单

2.4　MATLAB 桌面基础知识

很多工程师和科学家在使用 MATLAB 分析和设计系统和产品。基于矩阵的 MATLAB 语言是表示计算数学最自然的方式，可以使用内置图形轻松可视化数据和深入了解数据。

启动 MATLAB 时，桌面会以默认布局显示，如图 2-1 所示。

桌面包括下列面板。

（1）当前文件夹：访问文件。

（2）命令行窗口：在命令行中输入命令（由提示符 >> 表示）。

（3）工作区：浏览创建或从文件导入的数据。

使用 MATLAB 时，可发出创建变量和调用函数的命令。例如，通过在命令行中输入以下语句来创建名为 a 的变量。

```
>> a = 3
```

MATLAB 将变量 a 添加到工作区，并在命令窗口中显示结果。

```
a =
     3
```

创建更多变量。

```
>> b=5
b =
     5
>> c=a+b
c =
     8
```

```
>> d=sin(a)
d =
    0.1411
```

如果未指定输出变量，MATLAB 将使用变量 ans（answer 的缩略形式）存储计算结果。

```
>> cos(b)
ans =
    0.2837
```

如果语句以分号结束，MATLAB 会执行计算，但不在命令行窗口中显示输出。

```
>> e = a-b;
```

按向上（↑）和向下（↓）箭头键可以重新调用以前的命令，可在空白命令行中或在输入命令的前几个字符之后按箭头键。例如，要重新调用命令 b = 5，可以先输入 b，然后按向上箭头键。

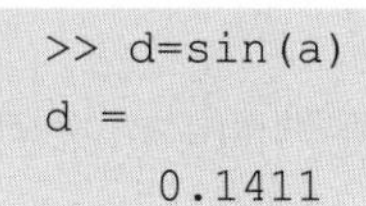

2.5 MATLAB 语言基础

MATLAB 是 Matrix Laboratory 的缩写形式。其他编程语言通常一次只能处理一个数字，而 MATLAB 则针对整个矩阵和数组进行运算处理。MATLAB 语言基础知识包括基本运算，例如创建变量、数组索引、算术运算和数据类型等。

2.5.1 命令输入

在 MATLAB 中工作时，可发出创建变量和调用函数的命令。

1. 在命令行窗口中输入语句

可以如 2.4 节所介绍的那样，在命令行窗口中输入各语句。此外，还可以通过分隔语句在同一行上输入多个语句。要将各命令区分开，可在每个命令结尾使用逗号或分号。以逗号结尾的命令会显示其结果，而以分号结尾的命令不显示其结果。例如，在命令行上输入以下三个语句：

```
>> A = magic(5),  B = ones(5) * 4.7;  C = A./B
A =
    17    24     1     8    15
    23     5     7    14    16
     4     6    13    20    22
    10    12    19    21     3
    11    18    25     2     9
C =
    3.6170    5.1064    0.2128    1.7021    3.1915
    4.8936    1.0638    1.4894    2.9787    3.4043
    0.8511    1.2766    2.7660    4.2553    4.6809
    2.1277    2.5532    4.0426    4.4681    0.6383
    2.3404    3.8298    5.3191    0.4255    1.9149
```

MATLAB 在命令窗口中仅显示 A 和 C 的值。

2. 设置输出格式

MATLAB 同时在命令行窗口和实时编辑器中显示输出，可以使用提供的多个选项为输出显示设置格式。

（1）设置输出中行间距的格式。

默认情况下，MATLAB 会在命令行输出中显示空行，可以在 MATLAB 中选择以下两个选项之一。

• loose：保存显示空行（默认）。

• compact：取消显示空行。

要更改行距选项，请执行以下操作之一。

• 在主页选项卡的环境部分，单击 预设项，选择 MATLAB →命令行窗口，然后选择一个行距选项。

• 在命令行中使用 format 函数，例如：

```
format loose
format compact
```

（2）设置浮点数格式。

可以更改数字在命令行窗口和实时编辑器中的显示方式。默认情况下，MATLAB 使用短格式（5 位定点值）。例如，假设在命令行窗口中输入“x = [4/3 1.2345e-6]”。表 2-1 列出了一些可用的数值显示格式及其对应的输出。MATLAB 输出显示取决于选择的格式。

表 2-1 设置浮点数格式

数值显示格式	输 出
short（默认值）	x = 1.3333 0.0000
short e	x = 1.3333e+00 1.2345e-06
long	x=1.333333333333333 0.000001234500000
+	x=++

3. 停止执行

要停止执行 MATLAB 命令，可按下 [Ctrl+C] 或 [Ctrl+Break] 组合键。

2.5.2 矩阵和数组

矩阵和数组是 MATLAB 中信息和数据的基本表示形式，MATLAB 可以创建常用的数组和矩阵、合并现有数组、操作数组的形状和内容，以及使用索引访问数组元素。

1. 创建、串联和扩展矩阵

最基本的 MATLAB 数据结构体是矩阵。矩阵是按行和列排列的数据元素的二维矩形数组。元素可以是数字、逻辑值（true 或 false）、日期时间、字符串、categorical 值或者其他 MATLAB 数据类型。

即使一个数字也能以矩阵的形式存储。例如，可将包含值 10 的变量存储为 double 类型的 1 × 1 矩阵。

```
>> A=10
A =
```

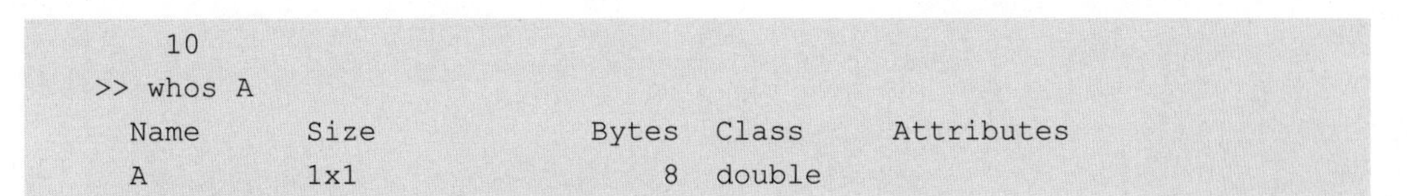

```
    10
>> whos A
  Name       Size            Bytes  Class     Attributes
  A          1x1                 8  double
```

1）构建数据矩阵

如果有一组具体的数据，可以使用方括号将这些元素排列成矩阵。一行数据的元素之间用空格或逗号分隔，行与行之间用分号分隔。例如，创建只有一行的矩阵，其中包含四个数字元素，得到的矩阵大小为 1×4，因为它有一行和四列，这种形状的矩阵通常称为行向量。

```
>> A = [10 13 88 -7]
A =
    10    13    88    -7
>> SZ = size(A)
SZ =
     1     4
```

再用这些数字创建一个矩阵，但排成两行，即此矩阵有两行和两列。

```
>> A = [10 13;88 -7]
A =
    10    13
    88    -7
>> SZ = size(A)
SZ =
     2     2
```

2）专用矩阵函数

MATLAB 中有许多函数可以创建具有特定值或特定结构的矩阵。例如，zeros( ) 和 ones( ) 函数可以创建元素全部为 0 或全部为 1 的矩阵。这些函数的第一个和第二个参数分别是矩阵的行数和列数。

```
>> A = zeros(3,2)
A =
     0     0
     0     0
     0     0
>> B = ones(2,4)
B =
     1     1     1     1
     1     1     1     1
```

diag( ) 函数将输入元素放在矩阵的对角线上。例如，创建一个行向量 A，其中包含四个元素；然后创建一个 4×4 矩阵，其对角元素是 A 的元素。

```
>> A = [12 62 93 -8];
B = diag(A)
B =
```

```
    12     0     0     0
     0    62     0     0
     0     0    93     0
     0     0     0    -8
```

3）串联矩阵

可以使用方括号来追加现有矩阵，这种创建矩阵的方法称为串联。例如，将两个行向量串联起来，可以形成一个更长的行向量。

```
>> A = ones(1,3);
B = zeros(1,3);
C = [A B]
C =
     1     1     1     0     0     0
```

要将 A 和 B 排列为一个矩阵的两行，可使用分号。

```
>> D = [A; B]
D =
     1     1     1
     0     0     0
```

要串联多个矩阵，它们必须具有兼容的大小。也就是说，水平串联矩阵时，它们的行数必须相同；垂直串联矩阵时，它们的列数必须相同。

例如，创建两个都有两行的矩阵，使用方括号可将第二个矩阵水平追加到第一个矩阵。

```
>> A = ones(2,3)
A =
     1     1     1
     1     1     1
>> B = zeros(2,2)
B =
     0     0
     0     0
>> C = [A B]
C =
     1     1     1     0     0
     1     1     1     0     0
```

串联兼容矩阵的另一种方法是使用串联函数，如 horzcat( )、vertcat( ) 和 cat( )。使用 horzcat( ) 函数可将第二个矩阵水平追加到第一个矩阵。

```
>> D = horzcat(A,B)
D =
     1     1     1     0     0
     1     1     1     0     0
```

4）生成数值序列

使用：运算符可创建由连续且等间距元素组成的矩阵。例如，创建一个行向量，其元素是从 1 到 8 的整数。

```
>> A = 1: 8
A =
     1     2     3     4     5     6     7     8
```

可以使用冒号运算符创建在任何范围内以 1 为增量的数字序列。

```
>> A = -2: 2
A =
    -2    -1     0     1     2
>> A = 0: 3: 12
A =
     0     3     6     9    12
```

要递减，可以使用负数。

```
>> A = 5: -1: 0
A =
     5     4     3     2     1     0
```

还可以按非整数值递增。如果增量值不能均分指定的范围，MATLAB 会在超出范围之前，在可以达到的最后一个值处自动结束序列。

```
>> A = 1: 0.5: 3
A =
    1.0000    1.5000    2.0000    2.5000    3.0000
```

5）扩展矩阵

通过将一个或多个元素置于现有行和列索引边界之外，可以将它们添加到矩阵中。MATLAB 会自动用 0 填充矩阵，使其保持为矩形。例如，创建一个 2×3 矩阵，然后在（3，4）的位置插入一个元素，使矩阵增加一行一列。

```
>> A = [5 10 15;20 25 30]
A =
     5    10    15
    20    25    30
>> A(3,4) = 2
A =
     5    10    15     0
    20    25    30     0
     0     0     0     2
```

还可以通过在现有索引范围之外插入新矩阵来扩展其大小。

```
>> A(4: 5,5: 6) = [2 3; 4 5]
A =
     5    10    15     0     0     0
    20    25    30     0     0     0
     0     0     0     2     0     0
     0     0     0     0     2     3
```

```
    0    0    0    0    4    5
```

如果需要重复扩展矩阵的大小（如在 for 循环中），最好为预计创建的最大矩阵预分配空间。如果没有预分配空间，MATLAB 必须在每次大小增加时分配内存，这样会降低操作速度。例如，通过将矩阵的元素初始化为 0，预分配一个最多容纳 10000 行和 10000 列的矩阵。

```
A = zeros(10000,10000);
```

如果之后还要预分配更多元素，可以通过在矩阵索引范围之外指定元素或将另一个预分配的矩阵与 A 串联来进行扩展。

6）空数组

MATLAB 中的空数组是指至少有一个维度的长度等于零的数组。空数组可用于以编程方式表示“无”的概念。例如，假设要查找一个向量中小于 0 的所有元素但没有找到，find( ) 函数将返回一个空的索引向量，表示未找到任何小于 0 的元素。

```
A = [1 2 3 4];
ind = find(A<0)
ind =
  1x0 empty double row vector
```

许多算法都包含可以返回空数组的函数调用。在这些算法中，允许将空数组作为函数参数传递，而不是作为特殊情况处理，这样通常是有帮助的。

2. 数组索引

在 MATLAB 中，根据元素在数组中的位置（索引）访问数组元素的方法主要有三种：按元素位置索引、线性索引和使用逻辑值索引。

1）按元素位置索引

最常见的方法是显式指定元素的索引。例如，要访问矩阵中的某个元素，请依序指定该元素的行号和列号。

```
>> A = [1 4 7;2 5 8;3 6 9]
A =
     1     4     7
     2     5     8
     3     6     9
>> E = A(3,2)
E =
     6
```

E 是 A 中位于（3，2）位置（第三行第二列）的元素。

还可以在一个向量中指定多个元素的索引，从而一次引用多个元素。例如，访问 A 的第二行中的第一个和第三个元素。

```
>> R = A(2,[1,3])
R =
     2     8
```

要访问某个行范围或列范围内的元素，请使用冒号运算符。例如，访问 A 中第一到三行、第二到四列中的元素。

```
>>R = A(1: 2,2: 3)
R =
     4     7
     5     8
```

访问R的另一种方法是使用关键字end指定第二列至最后一列，通过此方法可以直接指定最后一列，而不必知道A中到底有多少列。

```
>> R = A(1: 2,2: end)
R =
     4     7
     5     8
```

如果要访问所有行或所有列，只使用冒号运算符即可。例如，返回A的整个第三列。

```
>> R = A(: ,3)
R =
     7
     8
     9
```

2）线性索引

访问数组元素的另一种方法是只使用单个索引，而不管数组的大小或维度如何，此方法称为线性索引。虽然MATLAB根据定义的大小和形状显示数组，但实际上数组在内存中都存储为单列元素。可以使用矩阵直观地理解这一概念。下面的数组虽然显示为3×3矩阵，但MATLAB将它存储为单列，由A的各列顺次连接而成。存储的向量包含由元素11、21、24、22、31、34、33、41、44组成的序列，可以用单个冒号全部显示。

```
>> A = [11 22 33; 21 31 41; 24 34 44]
A =
    11    22    33
    21    31    41
    24    34    44
>> AL = A(: )
AL =
    11
    21
    24
    22
    31
    34
    33
    41
    44
```

例如，A的第（3，2）个元素是34，可以使用语法A（3，2）访问它。也可以使用语法A（6）访问此元素，因为34是存储的向量序列中的第六个元素。

```
>> E = A(3,2)
E =
    34
>> EL = A(6)
EL =
    34
```

线性索引在视觉上可能不太直观，但在执行某些不依赖于数组大小或形状的计算时很有用。例如，可以轻松地对 A 的所有元素求和，而无须指定 sum( ) 函数的第二个参数。

```
>> s = sum(A(: ))
s =
   261
```

sub2ind( ) 和 ind2sub( ) 函数可用于在数组的原始索引和线性索引之间进行转换。例如，计算 A 的第（3，2）个元素的线性索引。

```
>> LI = sub2ind(size(A),3,2)
LI =
     6
```

从线性索引转换回行和列形式。

```
>> [row,col] = ind2sub(size(A),6)
row =
     3
col =
     2
```

3）使用逻辑值索引

使用 true 和 false 逻辑指示符也可以对数组进行索引，这在处理条件语句时尤其便利。例如，假设想知道矩阵 A 中的元素是否小于矩阵 B 中的对应元素。当 A 中的元素小于 B 中的对应元素时，小于号运算符返回元素为 1 的逻辑数组。

```
>> A = [1 4 7;2 5 8]
A =
     1     4     7
     2     5     8
>> B = [0 9 7;3 4 6]
B =
     0     9     7
     3     4     6
>> ind = A<B
ind =
   2×3 logical              #数组
    0   1   0
    1   0   0
```

现在已经知道满足条件的元素的位置，可以使用 ind 作为索引数组检查各值。MATLAB 将 ind 中值为 1 的位置与 A 和 B 中的对应元素进行匹配，并在列向量中列出它们的值。

```
>> AV = A(ind)
AV =
     2
     4
>> Bv = B(ind)
Bv =
     3
     9
```

3. 从矩阵中删除行或列

要删除矩阵的行或列，最简单的方法是将该行或列设置为等于空方括号 []。例如，创建一个 3 × 3 矩阵并删除第三行。

```
>> A = magic(3)
A =
     8     1     6
     3     5     7
     4     9     2
>> A(3,:)=[]
A =
     8     1     6
     3     5     7
```

下面删除第三列。

```
>> A(:,3) = []
A =
     8     1
     3     5
```

此方法可以扩展到任何数组。例如，创建一个随机的 3 × 3 × 3 数组，然后删除第三维第一个矩阵中的所有元素。

```
B = rand(3,3,3);
B(:,:,1) = [];
```

4. 重构和重新排列数组

MATLAB 中的许多函数都可以提取现有数组的元素，然后按照不同的形状或顺序放置。这样有助于预处理数据，便于之后进行计算或分析。

1）重构

在 MATLAB 中，reshape( ) 函数可以更改数组的大小和形状。例如，将 3 × 4 矩阵重构成 2 × 6 矩阵。

```
>> A = [1 2 3 4;5 6 7 8;9 10 11 12]
A =
     1     2     3     4
     5     6     7     8
     9    10    11    12
```

```
>> B = reshape(A,2,6)
B =
     1     9     6     3    11     8
     5     2    10     7     4    12
```

只要不同形状中的元素数量相同，就可以将它们重构成具有任意维度的数组。使用 A 中的元素，创建一个 2×2×3 的多维数组。

```
>> C = reshape(A,2,2,3)
C(:,:,1) =
     1     9
     5     2
C(:,:,2) =
     6     3
    10     7
C(:,:,3) =
    11     8
     4    12
```

2）转置和翻转

线性代数中常见的任务是转置矩阵，即将矩阵的行变成列，将列变成行。要实现此目的，可以使用 transpose( ) 函数或“.'”运算符。

创建一个 3×3 矩阵并计算其转置。

```
>> A = magic(3)
A =
     8     1     6
     3     5     7
     4     9     2
>> B = A.'
B =
     8     3     4
     1     5     9
     6     7     2
```

类似的运算符“'”可以计算复矩阵的共轭转置。此操作计算每个元素的复共轭并对其进行转置。创建一个 2×2 复矩阵并计算其共轭转置。

```
>> A = [1+i 1-i; -i i]
A =
   1.0000 + 1.0000i   1.0000 - 1.0000i
   0.0000 - 1.0000i   0.0000 + 1.0000i
>> B = A'
B =
   1.0000 - 1.0000i   0.0000 + 1.0000i
   1.0000 + 1.0000i   0.0000 - 1.0000i
```

flipud( ) 函数可以上下翻转矩阵的行，fliplr( ) 函数可以左右翻转矩阵的列。

```
>> A = [1 7;9 3]
```

```
A =
     1     7
     9     3
>> B = flipud(A)
B =
     9     3
     1     7
```

3）平移和旋转

使用 circshift( ) 函数，可以将数组的元素平移一定的位置数。例如，创建一个 3×4 矩阵，然后将其各列向右平移 2 个位置。代码中 circshift( ) 函数的第二个参数 [0 2] 表示将各行平移 0 个位置，将各列向右平移 2 个位置。

```
>> A = [1 4 7 0;2 5 8 10;3 6 9 31]
A =
     1     4     7     0
     2     5     8    10
     3     6     9    31
>> B = circshift(A,[0 2])
B =
     7     0     1     4
     8    10     2     5
     9    31     3     6
```

要将 A 的各行向上平移 1 个位置而各列保持不动，可将第二个参数指定为 [-1 0]。

```
>> C = circshift(A,[-1 0])
C =
     2     5     8    10
     3     6     9    31
     1     4     7     0
```

rot90( ) 函数可以将矩阵逆时针旋转 90°。

```
>> B = rot90(A)
B =
     0    10    31
     7     8     9
     4     5     6
     1     2     3
```

再旋转 3 次（使用第二个参数指定旋转次数），将得到原始矩阵 A。

```
>> C = rot90(B,3)
C =
     1     4     7     0
     2     5     8    10
     3     6     9    31
```

4）排序

对数组中的数据进行排序也是一项实用功能，MATLAB 提供了几种排序方法。例如，

sort( ) 函数可以按升序或降序对矩阵的每一行或每一列中的元素进行排列。创建矩阵 A，并按升序对 A 的每一列进行排列。

```
>> A = magic(3)
A =
     8     1     6
     3     5     7
     4     9     2
>> B = sort(A)
B =
     3     1     2
     4     5     6
     8     9     7
```

按降序对每一行进行排列。代码中 sort( ) 函数的第二个参数值 2 指定逐行排序的方式。

```
>> C = sort(A,2,'descend')
C =
     8     6     1
     7     5     3
     9     4     2
```

要整行排序，可使用 sortrows( ) 函数。例如，根据第一列中的元素按升序对 A 的各行排列。此函数可使行的位置发生变化，但每一行中元素的顺序不变。

```
>> D = sortrows(A)
D =
     3     5     7
     4     9     2
     8     1     6
```

5. 多维数组

MATLAB 中的多维数组是指具有两个以上维度的数组。在矩阵中，两个维度由行（row）和列（column）表示。

每个元素由两个下标（即行索引和列索引）来定义。多维数组是二维矩阵的扩展，并使用额外的下标进行索引。例如，三维数组使用三个下标，前两个维度就像一个矩阵，而第三个维度表示元素的页数或张数。

1）创建多维数组

要创建多维数组，可以先创建二维矩阵，然后进行扩展。例如，首先定义一个 3×3 矩阵，作为三维数组中的第一页。

```
>> A = [1 4 7;2 5 8;3 6 9]
A =
     1     4     7
     2     5     8
     3     6     9
```

接着添加第二页。要完成此操作，可将另一个 3×3 矩阵赋给第三个维度中的索引值

2。语法 A（：，：，2）在第一个和第二个维度中使用冒号，以在其中包含赋值表达式右侧的所有行和所有列。

```
>> A(:,:,2) = [10 11 12; 13 14 15; 16 17 18]
A(:,:,1) =
     1     4     7
     2     5     8
     3     6     9
A(:,:,2) =
    10    11    12
    13    14    15
    16    17    18
```

cat( ) 函数可用于构造多维数组。例如，在 A 后以串联方式添加第三页，由此创建一个新的三维数组 B。cat( ) 函数的第一个参数指示要沿哪一个维度进行串联。

```
>> B = cat(3,A,[7 4 1;3 6 9;2 5 8])
B(:,:,1) =
     1     4     7
     2     5     8
     3     6     9
B(:,:,2) =
    10    11    12
    13    14    15
    16    17    18
B(:,:,3) =
     7     4     1
     3     6     9
     2     5     8
```

快速扩展多维数组的另一种方法是将一个元素赋给一整页。例如，为数组 B 添加第四页，其中包含的值全部为 0。

```
>> B(:,:,4) = 0
B(:,:,1) =
     1     4     7
     2     5     8
     3     6     9
B(:,:,2) =
    10    11    12
    13    14    15
    16    17    18
B(:,:,3) =
     7     4     1
     3     6     9
     2     5     8
B(:,:,4) =
     0     0     0
     0     0     0
```

```
     0     0     0
```

2）操作数组

多维数组的元素可以通过多种方式移动，类似于向量和矩阵。reshape( )、permute( )和 squeeze( ) 函数可用于重新排列元素，下面以一个两页的三维数组为例进行介绍，如图 2-7 所示。

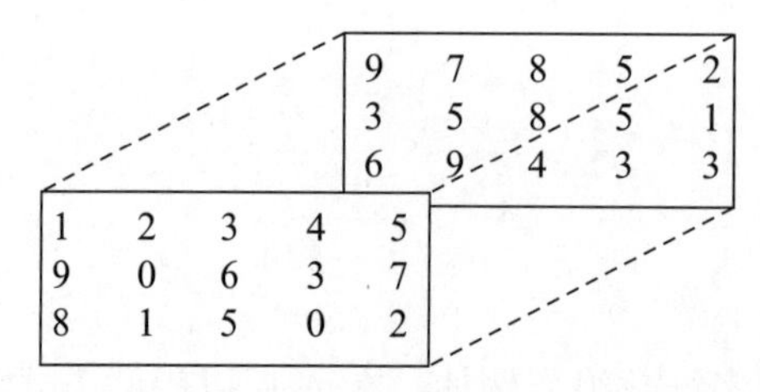

图 2-7　两页的三维数组

重构多维数组有助于执行某些操作或可视化数据。例如使用 reshape( ) 函数，可将一个三维数组的元素重新排列成 6 × 5 矩阵。reshape( ) 函数会逐列操作，沿 A 中各列连续逐一提取元素来创建新矩阵，从第一页开始，之后是第二页。

```
>> A = [1 2 3 4 5; 9 0 6 3 7; 8 1 5 0 2];
A(:,:,2) = [9 7 8 5 2; 3 5 8 5 1; 6 9 4 3 3];
B = reshape(A,[6 5])
B =
     1     3     5     7     5
     9     6     7     5     5
     8     5     2     9     3
     2     4     9     8     2
     0     3     3     8     1
     1     0     6     4     3
```

置换操作用于重新排列数组的维度顺序。假设有一个三维数组 M。

```
>> M(:,:,1) = [1 4 7;2 5 8;3 6 9];
M(:,:,2) = [0 5 4; 2 7 6; 9 3 1]
M(:,:,1) =
     1     4     7
     2     5     8
     3     6     9
M(:,:,2) =
     0     5     4
     2     7     6
     9     3     1
```

使用 permute( ) 函数，通过在第二个参数中指定维度顺序，可将每页上的行下标和列下标交换。M 的原始行现在是列，原始列现在是行。

```
>> P1 = permute(M,[2 1 3])
P1(:,:,1) =
     1     2     3
```

```
     4     5     6
     7     8     9
P1(:,:,2) =
     0     2     9
     5     7     3
     4     6     1
```

使用 permute( ) 函数还可以将 M 的行下标和页下标交换。

```
>> P1 = permute(M,[3 2 1])
P1(:,:,1) =
     1     4     7
     0     5     4
P1(:,:,2) =
     2     5     8
     2     7     6
P1(:,:,3) =
     3     6     9
     9     3     1
```

操作多维数组时，可能会遇到某些数组有一个长度为 1 的多余维度。squeeze( ) 函数可以执行另一种操作，消除长度为 1 的维度。例如，使用 repmat( ) 函数创建一个 $2\times3\times1\times4$ 数组，其元素全部为 5，第三个维度的长度为 1。

```
>> A = repmat(5,[2 3 1 4])
A(:,:,1,1) =
     5     5     5
     5     5     5
A(:,:,1,2) =
     5     5     5
     5     5     5
A(:,:,1,3) =
     5     5     5
     5     5     5
A(:,:,1,4) =
     5     5     5
     5     5     5
>> szA = size(A)
szA =
     2     3     1     4
>> numdimsA = ndims(A)
numdimsA =
     4
```

使用 squeeze( ) 函数可删除第三个维度，从而得到一个三维数组。

```
>> B = squeeze(A)
B(:,:,1) =
     5     5     5
     5     5     5
```

```
B(:,:,2) =
     5     5     5
     5     5     5
B(:,:,3) =
     5     5     5
     5     5     5
B(:,:,4) =
     5     5     5
     5     5     5
```

2.5.3 数据类型

本节主要介绍数值数组、字符和字符串、表格、结构体和元胞数组、数据类型转换等内容。默认情况下，MATLAB 会将所有数值变量存储为双精度浮点值。其他数据类型可在单个变量中存储文本、整数或单精度值，或相关数据的组合。

1. 数值类型

1）浮点数

MATLAB 提供遵循 IEEE 754 标准的双精度（double）和单精度（single）浮点数数据类型。默认情况下，MATLAB 以双精度表示浮点数。双精度支持以更高的精度表示数值，但比单精度需要更多内存。为了节省内存，可以使用 single 函数将数值转换为单精度。

如果数值范围在 -3.4×10^{38} 和 3.4×10^{38} 之间，既可以用单精度存储，也可以用双精度存储。如果数值超出该范围，则用双精度存储。

【例 2-1】创建双精度数据。

```
# 由于 MATLAB 的默认数值类型是 double 类型，因此可以用简单的赋值语句创建双精度浮点数
>> x = 18;
c = class(x)
c =
    'double'
>> %创建单精度数据
>> x = single(25.783);
>> %将有符号整数转换为单精度浮点数
>> x = int8(-113);
y = single(x)
y =
  single
  -113
```

2）整数

MATLAB 具有 4 个有符号整数类和 4 个无符号整数类。有符号类型能够处理负整数以及正整数，但表示的数字范围不如无符号类型广泛，因为它有一个位用于指定数字的正号或负号。无符号类型提供了更广泛的数字范围，但这些数字只能为 0 或正数。

MATLAB 支持以 1 字节、2 字节、4 字节和 8 字节几种形式存储整数数据。使用可容纳数据的最小整数类型存储数据，可以节省程序内存和执行时间。

【例 2-2】创建整数数据及运算。

```
>> %以16位有符号整数形式存储赋给变量x的值325
>> x = int16(325);
>> %如果要转换为整数的数值带有小数部分,MATLAB 将舍入到最接近的整数
>> x = 325.499;
int16(x)
ans =
  int16
   325
>> %如果需要使用非默认舍入方案对数值进行舍入,MATLAB提供了4种舍入函数:round、fix、
   %floor 和 ceil
>> x = 325.9;
int16(fix(x))
ans =
  int16
   325
>> %整数或具有相同整数数据类型的整数数组
>> x = uint32([132 347 528]) .* uint32(75);
class(x)
ans =
    'uint32'
>> %整数或整数数组以及双精度标量浮点数
>> x = uint32([132 347 528]) .* 75.49;
class(x)
ans =
    'uint32'
```

3）复数

复数由实部和虚部两个单独的部分组成。基本虚数单位等于-1的平方根，这在MATLAB中通过i或j表示。

以下语句显示了一种在MATLAB中创建复数值的方法。变量x被赋予了一个复数值，该复数的实部为2，虚部为3。

```
x = 2 + 3i;
```

创建复数的另一种方法是使用complex( )函数。此函数将两个数值输入组合成一个复数输出，并使第一个输入成为实部，第二个输入成为虚部。

```
>> x = rand(3) * 5;
y = rand(3) * -8;
>> z = complex(x, y)
z =
   4.0736 - 7.7191i   4.5669 - 7.6573i   1.3925 - 1.1351i
   4.5290 - 1.2609i   3.1618 - 3.8830i   2.7344 - 3.3741i
   0.6349 - 7.7647i   0.4877 - 6.4022i   4.7875 - 7.3259i
>> %使用real( )和imag( )函数可以分解复数,捕获其实部和虚部
>> zr = real(z)
zr =
    4.0736    4.5669    1.3925
```

```
    4.5290    3.1618    2.7344
    0.6349    0.4877    4.7875
>> zi = imag(z)
zi =
   -7.7191   -7.6573   -1.1351
   -1.2609   -3.8830   -3.3741
   -7.7647   -6.4022   -7.3259
```

4）空矩阵

使用空矩阵元素构造矩阵，生成矩阵中会忽略空矩阵。

```
>> A = [3.38; 7.02; []; 9.45]
A =
    3.3800
    7.0200
    9.4500
```

5）无穷和 NaN

MATLAB 用特殊值 Inf 表示无穷。除以零和溢出等运算会生成无穷值，从而导致结果因太大而无法表示为传统的浮点值。MATLAB 还提供了一个称为 isinf 的函数，该函数以 double 标量值形式返回正无穷的 IEEE 算术表示。

使用 isinf( ) 函数可验证 x 是否为正无穷或负无穷值。

```
>> x = log(0);
>> isinf(x)
ans =
  logical
   1
```

MATLAB 使用 NaN（代表“非数字”）来表示不是实数或复数的值，0/0 和 inf/inf 之类的表达式会生成 NaN。

```
>> x = 0/0
x =
   NaN
> x = NaN;
>> whos
  Name      Size            Bytes  Class     Attributes
  x         1x1                 8  double
```

2. 字符和字符串

字符数组和字符串数组用于存储 MATLAB 中的文本数据。

（1）字符数组是一个字符序列，就像数值数组是一个数字序列一样。它的一个典型用途是将短文本片段存储为字符向量，如 c = 'Hello World'。

（2）字符串数组是文本片段的容器。字符串数组提供一组用于将文本处理为数据的函数。可以使用双引号创建字符串，如 str = “Greetings friend”。如果要将数据转换为字符串数组，请使用 string( ) 函数。

【例 2-3】用字符串数组 / 字符向量表示文本。

```
>> %使用 string 数据类型可将任何 1×n 字符序列存储为字符串
>> str = "Hello, world"
str =
    "Hello, world"
>> %使用 strlength( ) 函数计算字符串中的字符数量
>> n = strlength(str)
n =
    12
>> %如果文本包含双引号，请在定义中使用两个双引号
>> str = "They said, ""Welcome!"" and waved."
str =
    "They said, "Welcome!" and waved."
>>  %可以将多个文本片段存储在字符串数组中，数组的每个元素都可以包含一个具有不同字符数
>> %的字符串，而无须填充
>> str = ["Mercury","Gemini","Apollo";...
       "Skylab","Skylab B","ISS"]
str =
  2×3 string 数组
    "Mercury"    "Gemini"      "Apollo"
    "Skylab"     "Skylab B"    "ISS"
>> %要使用 char 数据类型将 1×n 字符序列存储为字符向量，请用单引号将它引起来
>> chr = 'Hello, world'
chr =
    'Hello, world'
>> whos chr
  Name      Size              Bytes  Class    Attributes
  chr       1×12                 24  char
>> %如果文本包含单引号，请在定义中使用双重单引号
>> chr = 'They said, ''Welcome!'' and waved.'
chr =
    'They said, 'Welcome!' and waved.'
```

3. 结构体

结构体数组是使用名为字段的数据容器将相关数据组合在一起的数据类型。每个字段都可以包含任意类型的数据。可使用 structName.fieldName 格式的圆点表示法来访问结构体中的数据。

【例 2-4】创建结构体。

```
>> %使用圆点表示法添加字段 name、billing 和 test，为每个字段分配数据
>> patient.name = 'Lily Doe';
patient.billing = 107;
patient.test = [89 75 83; 180 168 177.5; 215 220 205]
patient =
  包含以下字段的 struct:
       name: 'Lily Doe'
    billing: 107
       test: [3×3 double]
```

```
>> %使用圆点表示法来访问和更改它存储的值
>> patient.billing = 512.00  %更改 billing 字段的值
patient =
  包含以下字段的 struct:
       name: 'Lily Doe'
    billing: 512
       test: [3×3 double]
```

4. 元胞数组

元胞数组是一种包含名为元胞的索引数据容器的数据类型，其中的每个元胞都可以包含任意类型的数据。

可使用两种方式创建元胞数组：使用 {} 运算符或使用 cell( ) 函数。例如，将数据放入元胞数组，可使用元胞数组构造运算符 {}。

```
>> C = {1,2,3;
    'text',rand(5,10,2),{11; 22; 33}}
C =
  2×3 cell 数组
    {[   1]}    {[          2]}    {[     3]}
    {'text'}    {5×10×2 double}    {3×1 cell}
>> %也可以使用{}运算符创建一个空的 0×0 元胞数组
>> C2 = {}
C2 =
  空的 0×0 cell 数组
>> %当要随时间推移或以循环方式向元胞数组添加值时，可先使用 cell( ) 函数创建一个空数组
>> C3 = cell(3,4)
C3 =
  3×4 cell 数组
    {0×0 double}    {0×0 double}    {0×0 double}    {0×0 double}
    {0×0 double}    {0×0 double}    {0×0 double}    {0×0 double}
    {0×0 double}    {0×0 double}    {0×0 double}    {0×0 double}
>> %要对特定元胞进行读取或写入，请将索引括在花括号中
>> for row = 1: 3
   for col = 1: 4
      C3{row,col} = rand(row*10,col*10);
   end
end
C3
C3 =
  3×4 cell 数组
  列 1 至 3
    {10×10 double}    {10×20 double}    {10×30 double}
    {20×10 double}    {20×20 double}    {20×30 double}
    {30×10 double}    {30×20 double}    {30×30 double}
  列 4
    {10×40 double}
    {20×40 double}
    {30×40 double}
```

2.5.4 基本运算

MATLAB 语言具有许多常见运算符和特殊字符，可以使用它们对任何类型的数组执行简单的运算。

1. 算术运算

MATLAB 具有两种不同类型的算术运算：数组运算和矩阵运算。可以使用这些算术运算执行数值计算，如两数相加、计算数组元素的给定次幂或两个矩阵相乘。

矩阵运算遵循线性代数的法则。数组运算则与之不同，其是执行逐元素运算并支持多维数组。句点字符“.”可将数组运算与矩阵运算区分开，但是由于矩阵运算和数组运算在加法和减法的运算上相同，因此没有必要使用字符组合“.+”和“.-”。

【例 2-5】数组算术运算。

```
>> %添加两个大小相同的向量
>> A = [1 1 1];
>> B = [2 3 4];
>> A+B  %数组加运算
ans =
     3     4     5
```

如果一个操作数是标量，而另一个操作数不是标量，则 MATLAB 会将该标量隐式扩展为与另一个操作数具有相同的大小。

```
>> A = [1 2 3; 1 2 3];
>> 3.*A
ans =
     3     6     9
     3     6     9
```

如果从一个 3×3 矩阵中减去一个 1×3 向量，隐式扩展仍然会起作用，因为它们的大小是兼容的。当执行减法运算时，该向量将隐式扩展为一个 3×3 矩阵。

```
>> A = [1 1 1; 2 2 2; 3 3 3];
>> m = [2 4 6];
>> A - m
ans =
    -1    -3    -5
     0    -2    -4
     1    -1    -3
```

如果两个操作数的大小不兼容，则会收到错误消息。

```
>> A = [8 1 6; 3 5 7; 4 9 2];
>> m = [2 4];
>> A - m
```

对于此运算，数组的大小不兼容。

相关文档

```
>> A = [1 3;2 4];
```

```
>> B = [3 0;1 5];
>> A*B                         %两矩阵乘积
ans =
     6    15
    10    20
>> A.*B                        %按元素乘积，与矩阵乘积不相等
ans =
     3     0
     2    20
```

2. 关系运算

关系运算符用来比较两个数组中的元素，并返回逻辑值 true 或 false 来指示关系是否成立。

【例 2-6】关系运算实例演示。

```
>> %比较两个大小相同的矩阵
>> A = [2 4 6; 8 10 12];
>> B = [5 5 5; 9 9 9];
>> A < B
ans =
  2×3 logical 数组
   1   1   0
   1   0   0
>> %也可以将某一个数组与标量进行比较
>> A > 8
ans =
  2×3 logical 数组
   0   0   0
   0   1   1
```

如果将一个 $1 \times n$ 行向量与一个 $m \times 1$ 列向量进行比较，则 MATLAB 会在执行比较之前将这两个向量都扩展为一个 $m \times n$ 矩阵。生成的矩阵包含这些向量中元素的每个组合的比较结果。

```
>> A = 1: 3
A =
     1     2     3
>> B = [2; 3]
B =
     2
     3
>> A >= B
ans =
  2×3 logical 数组
   0   1   1
   0   0   1
```

将关系运算符与逻辑运算符 “A & B（AND）”“A | B（OR）”“xor（A，B）（XOR）”和 “~A（NOT）” 结合使用可以构建更为复杂的逻辑语句。

```
% 可以找到负数元素出现在两个数组中的位置
>> A = [2 -1; -3 10];
>> B = [0 -2; -3 -1];
>> A<0 & B<0
ans =
  2×2 logical 数组
   0   1
   1   0
```

3. 逻辑运算

MATLAB 使用 logical 数据类型表示布尔数据。此数据类型分别使用数字 1 和 0 表示 true 和 false 状态。某些 MATLAB 函数和运算符返回逻辑值以指示是否满足某个条件。可以使用这些逻辑值作为数组索引或执行条件代码。

【例 2-7】查找符合条件的数组元素。

```
>> % 应用单个条件
>> rng default
A = randi(15,5)
A =
    13     2     3     3    10
    14     5    15     7     1
     2     9    15    14    13
    14    15     8    12    15
    10    15    13    15    11
>> % 使用小于号关系运算符 "<" 确定 A 中的哪些元素小于 9
>> B = A < 9
B =
  5×5 logical 数组
   0   1   1   1   0
   0   1   0   1   1
   1   0   0   0   0
   0   0   1   0   0
   0   0   0   0   0
```

结果为一个逻辑矩阵 B，B 中的每个值都表示为逻辑值 1（true）或逻辑值 0（false）的状态，以指定 A 的对应元素是否符合条件“A < 9”。例如，A（1,1）为 13，因此 B（1，1）为逻辑值 0（false）; A（1，2）为 2，因此 B（1，2）为逻辑值 1（true）。

```
>> % 应用多个条件
>> A(A<9 & A>2)
ans =
     5
     3
     8
     3
     7
>> % 替换符合条件的值
>> A(A>10) = 10
```

```
A =
    10     2     3     3    10
    10     5    10     7     1
     2     9    10    10    10
    10    10     8    10    10
    10    10    10    10    10
```

2.5.5 循环及选择结构

在 MATLAB 中，循环语句使用 for 或 while 关键字，条件语句使用 if 或 switch 关键字，其他关键字（break、continue、return 等）提供对程序流的更精细控制。

1. 选择结构

MATLAB 的选择结构有 if 语句和 switch 语句两种形式。if 语句最为常用，switch 语句则适用于选择分支比较整齐、分支较多、没有优先关系的场合。对 if 语句来说，只有一种选择是最简单的，格式如下：

```
if expression
    statements
end
```

当 expression 为真（true 或 1）时，就执行 if 与 end 之间的语句。当有两种选择时，格式为：

```
if expression
    statements1
else
    statements2
end
```

如果 expression 为真（true 或 1），则执行 statements1，否则执行 statements2。如果程序需要有三个或三个以上的选择分支，可使用如下的语句格式：

```
if expression
    statements1
elseif expression
    statements2
else
    statementsN
end
```

这种格式的语句中 else 语句可有可无，程序遇到某个表达式为真时，即执行对应的程序语句，其他的分支将被跳过。if 语句是可以嵌套的，例如：

```
if expression1
    statements1
else
if expression2
        statements2
    end
```

```
end
```

【例 2-8】使用 if、elseif 和 else 指定条件。

```
>> %创建一个由 1 组成的矩阵
>> nrows = 4;
ncols = 6;
A = ones(nrows,ncols);
>> %遍历矩阵并为每个元素指定一个新值。对主对角线赋值 2，对相邻对角线赋值 -1，对其他位
>> %置赋值 0
>> for c = 1:ncols
    for r = 1:nrows
        if r == c
            A(r,c) = 2;
        elseif abs(r-c) == 1
            A(r,c) = -1;
        else
            A(r,c) = 0;
        end
    end
end
A
A =
     2    -1     0     0     0     0
    -1     2    -1     0     0     0
     0    -1     2    -1     0     0
     0     0    -1     2    -1     0
```

选择结构也可以由 switch 语句实现，在多选择分支时使用 switch 语句更为方便。语句格式为：

```
switch switch_expression
   case case_expression
      statements
   case case_expression
      statements
    ...
   otherwise
      statements
end
```

如果 switch_expression 等于 case 中的某一个表达式，则执行相应的程序语句。当 switch_expression 与所有表达式都不相等时，执行 otherwise 所对应的程序语句，但 otherwise 语句并不是必需的。

【例 2-9】使用 switch 语句与多个值进行比较。

```
x = [12 64 24];
plottype = 'pie3';

switch plottype
```

```
    case 'bar'
        bar(x)
        title('条形图')
    case {'pie','pie3'}
        pie3(x)
        title('饼图')
    otherwise
        warning('意外的绘图类型。未创建绘图.')
end
```

运行程序，效果如图 2-8 所示。

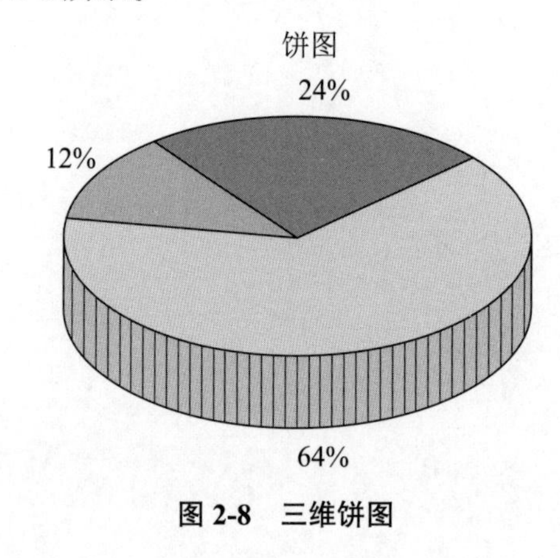

图 2-8　三维饼图

2. 循环结构

MATLAB 中有 for 循环和 while 循环两种循环结构语句，但 MATLAB 没有 do…while 语句。for 循环格式一般采用如下形式：

```
for index = values
   statements
end
```

index 为一个向量，向量长度代表循环执行的次数。对 index 中的每一个元素值，程序都执行一遍循环体程序。index 也可以是字符串、字符串矩阵或字符串构成的元胞数组。for 循环会自动遍历 index 中的每一个元素，不需要手动修改，因此，在循环体程序中，应避免人为修改循环变量 index 的值，以免造成错误。

【例 2-10】创建一个 7 阶希尔伯特矩阵。

```
>> s = 7;
H = zeros(s);

for c = 1:s
    for r = 1:s
        H(r,c) = 1/(r+c-1);
    end
end
H
H =
```

```
    1.0000    0.5000    0.3333    0.2500    0.2000    0.1667    0.1429
    0.5000    0.3333    0.2500    0.2000    0.1667    0.1429    0.1250
    0.3333    0.2500    0.2000    0.1667    0.1429    0.1250    0.1111
    0.2500    0.2000    0.1667    0.1429    0.1250    0.1111    0.1000
    0.2000    0.1667    0.1429    0.1250    0.1111    0.1000    0.0909
    0.1667    0.1429    0.1250    0.1111    0.1000    0.0909    0.0833
    0.1429    0.1250    0.1111    0.1000    0.0909    0.0833    0.0769
```

当条件表达式为 true 时，重复执行 while 循环，语法格式为：

```
while expression
    statements
end
```

上述代码计算一个表达式，并在该表达式为 true 时在一个循环中重复执行一组语句。表达式的结果非空并且仅包含非零元素（逻辑值或实数值）时，该表达式为 true；否则，表达式为 false。

【例 2-11】使用 while 循环计算 factorial（10）。

```
>> n = 10;
f = n;
while n > 1
    n = n-1;
    f = f*n;
end
disp(['n! = ' num2str(f)])
```

运行程序，输出如下：

```
n! = 3628800
```

第 3 章 CHAPTER 3 感知器分析与应用

感知器及感知器的变体有很多，其中最简单的一个是单层网络，其权重和偏置可以训练，以在向其提交对应的输入向量时生成正确的目标向量。使用的训练方法被称为感知器学习规则。感知器引起了人们极大的兴趣，因为它能够从其训练向量中泛化，从最初随机分布的连接中学习。

感知器特别适用于模式分类中的简单问题，它们是快速可靠的网络。了解感知器的运行，可为了解更复杂的网络奠定良好的基础。

3.1 单层感知器

单层感知器的结构与功能都非常简单，在解决实际问题时很少采用它，但由于它在神经网络研究中具有重要意义，是研究网络的基础，而且较易学习和理解，所以适合作为学习神经网络的起点。

3.1.1 单层感知器模型

单层感知器模型如图 3-1 所示，它包括一个线性的累加器和一个二值阈值元件，同时还有一个外部偏差。线性累加器的输出作为二值阈值元件的输入，这样如果二值阈值元件的输入是正数，神经元就产生输出 +1，反之，如果其输入是负数，则产生输出 -1。即

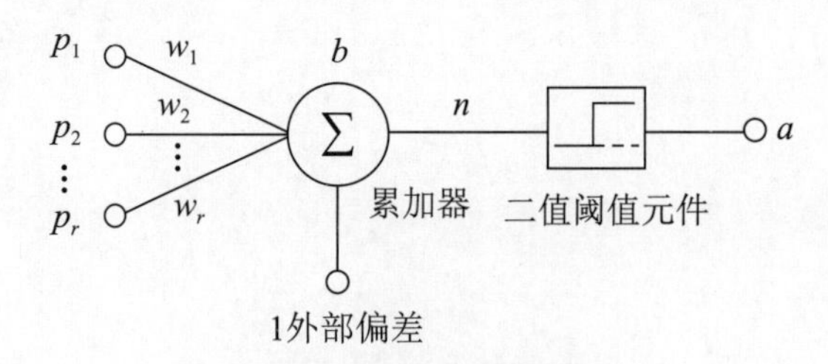

图 3-1 单层感知器模型

$$y=\operatorname{sgn}\left(\sum_{j=1}^{m} w_{ij}x_j+b\right)$$

$$y=\begin{cases}+1, & \left(\sum_{j=1}^{m} w_{ij}x_j+b\right)\geqslant 0\\ -1, & \left(\sum_{j=1}^{m} w_{ij}x_j+b\right)<0\end{cases}$$

使用单层感知器的目的就是让其对外部输入 $x_1,x_2,\cdots,x_m$ 进行识别分类，单层感知器可将外部输入分为两类：l_1 和 l_2。当感知器的输出为 +1 时，可认为输入 $x_1,x_2,\cdots,x_m$ 属于 l_1 类，当感知器的输出为 −1 时，即认为输入 $x_1,x_2,\cdots,x_m$ 属于 l_2 类，从而实现两类目标的识别。在 m 维信号空间，单层感知器进行模式识别的判决超平面由下式决定：

$$\sum_{j=1}^{m} w_{ij}x_j+b=0$$

3.1.2 单层感知器结构

感知器网络由单层的 s 个感知神经元，通过一组权值 $\{w_{ij}\}(i=1,2,\cdots,s;j=1,2,\cdots,r)$ 与 r 个输入相连组成。对于具有输入向量 $\boldsymbol{P}_{r\times q}$ 和目标向量 $\boldsymbol{T}_{s\times q}$ 的感知器网络，其简化结构如图 3-2 所示。

根据网络结构，可以写出第 i 个 $(i=1,2,\cdots,s)$ 输出神经元节点的加权输入和 n_i 及其输出 a_i 为

$$n_i=\sum_{j=1}^{r} w_{ij}p_j+b_i$$

$$a_i=f(n_i)$$

感知器的输出值是通过测试加权输入和值落在阈值函数的左右进行分类的，即

$$a_i=\begin{cases}1, & n_i\geqslant 0\\ 0, & n_i<0\end{cases}$$

阈值激活函数如图 3-3 所示。

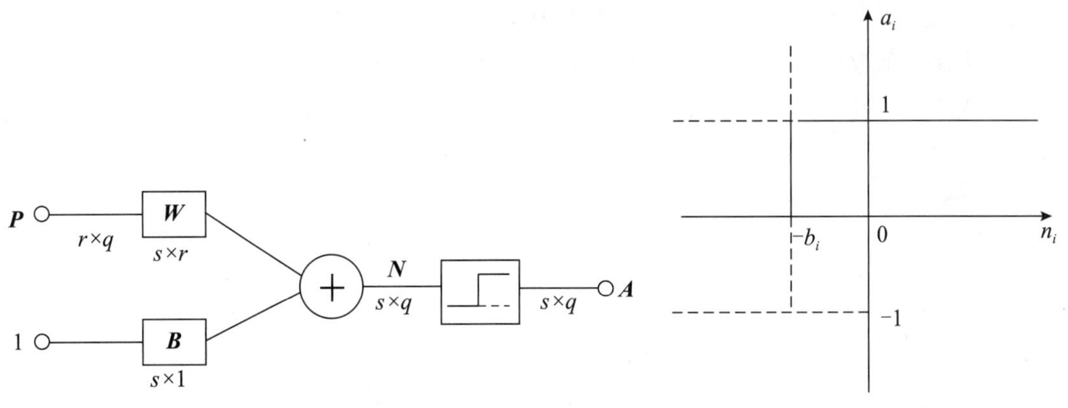

图 3-2 感知器网络简化结构

图 3-3 阈值激活函数

由图 3-3 可知，当输入 $\sum_{j=1}^{r} w_{ij}p_j+b_i$ 大于或等于 0，即 $\sum_{j=1}^{r} w_{ij}p_j\geqslant -b_i$ 时，感知器的输出

为 1，否则输出为 0。利用偏差 b_i，阈值激活函数可以左右移动，从而增加了一个自由调整变量和实现网络特性的可能性。

3.1.3 创建感知器

在 MATLAB 中，可以使用以下代码创建一个感知器。

```
net = perceptron;
net = configure(net,P,T);
```

其中，P 是由 Q 个输入向量组成的 R×Q 矩阵，每个输入向量包含 R 个元素。T 是由 Q 个目标向量组成的 S×Q 矩阵，每个目标向量包含 S 个元素。

【例 3-1】创建一个感知器网络，该网络有一个单元素输入向量（值为 0 和 2）和一个神经元（输出可以是 0 或 1）。

```
>> P = [0 2];
T = [0 1];
net = perceptron;
net = configure(net,P,T);
>> % 可以通过执行以下命令来查看创建的网络类型
>> inputweights = net.inputweights{1,1}
inputweights =
    Neural Network Weight
            delays: 0
           initFcn: 'initzero'
      initSettings: (none)
             learn: true
          learnFcn: 'learnp'
        learnParam: (none)
              size: [1 1]
         weightFcn: 'dotprod'
       weightParam: (none)
          userdata: (your custom info)
```

默认学习函数是 learnp( )，默认传递函数的净输入是 dotprod( )，它生成输入向量和权重矩阵的乘积，并与偏置相加以计算净输入。默认初始化函数 initzero( ) 用于将权重的初始值设置为 0。

类似地：

```
>> biases = net.biases{1}
biases =
    Neural Network Bias
           initFcn: 'initzero'
             learn: true
          learnFcn: 'learnp'
        learnParam: (none)
              size: 1
          userdata: (your custom info)
```

从结果可以看出，偏置的默认初始化值也是 0。

3.1.4 感知器学习规则

感知器是基于期望行为的实例来训练的，期望的行为可以通过一组输入、输出对来汇总：

$$\boldsymbol{p}_1 t_1, \boldsymbol{p}_2 t_2 \cdots, \boldsymbol{p}_Q t_Q$$

其中，$\boldsymbol{p}$ 是网络的输入，t 是对应的正确（目标）输出。目标是减小误差 e，表示为 $t-a$，即神经元响应 a 和目标向量 t 之间的差。感知器学习规则 learnp 在给定输入向量 $\boldsymbol{p}$ 和关联误差 e 的情况下，计算期望的感知器权重和偏置变化。目标向量 t 必须包含 0 或 1，因为感知器（具有 hardlim 传递函数）只能输出这些值。

每次执行 learnp 时，感知器生成正确输出的可能性都会提高。如果存在一个解，则证明感知器规则在有限次迭代中收敛于解。

如果不使用偏置，则 learnp 的求解方式是仅更改权重向量 $\boldsymbol{w}$，以指向要分类为 1 的输入向量并远离要分类为 0 的向量。这将产生垂直于 $\boldsymbol{w}$ 并对输入向量进行适当分类的决策边界。

一旦提交输入向量 $\boldsymbol{p}$ 并且计算出来网络响应 a，单个神经元可能出现以下 3 种情况。

（1）如果提交输入向量并且神经元的输出正确（$a=t$ 且 $e=t-a=0$），则权重向量 $\boldsymbol{w}$ 不变。

（2）如果神经元输出为 0 但应为 1（$a=0$ 且 $t=1$，而且 $e=t-a=1$），则将输入向量 $\boldsymbol{p}$ 与权重向量 $\boldsymbol{w}$ 相加。这使得权重向量更接近输入向量，从而增加了输入向量在将来分类为 1 的概率。

（3）如果神经元输出为 1 但应为 0（$a=1$ 且 $t=0$，而且 $e=t-a=-1$），则从权重向量 $\boldsymbol{w}$ 中减去输入向量 $\boldsymbol{p}$。这使得权重向量更偏离输入向量，从而增加了输入向量在将来分类为 0 的概率。

可以使用误差 $e=t-a$ 对权重向量 $\Delta\boldsymbol{w}$ 进行更改，这可以更简洁地编写感知器学习规则：

（1）如果 $e=0$，则更改 $\Delta\boldsymbol{w}$ 等于 0；

（2）如果 $e=1$，则更改 $\Delta\boldsymbol{w}$ 等于 $\boldsymbol{p}^{\mathrm{T}}$；

（3）如果 $e=-1$，则更改 $\Delta\boldsymbol{w}$ 等于 $-\boldsymbol{p}^{\mathrm{T}}$。

这 3 种情况都可以用下面的表达式来表述：

$$\Delta\boldsymbol{w} = (t-a)\boldsymbol{p}^{\mathrm{T}} = e\boldsymbol{p}^{\mathrm{T}}$$

注意到偏置只是输入始终为 1 的权重，可以得到神经元偏置变化的表达式为

$$\Delta\boldsymbol{b} = (t-a)(1) = e$$

对于一层神经元的情况，可得到

$$\Delta\boldsymbol{W} = (t-a)(\boldsymbol{p})^{\mathrm{T}} = e(\boldsymbol{p})^{\mathrm{T}}$$

和

$$\Delta\boldsymbol{b} = (t-a) = e$$

感知器学习规则可总结为

$$W^{\text{new}} = W^{\text{old}} + ep^{\text{T}}$$

和

$$b^{\text{new}} = b^{\text{old}} + e$$

式中，$e = t - a$。

【例 3-2】感知器学习规则的实现。

```
%从具有一个输入向量的单个神经元开始，该输入向量只包含两个元素
>> net = perceptron;
net = configure(net,[0;0],0);
>> %为了简化问题，将偏置设置为0，将权重设置为1和-0.8
>> net.b{1} =  [0];
w = [1 -0.8];
net.IW{1,1} = w;
>> %输入目标对组由下式给出
>> p = [1; 2];
t = [1];
>> %使用下式计算输出和误差
>> a = net(p)
a =
     0
>> e = t-a
e =
     1
>> %使用函数learnp求出权重的变化
>> dw = learnp(w,p,[],[],[],[],e,[],[],[],[],[])
dw =
     1     2
>> %通过以下方式获得新权重
>> w = w + dw
w =
    2.0000    1.2000
```

可以重复进行求新权重（和偏置）的过程，直到没有误差为止。前面提到过，对于所有可以由感知器求解的问题，感知器学习规则可保证在有限步数内收敛。其中包括所有线性可分的分类问题，在这种情况下，要分类的对象可以用一条线分离。

3.1.5 训练

如果重复使用 sim 和 learnp 向感知器提交输入，并根据误差更改感知器的权重和偏置，则感知器最终会找到求解问题的权重和偏置值，前提是感知器可以求解该问题。每一次经历所有训练输入和目标向量的过程称为一次遍历。

train( ) 函数在每次遍历中，都根据指定的输入序列，在提交输入时，针对序列中的每个输入向量计算输出和误差并进行网络调整。

train( ) 函数无法保证生成的网络能够实现预期目标，因此必须通过计算每个输入向量的网络输出来检查 $\boldsymbol{W}$ 和 $\boldsymbol{b}$ 的新值，以查看是否达到所有目标。如果网络不能成功执行，可以再次调用 train 对其进行进一步训练，或使用新的权重和偏置进行更多遍训练，也可

以分析该问题，看看它是否适合用感知器求解。

下面通过一个例子来说明训练过程。假设有一个单神经元感知器，如图 3-4 所示，其单个向量输入具有 $\boldsymbol{p}_1$、$\boldsymbol{p}_2$ 两个元素。

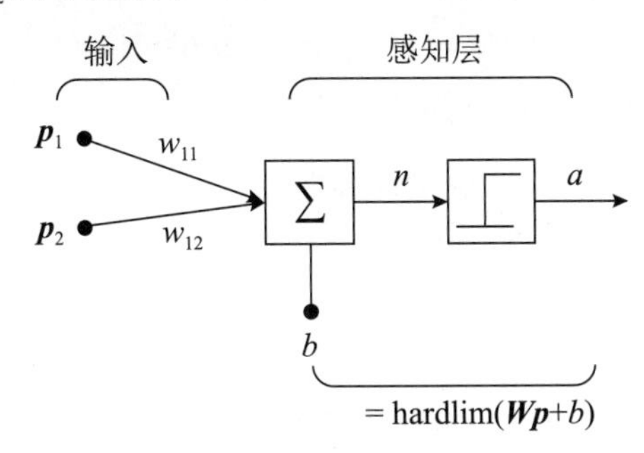

图 3-4　单神经元感知器

假设有以下分类问题，并希望用单向量输入、二元素感知器网络来求解它。

$$\left\{\boldsymbol{p}_1=\begin{bmatrix}2\\2\end{bmatrix},t_1=0\right\}\left\{\boldsymbol{p}_2=\begin{bmatrix}1\\-2\end{bmatrix},t_2=1\right\}\left\{\boldsymbol{p}_3=\begin{bmatrix}-2\\2\end{bmatrix},t_3=0\right\}\left\{\boldsymbol{p}_4=\begin{bmatrix}-1\\1\end{bmatrix},t_4=1\right\}$$

通过变量后面的圆括号中的数字可以表示该计算中每步的变量，因此，上面的初始值是 W（0）和 b（0）。

```
W(0)=[0 0]
b(0)=0
```

首先使用初始权重和偏置计算第一个输入向量 $\boldsymbol{p}_1$ 的感知器输出 a。

$$a=\text{hardlim}(\boldsymbol{W}(0)\boldsymbol{p}_1+b(0))$$

$$=\text{hardlim}\left([0\quad 0]\begin{bmatrix}2\\2\end{bmatrix}+0\right)=\text{hardlim}=1$$

输出 a 与目标值 t_1 不相等，因此使用感知器规则根据误差找出权重和偏置的增量变化，用公式可表示为

$$e=t_1-a=0-1=-1$$

$$\Delta\boldsymbol{W}=e\boldsymbol{p}_1^{\mathrm{T}}=(-1)[2\quad 2]=[-2\quad -2]$$

$$\Delta\boldsymbol{b}=e=(-1)=-1$$

可以使用感知器更新规则计算新的权重和偏置：

$$\boldsymbol{W}^{\text{new}}=\boldsymbol{W}^{\text{old}}+e\boldsymbol{p}^{\mathrm{T}}=[0\quad 0]+[-2\quad -2]=[-2\quad -2]=\boldsymbol{W}(1)$$

$$\boldsymbol{b}^{\text{new}}=\boldsymbol{b}^{\text{old}}+e=0+(-1)=-1=b(1)$$

接着提交下一个输入向量 $\boldsymbol{p}_2$。输出的计算为

$$a=\text{hardlim}(\boldsymbol{W}(1)\boldsymbol{p}_2+b(1))$$

$$=\text{hardlim}\left([-2\quad -2]\begin{bmatrix}1\\-2\end{bmatrix}-1\right)=\text{hardlim}=1$$

在这种情况下，目标是1，所以误差为0。因此，权重或偏置没有变化，即 $\boldsymbol{W}(2)=\boldsymbol{W}(1)=[-2\quad -2]$ 且 $b(1)=-1$。

继续以这种方式提交 $\boldsymbol{p}_3$，计算输出和误差，并更改权重和偏置等。对所有 4 个输入进

行一次遍历后，将得到值 $\boldsymbol{W}(4)=[-3\quad -1]$ 和 $b(4)=0$。要确定是否获得了满意解，需对所有输入向量进行一次遍历，看看它们是否都生成了所需的目标值。第四个输入并未生成所需的目标值，但算法在第六次提交输入时是收敛的。最终值为

$$\boldsymbol{W}(6)=[-2\quad -3]\qquad b(6)=1$$

【例 3-3】使用 train( ) 函数实现感知器训练。

```
>> net = perceptron;     %定义一个感知器
>> p = [2; 2];           %单一输入
>> t = [0];              %目标
>> %将epochs设置为1,train只需遍历一次输入向量
>> net.trainParam.epochs = 1;
net = train(net,p,t);  %训练图如图3-5所示，网络结构如图3-6所示
```

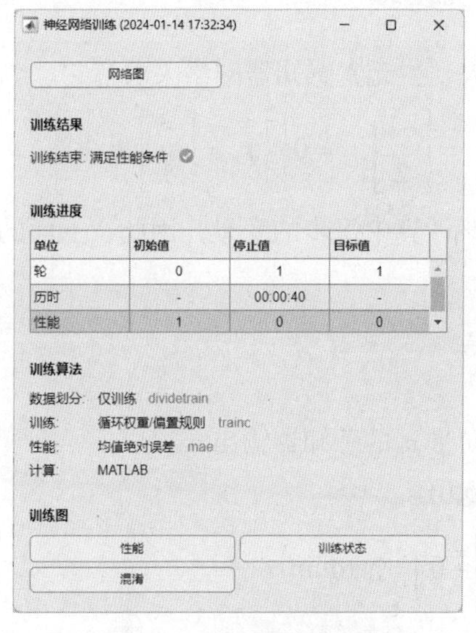

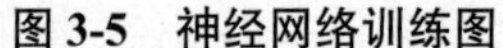
图 3-5 神经网络训练图

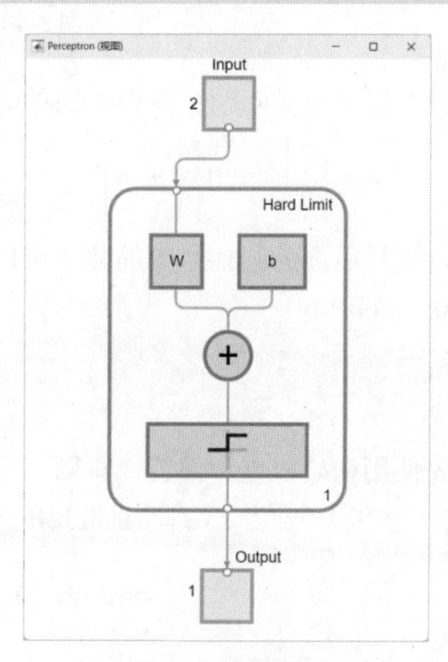

图 3-6 网络结构

```
>> w = net.iw{1,1}, b = net.b{1}   %新的权重和偏置
w =
    -2    -2
b =
    -1
```

初始权重和偏置为 0，在只使用第一个向量进行训练后，其值分别为 [-2 -2] 和 -1，与手算结果相符。

接下来应用第二个输入向量 $\boldsymbol{p}_2$。在更改权重和偏置前，输出始终为 1，不过现在目标为 1，因此误差为 0，变化为 0。可以从上一个结果开始，按照这种方式反复应用一个新的输入向量，可利用 train( ) 自动完成这项工作。

每轮都应用 train( )，对由所有 4 个输入向量组成的序列进行一次遍历，从网络定义开始：

```
>> net = perceptron;
```

```
net.trainParam.epochs = 1;
>> %输入向量和目标
>> p = [[2;2] [1;-2] [-2;2] [-1;1]]
t = [0 1 0 1]
p =
      2      1     -2     -1
      2     -2      2      1
t =
      0      1      0      1
>> %使用以下代码训练网络
>> net = train(net,p,t);
>> w = net.iw{1,1}, b = net.b{1}   %新的权重和偏置
w =
    -3     -1
b =
      0
```

这与之前手算结果是相同的。

最后，使用每个输入对经过训练的网络进行仿真。

```
>> a = net(p)
a =
      0      0      1      1
```

输出不等于目标，所以需要通过多次遍历来训练网络，尝试进行多轮训练。该运行在两轮训练后的均值绝对误差性能为 0。

```
>> net.trainParam.epochs = 1000;
net = train(net,p,t);
```

这样，在第三轮训练中提交输入时，网络已完成训练。通过手算可知，网络在提交第六个输入向量时收敛，这种情况发生在第二轮训练中，但要在第三轮才能检测到网络收敛。最终的权重和偏置如下：

```
>> w = net.iw{1,1}, b = net.b{1}
w =
    -2     -3
b =
      1
>> %各种输入的仿真输出和误差
>> a = net(p)
a =
      0      1      0      1
>> error = a-t
error =
      0      0      0      0
```

由结果可以看出，经过感知器训练的网络已收敛并为 4 个输入向量生成准确的目标输出。

使用 perceptron 创建的网络的默认训练函数是 train（可以通过执行 net.trainFcn 来查

找此函数），该训练函数以其线性形式应用感知器学习规则，即依次单独应用各输入向量，并在每次提交一个输入向量后对权重和偏置进行更正。因此，使用 train 进行的感知器训练将在有限步数内收敛，除非提交的问题无法用简单的感知器求解。

3.2 感知器的限制

感知器网络有以下若干限制。

（1）由于硬限制传递函数，感知器的输出值只能取 0 或 1。

（2）感知器只能对线性可分的向量集进行分类。如果能绘制出一条直线或一个平面将输入向量正确分类，则输入向量是线性可分的。如果向量是不可分的，学习将永远无法到达对所有向量都正确分类的程度。

3.3 离群值和归一化感知器规则

离群值输入向量的长度远远大于或远远小于其他输入向量，因此离群值的存在可能导致训练时间过长。应用感知器学习规则涉及根据误差在当前权重和偏置的基础上加减输入向量。因此，具有较大元素的输入向量会导致权重和偏置的更改，而较小的输入向量需要很长时间才能克服更改。

稍微更改感知器学习规则，即可让训练时间对极大或极小的离群值输入向量不太敏感。以下是更新权重的原始规则：

$$\Delta \boldsymbol{w}=(t-a)\boldsymbol{p}^{\mathrm{T}}=e\boldsymbol{p}^{\mathrm{T}}$$

如上所示，输入向量 $\boldsymbol{p}$ 越大，它对权重向量 $\boldsymbol{w}$ 的影响越大。因此，如果一个输入向量明显大于其他输入向量，则较小的输入向量必须多次提交才能产生影响。

解决方法是将规则归一化，使每个输入向量对权重的影响有相同的量级：

$$\Delta \boldsymbol{w}=(t-a)\frac{\boldsymbol{p}^{\mathrm{T}}}{\|\boldsymbol{p}\|}=e\frac{\boldsymbol{p}^{\mathrm{T}}}{\|\boldsymbol{p}\|}$$

通过 learnpn( ) 函数来实现归一化感知器规则，该函数的调用方式与 learnp( ) 函数完全相同。learnpn( ) 函数的运行时间稍微有所增加，但如果存在离群值输入向量，则可大大减少轮数。

3.4 感知器工具箱函数

MATLAB 提供了相关函数用于实现感知器的创建、训练、性能分析等，下面对这些函数进行介绍。

1. perceptron( ) 函数

在神经网络中，可应用 perceptron( ) 函数创建简单的单层二类分类器。函数的语法格式如下。

perceptron（hardlimitTF, perceptronLF）：接受硬限制传递函数 hardlimitTF 和感知器学习规则 perceptronLF，并返回一个感知器。

除了默认硬限制传递函数之外，还可以使用 hardlims 传递函数创建感知器。感知器学习规则的另一个选项是 learnpn。

感知器是简单的单层二类分类器，它用线性决策边界划分输入空间。感知器可以学习如何求解狭窄范围的分类问题。它们是第一批可靠地求解某一类问题的神经网络之一，其优势是学习规则简单。

【例 3-4】使用感知器求解简单分类问题。

解析：实例说明如何使用感知器来求解简单的分类逻辑 OR 问题。

```
>> x = [0 0 1 1; 0 1 0 1];     % 给定数据
t = [0 1 1 1];                 % 目标数据
net = perceptron;
net = train(net,x,t);          % 训练过程如图 3-7 所示
>> view(net)                   % 网络结构如图 3-8 所示
>> y = net(x)
y =
     0     1     1     1
```

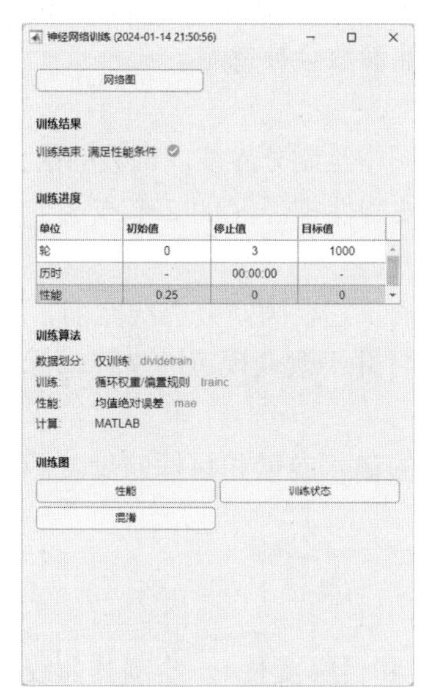

图 3-7　训练过程

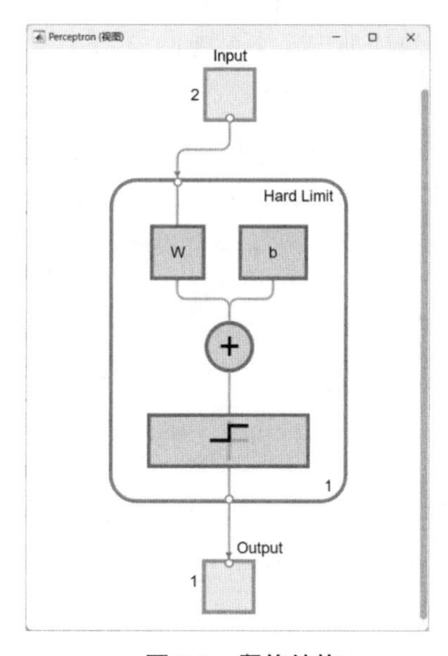

图 3-8　网络结构

2. mae( ) 函数

在神经网络中，mae( ) 函数为均值绝对误差性能函数。函数的语法格式如下。

perf = mae（E,Y,X）：接受由误差向量组成的矩阵或元胞数组 E、可选的由输出向量组成的矩阵或元胞数组 Y、由所有权重和偏置值组成的向量 X，并以绝对误差的均值 perf 形式返回网络性能。

dPerf_dx = mae（'dx',E,Y,X,perf）：返回 perf 关于 X 的导数。

info = mae（'code'）：返回每个 code 字符向量的有用信息，code 字符有如下选项。

- mae（'name'）：返回此函数的名称。
- mae（'pnames'）：返回训练参数的名称。
- mae（'pdefaults'）：返回默认函数参数。

【例 3-5】将网络性能计算为绝对误差的均值。

```
>> %创建并配置一个感知器，使其具有一个输入和一个神经元
>> net = perceptron;
net = configure(net,0,0);
>> %为网络提供一个输入变量p，通过从目标变量t中减去输出y来计算误差，然后计算均值绝
>> %对误差
>> p = [-10 -5 0 5 10];
t = [0 0 1 1 1];
y = net(p)
e = t-y
perf = mae(e)
y =
     1     1     1     1     1
e =
    -1    -1     0     0     0
perf =
    0.4000
```

注意，只能使用一个参数调用 mae( )，因为其他参数会被忽略。

3. plotpc( ) 函数

在神经网络中，plotpc( ) 函数用于在感知器向量图中绘制分界线。函数的语法格式如下。

plotpc(W,B)：对含权矩阵 W 和偏差向量 B 的硬特性神经元的 2 个或 3 个输入画一个分类线。这一函数返回分类的句柄以便以后调用。

plotpc(W,B,H)：包含从前一次调用中返回的句柄，它在画新分类线之前，删除旧线。

注意：该函数一般在 plotpv 函数之后调用，而且并不改变现有的坐标轴标准。

4. plotpv( ) 函数

在神经网络中，plotpv( ) 函数用于绘制感知器的输入向量和目标向量。函数的语法格式如下。

plotpv(P,T)：以 T 为标尺，绘制 P 的列向量。

plotpv(P,T,V)：在 V 的范围中绘制 P 的列向量。

【例 3-6】假定已给出了某感知器的输入变量 P 和目标变量 t，绘制其曲线，并给出感知器的权值和阈值，绘制其分界线。

```
>> P = [0 0 1 1; 0 1 0 1];
t = [0 0 0 1];
plotpv(P,t)   %绘制向量分类，效果图如图 3-9 所示
title('向量分类')
```

以下代码创建了一个感知器，为其权重和偏差赋值，并绘制出最终的分类线。

```
>> net = perceptron;
net = configure(net,P,t);
net.iw{1,1} = [-1.2 -0.5];
net.b{1} = 1;
plotpc(net.iw{1,1},net.b{1})  %效果图如图 3-10 所示
```

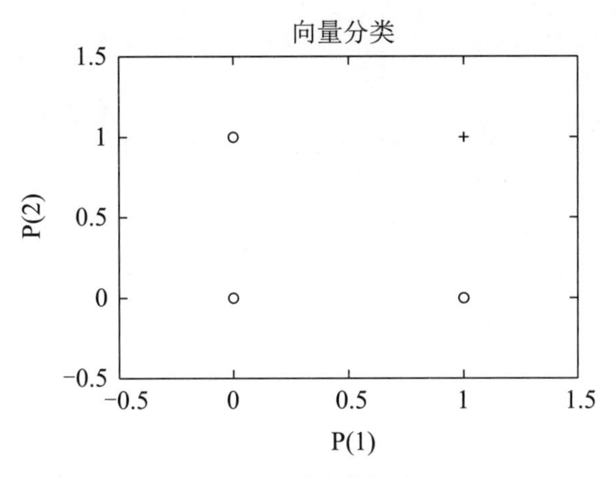

图 3-9 向量分类效果图

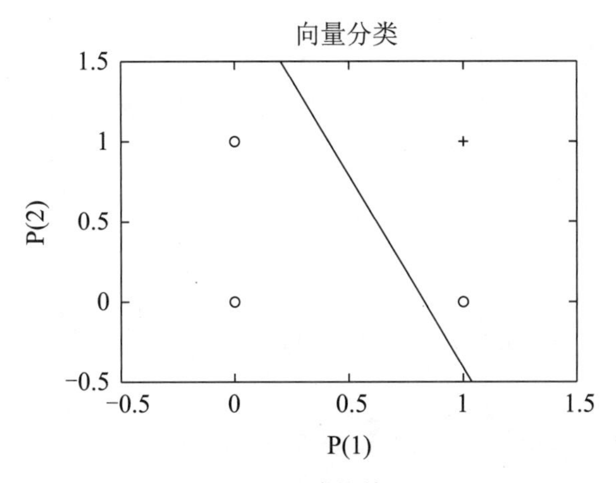

图 3-10 分类线效果图

3.5 感知器的应用

前面章节已介绍了感知器的结构、学习、训练以及局限性等相关内容，下面通过几个实例来演示感知器的应用。

1. 用双输入感知器分类

双输入硬限制神经元被训练为将 4 个输入向量划分为两个类别。X 中的 4 个列向量都定义了一个二元素输入向量，行向量 T 定义了向量的目标类别。可以使用 plotpv( ) 函数绘制这些向量。

```
>> X = [ -0.5 -0.5 +0.3 -0.1;  ...
       -0.5 +0.5 -0.5 +1.0];
T = [1 1 0 0];
plotpv(X,T);
title('向量分类效果')  %分类效果图如图 3-11 所示
```

运行程序，效果图如图 3-11 所示。

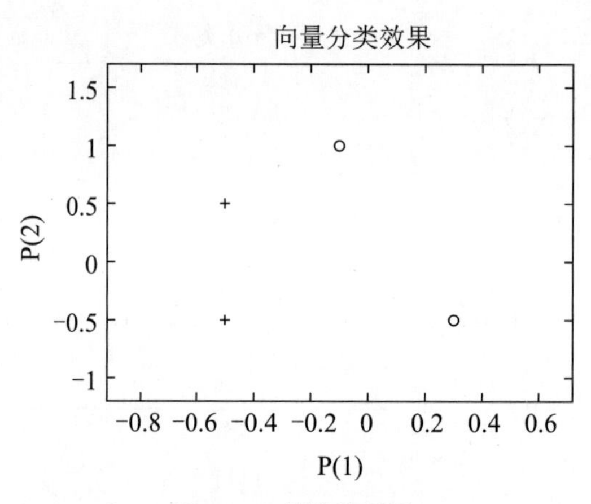

图 3-11 分类效果图

感知器具有 hardlim 神经元，这些神经元能够用一条直线将输入空间分为两个类别（0 和 1）。

这里 perceptron 创建了一个具有单个神经元的新神经网络，然后针对数据配置网络，这样可以检查其初始权重和偏置值。

```
>> net = perceptron;
net = configure(net,X,T);
```

神经元初次尝试分类时，输入向量会被重新绘制。初始权重设置为 0，因此任何输入都会生成相同的输出，而且分类线甚至不会出现在图上。

```
>> plotpv(X,T);
plotpc(net.IW{1},net.b{1});   % 效果图如图 3-12 所示
```

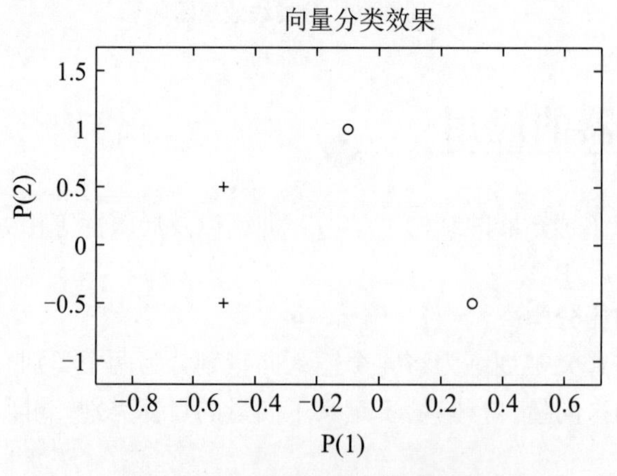

图 3-12 神经元初始分类效果图

此处，输入数据和目标数据转换为顺序数据（元胞数组，其中每个列指示一个时间步）并复制 3 次以形成序列 XX 和 TT。adapt( ) 针对序列中的每个时间步更新网络，并返回一个作为更好的分类器执行的新网络对象。

```
XX = repmat(con2seq(X),1,3);
```

```
TT = repmat(con2seq(T),1,3);
net = adapt(net,XX,TT);
plotpc(net.IW{1},net.b{1});   % 绘制分类线如图 3-13 所示
```

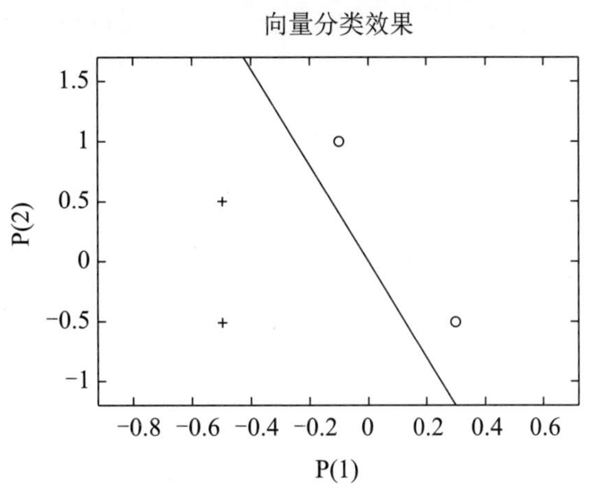

图 3-13 绘制分类线

现在 sim 用于对任何其他输入向量（如 [0.7;1.2]）进行分类。此新训练点及原始训练集的绘图显示了网络的性能。为了将其与训练集区分开来，将其显示为红色（注：本书为黑白印刷，图中颜色以程序实际运行为准）。

```
>> x = [0.7; 1.2];
y = net(x);
plotpv(x,y);
point = findobj(gca,'type','line');
point.Color = 'red';            % 新的训练点如图 3-14 所示
point.Marker='s';
title(' 向量分类 ')
```

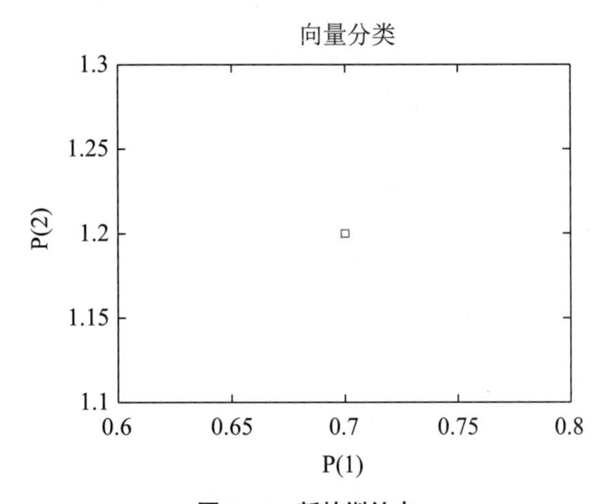

图 3-14 新的训练点

接着，开启“hold”，以使先前的绘图不会被删除，并绘制训练集和分类线。感知器正确地将新训练点（红色）分类为类别“零”（用圆圈表示），而不是类别“-”（用加号

表示）。

```
>> hold on;
plotpv(X,T);
plotpc(net.IW{1},net.b{1});   %使用"hold"效果图如图3-15所示
hold off;
```

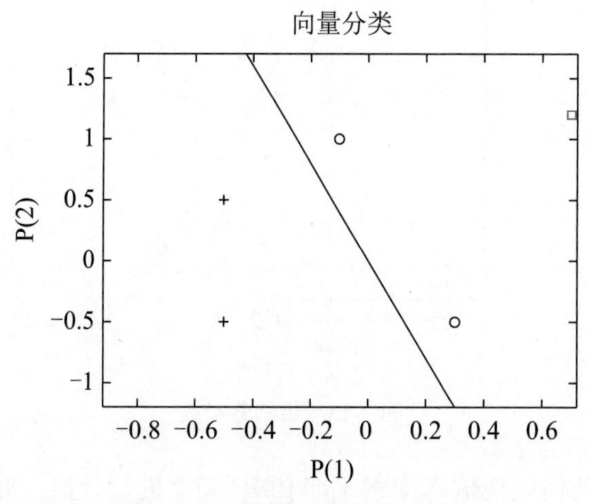

图 3-15 使用“hold”效果图

2. 归一化感知器规则

二输入硬限制神经元被训练为将 5 个输入向量分类为两个类别。尽管一个输入向量比其他输入向量大得多，使用 learnpn 进行训练速度仍然很快。

X 中的 5 个列向量都定义了一个二元素输入向量，行向量 T 定义了向量的目标类别。使用 plotpv 绘制这些向量。

```
>> X = [ -0.5 -0.5 +0.3 -0.1 -40; ...
      -0.5 +0.5 -0.5 +1.0 50];
T = [1 1 0 0 1];
plotpv(X,T);    %效果图如图3-16所示
title('向量分类')
```

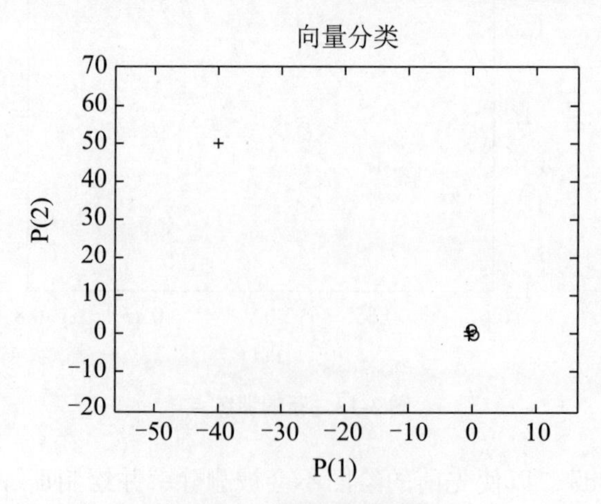

图 3-16 向量分类效果图

需要注意，4 个输入向量的幅值远远小于左上角的第五个向量。感知器必须将 X 中的 5 个输入向量正确分类为由 T 定义的两个类别。

perceptron( ) 用 learnpn 规则创建一个新网络，相对于 learnp（默认值），该网络对输入向量大小的巨大变化不太敏感。然后用输入数据和目标数据对该网络进行配置，得到其权重和偏置的初始值。

```
>> net = perceptron('hardlim','learnpn');
net = configure(net,X,T);
```

将神经元的最初分类尝试添加到绘图中。初始权重设置为 0，因此任何输入都会生成相同的输出，而且分类线甚至不会出现在图上。

```
>> hold on
linehandle = plotpc(net.IW{1},net.b{1});   % 神经元的最初分类如图 3-17 所示
```

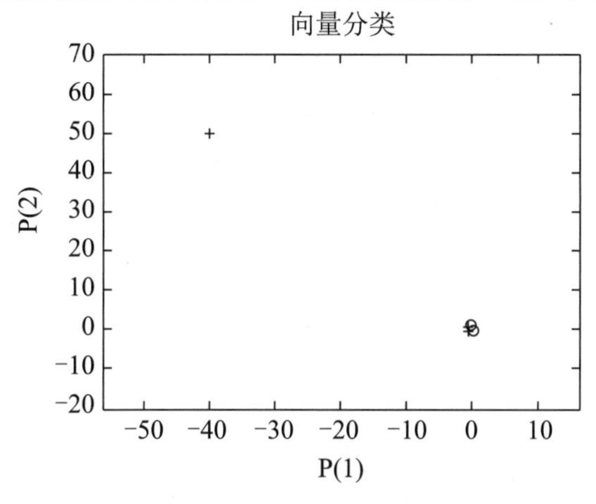

图 3-17 神经元的最初分类

adapt( ) 返回一个新网络对象（它作为更好的分类器执行）、网络输出和误差。此循环允许网络自适应，绘制分类线，并继续进行直到误差为 0。

```
>> E = 1;
while(sse(E))
   [net,Y,E] = adapt(net,X,T);
   linehandle = plotpc(net.IW{1},net.b{1},linehandle);
   drawnow;                    % 效果图如图 3-18 所示
end
```

需要注意，用 learnp 进行训练只需要 3 轮，而用 learnpn 求解同样的问题需要 32 轮。因此，当输入向量大小有巨大变化时，learnpn 的表现优于 learnp。

sim 可用于对任何其他输入向量进行分类，例如，对输入向量 [0.7; 1.2] 进行分类。此新训练点及原始训练集的绘图显示了网络的性能。为了将其与训练集区分开来，将其显示为红色。

```
>> x = [0.7; 1.2];
y = net(x);
```

```
plotpv(x,y);                          % 效果图如图 3-19 所示
circle = findobj(gca,'type','line');
circle.Color = 'red';
circle.Marker = 's';
```

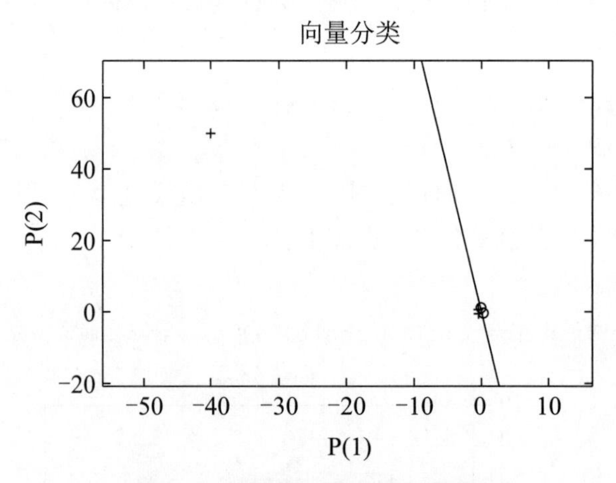

图 3-18　新网络对象分类效果图

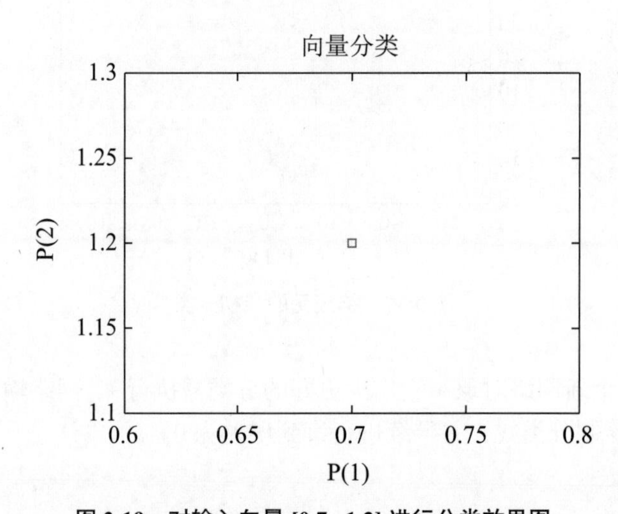

图 3-19　对输入向量 [0.7; 1.2] 进行分类效果图

打开“hold”，这样之前的绘图不会被擦除，将训练集和分类线添加到绘图中。

```
>> hold on;
plotpv(X,T);
plotpc(net.IW{1},net.b{1});  % 效果图如图 3-20 所示
hold off;
```

最后，放大感兴趣的区域。感知器正确地将新训练点（红色）分类为类别“零”（用圆圈表示）而不是类别“-”（用加号表示）。尽管存在离群值，感知器仍能在短时间内正确学习（与“离群值输入向量”示例相比）。

```
>> axis([-2 2 -2 2]);                 % 放大感兴趣区域如图 3-21 所示
```

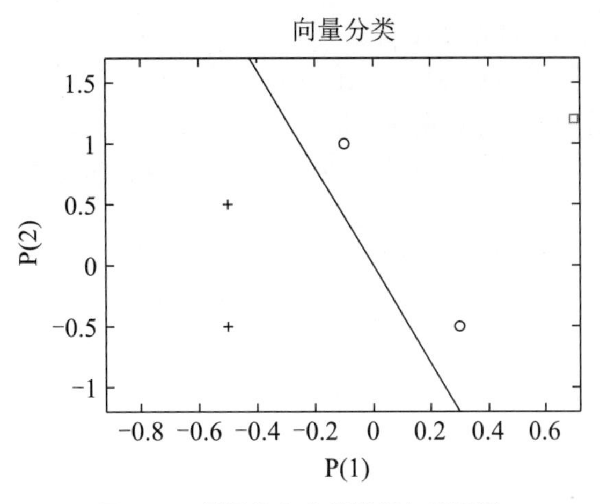

图 3-20 训练集和分类线添加效果图

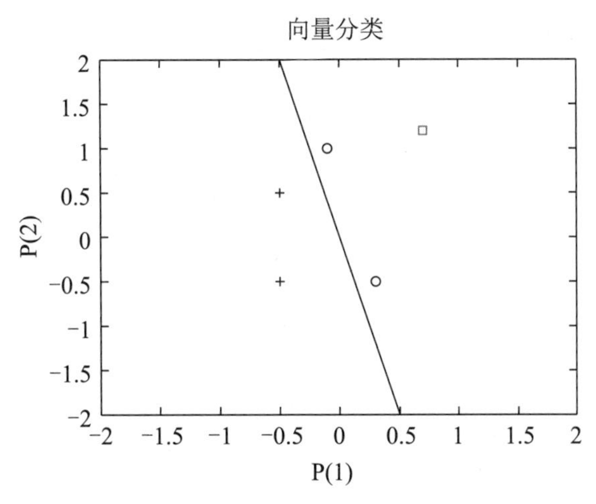

图 3-21 放大感兴趣区域

3.6 多层感知器分析与应用

单层感知器由于结构和学习规则上的局限性，其应用受到了一定的限制。单层感知器只能对线性可分的向量集合进行分类。为了解决线性不可分的输入向量的分类问题，可以在单层感知器中增加网络层，构成多层感知器神经网络。

由于感知器神经网络学习规则的限制，其只能对单层感知器神经网络进行训练。下面介绍一种针对两层感知器神经网络的设计方法。

（1）把感知器的第一层设计作为随机感知器层，且不对其进行训练，而随机初始化其权值和阈值。它接收各输入元素的值时，输出是随机的。但其权值和阈值一旦固定下来，对输入向量模式的映射也随之确定了。

（2）以第一层的输出作为第二层感知器的输入，并对应输入向量，确定第二层感知器的目标向量，然后对第二层感知器进行训练。

（3）由于第一层感知器的权值和阈值是随机的，所以其输出也是随机的。在训练过程中，整个网络可能达到训练误差性能指标，也可能达不到。当整个网络达不到训练误差性能指标时，需要重新对随机感知器层的权值和阈值进行初始化赋值，可以将其初始化函数设置为随机函数，然后用 init 函数重新初始化。

（4）如果程序第一次运行结果达不到设计要求，则需要重复训练，直到运行结果达到要求为止。

【例 3-7】用两层感知器神经网络模拟异或函数。表 3-1 为异或问题真值表。

表 3-1　异或问题真值表

输入 p_1	p_2	输出 a
0	0	0
1	0	1
0	1	1
1	1	0

如果把异或问题看成 p_2-p_1 平面上的点，则点 $A_0(0,0)$，$A_1(1,1)$ 表示输出为 0 的两个点，$B_0(1,0)$，$B_1(0,1)$ 表示输出为 1 的两个点，如图 3-22 所示。

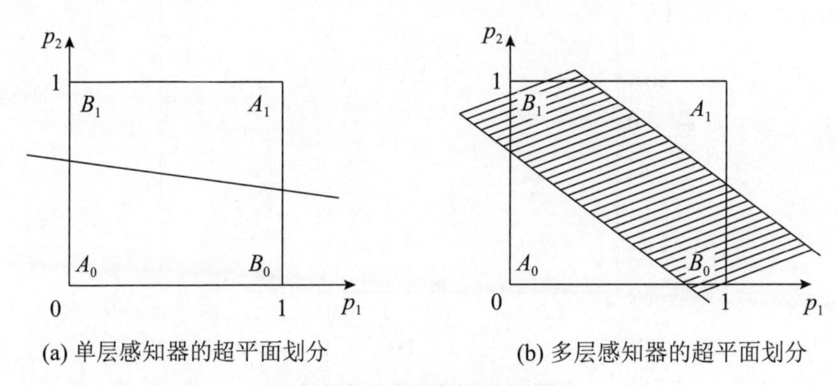

(a) 单层感知器的超平面划分　　(b) 多层感知器的超平面划分

图 3-22　异或问题的图形表示

从图 3-22 可以看出，在平面上用一条直线不可能将输出为 0 和 1 的两种模式分开，而用两条直线就能将输出为 0 和 1 的两种模式分开。

根据以上分析，如果用两层感知器，每层感知器可以构成一条直线划分，则可以解决模拟异或函数的问题。以图 3-23 所示的两层感知器神经网络来实现，其中隐层为随机感知器层（net1），神经元数目设计为 3，其权值和阈值是随机的，它的输出作为输出层（分类层）的输入；输出层为感知器层（net2），其神经元数为 1。

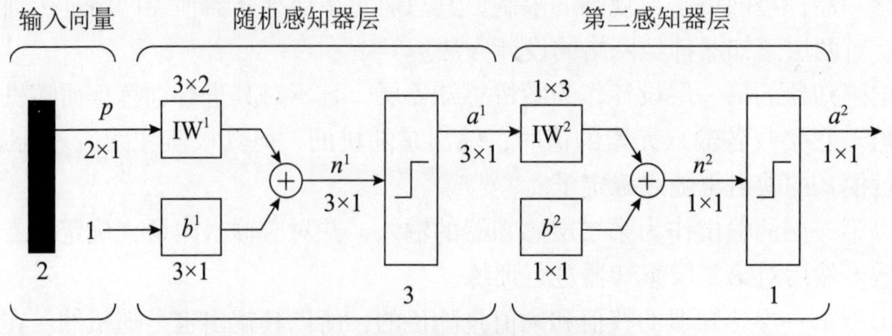

图 3-23　两层感知器神经网络模型

对输出层感知器实现训练的 MATLAB 代码如下：

```
>> clear all;
%初始化随机感知器层
pr1=[0 1;0 1];                 %设置随机感知器层的输入向量中每个元素的值域
net1=newp(pr1,3);              %定义随机感知器层
%指定随机感知器层权值初始化函数为随机函数
net1.inputweights{1}.initFcn='rands';
%指定随机感知器层阈值初始化函数为随机函数
net1.biases{1}.initFcn='rands';
net1=init(net1);               %初始化随机感知器层
iw1=net1.iw{1};                %随机感知器层的权值向量
b1=net1.b{1};                  %随机感知器层的阈值向量
%随机感知器层仿真
p1=[0 0;0 1;1 0;1 1]';         %随机感知器输入向量（训练样本）
[a1,pf]=sim(net1,p1);          %随机感知器层仿真
%初始化第二感知器层
pr2=[0 1;0 1;0 1];             %设置第二感知器层输入向量每个元素的值域
net2=newp(pr2,1);              %定义第二感知器层
%设置第二感知器参数
net2.trainParam.epochs=10;
net2.trainParam.show=1;
p2=ones(3,4);                  %初始化第二感知器层的输入向量
p2=p2.*a1;                     %随机感知器层的仿真输出结果作为第二感知器层的输入向量
t2=[0 1 1 0];                  %第二感知器层的目标向量
%训练第二感知器层
[net2,tr2]=train(net2,p2,t2);
disp('输出训练过程经过的每一步长为:')
epoch2=tr2.epoch               %输出训练过程经过的每一步长
disp('输出每一步训练结果的误差为:')
perf2=tr2.perf                 %输出每一步训练结果的误差
disp('第二感知器层的权值向量为:')
iw2=net2.iw{1}
disp('第二感知器层的阈值向量为:')
b2=net2.b{1}
%存储训练后的网络
save net36 net1 net2
```

运行程序，输出如下，训练过程如图 3-24 所示。

```
输出训练过程经过的每一步长为:
epoch2 =
     0     1     2     3     4     5     6     7     8     9    10
输出每一步训练结果的误差为:
perf2 =
  列 1 至 10
     0.5000     0.5000     0.5000     0.2500     0.2500     0.2500     0.2500
0.2500     0.2500     0.2500
  列 11
```

```
    0.2500
第二感知器层的权值向量为:
iw2 =
    -1    -1     3
第二感知器层的阈值向量为:
b2 =
    -1
```

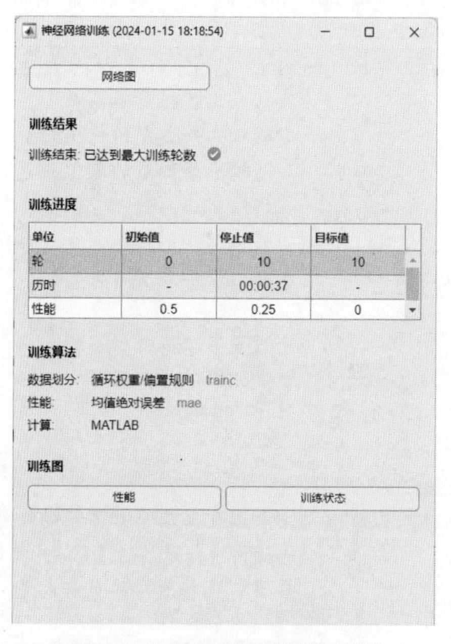

图 3-24　多层感知器训练过程

因为随机感知器层的输出是随机的，所以整个网络可能达到训练误差性能指标，也可能达不到。因此，当达不到训练误差性能指标时，需要重新对随机感知器层的权值和阈值进行初始化赋值。

下面的代码实现两层感知器网络的仿真：

```
>> clear all;                        % 清除工作空间中变量
load net36 net1 net2                 % 加载训练后的网络
% 随机感知器层仿真
p1=[0 0;0 1;1 0;1 1]';               % 随机感知器层输入向量
a1=sim(net1,p1);                     % 随机感知器层仿真结果
% 进行第二感知器层仿真，并输出仿真结果
p2=ones(3,4);                        % 初始化第二感知器层的输入向量
p2=p2.*a1;                           % 随机感知器层的仿真输出结果作为第二感知器层的输入向量
a2=sim(net2,p2)
```

运行程序，输出如下：

```
a2 =
     0     1     0     0
```

由以上结果可以看出，所设计的网络可以正确模拟异或函数的功能。

第 4 章 CHAPTER 4 线性神经网络分析与应用

线性神经网络是最简单的一种神经网络，可以由一个或多个线性神经元组成。自适应线性元（Adaptive Linear Element，Adaline）是线性神经网络最早的典型代表之一。

4.1 线性神经网络与感知器的区别

线性神经网络与感知器的区别在于：线性神经网络的神经元传递函数是线性函数，因此线性神经网络的输出可以取任意值，而感知器的输出只可能是 0 或者 1。

线性神经网络在收敛速度与精度上都比感知器要高，但是同感知器一样，线性神经网络只能解决线性分离问题。

感知器的每一个输入都有一个输出与之相对应。参照输出向量与期望输出向量的差别，调整网络的权值跟阈值，使得训练误差的平方和最小或者小于一定值，这种学习规则就是 W-H 学习规则，称为 LMS（Least Mean Square）算法。

4.2 线性神经网络原理

线性神经网络主要用于函数逼近、信号处理滤波、预测、模式识别等方面。

4.2.1 线性神经网络模型

线性神经元模型如图 4-1 所示。

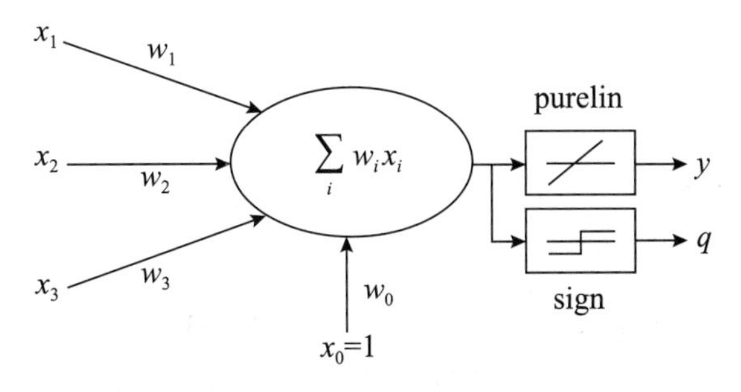

图 4-1 线性神经元模型

其权值矩阵 $\boldsymbol{W}$ 是一个行向量，网络输出 $\boldsymbol{a}$ 为

$$\boldsymbol{a} = \text{purelin}(n) = \text{purelin}(\boldsymbol{Wp} + b) = \boldsymbol{Wp} + b$$

与感知器一样，线性神经网络也有一个分界线，由输入向量决定，即 n=0 时，方程 $\boldsymbol{Wp}+b=0$，分类示意图如图 4-2 所示。

输入向量在分界线右上时，输出大于 0；输入向量在左下时，输出小于 0。这样，线性神经网络就可以用来研究分类问题，当然前提是进行分类的问题是线性可分的，这与感知器的局限是相同的。

4.2.2 线性神经网络结构

图 4-3 是一个具有 R 个输入、S 个神经元的单层线性神经网络的形式，输出向量数目和神经元数目相等，也是 S 个。权值矩阵为 $\boldsymbol{W}$，阈值为 b，这种网络也称为 Madaline 网络。

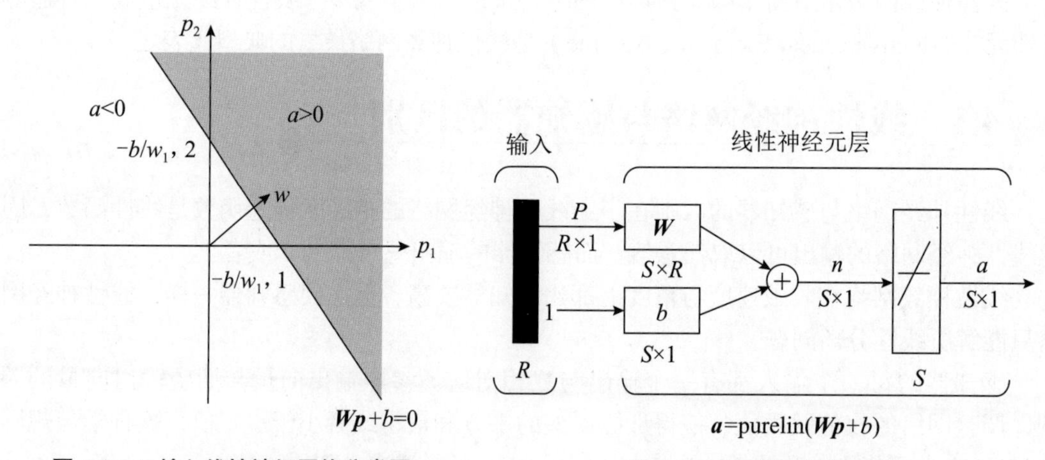

图 4-2　二输入线性神经网络分类图　　**图 4-3　单层线性神经网络**

这里介绍的单层线性神经网络结构和多层线性神经网络一样有用，因为对于每一个多层线性神经网络，都可以设计出一个性能与之相当的单层线性神经网络。

【例 4-1】使用 linearlayer 创建该网络，并使用两个值配置其维度，以使输入有两个元素，输出有一个。

```
>> net = linearlayer;
net = configure(net,[0;0],0);
%默认情况下，网络权重和阈值均设置为 0。可以使用命令查看当前值
>> W = net.IW{1,1}         %权重
W =
     0     0
>> b = net.b{1}                      %阈值
b =
     0
```

执行以上结果得到一个初始化后的线性网络，其权重和阈值均为 0。对上述网络在给定的输入和目标下进行训练，可以得到相应的权值和阈值。可以为权重指定所需的任何值，例如分别指定为 2 和 3。

```
>> net.IW{1,1} = [2 3];
W = net.IW{1,1}
W =
     2     3
% 可以以相同的方式设置和检查阈值
>> net.b{1} = [-5];
b = net.b{1}
b =
    -5
```

4.2.3 线性滤波器

首先需要了解一下应用于线性神经网络中的触发延迟线，如图 4-4 所示。从左端接入输入向量，通过 TDL，发生（N−1）延迟。TDL 的输出是一个 N 维向量，相当于当前输入向量的前一时刻的输入信号。

如果在线性神经网络中应用了触发延迟线，则将产生如图 4-5 所示的线性滤波器。线性滤波器的输出为

$$\boldsymbol{a}(k) = \text{purelin}(\boldsymbol{wp} + b) = \sum_{i=1}^{R} w_{1,i} a(k-i+1) + b$$

这样的网络可以应用于信号处理滤波，下面举例说明。

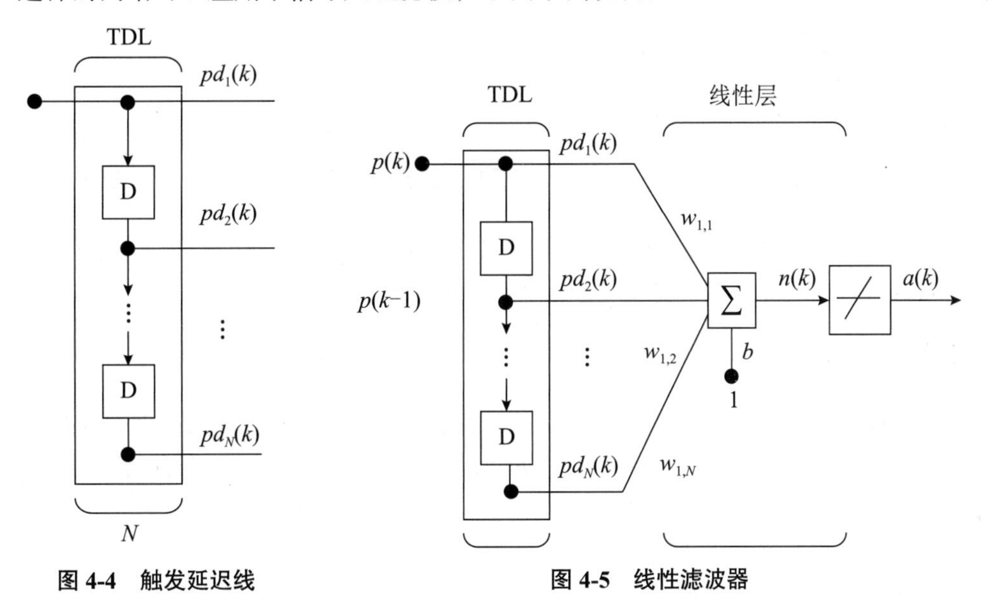

图 4-4 触发延迟线

图 4-5 线性滤波器

【例 4-2】线性滤波器实例演示。

```
% 假设输入向量 P，期望输出向量 T，以及初始输入延迟 P1
>> clear all          % 清除前面所有的变量
P={1 2 1 3 3 2};
P1={1 3};
T={5 6 4 20 7 8};
% 应用 newlind( ) 函数构造一个网络以满足上面的输入 / 输出关系和延迟条件
```

```
net=newlind(P,T,P1);
Y=sim(net,P,P1)     %验证网络的输出
```

运行程序，输出如下：

```
Y =
  1×6 cell 数组
      {[2.7297]}      {[10.5405]}      {[5.0090]}      {[14.9550]}
{[10.7838]}    {[5.9820]}
```

4.2.4 自适应线性滤波网络

自适应滤波网络的生成可以采用两种方式：一种是通过调用 newlin( ) 函数直接生成带有延迟链的自适应滤波网络；另一种是首先利用 newlin 函数生成不带延迟链的线性网络，然后通过网络重定义将延迟链加到预先生成的线性网络中。图 4-6 为一个单神经元自适应滤波网络。

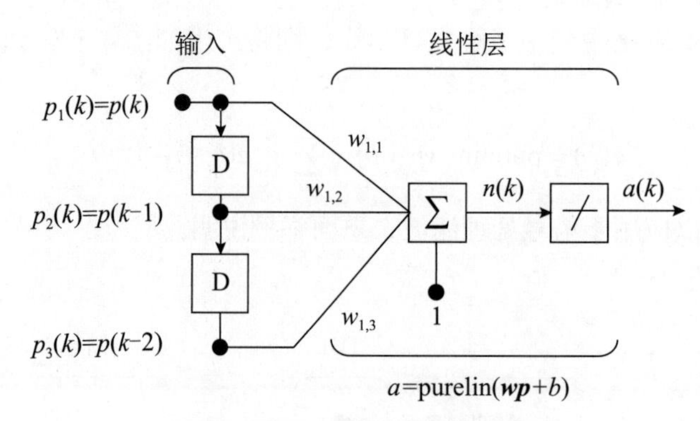

图 4-6 单神经元自适应滤波网络

自适应滤波网络的初始化与一般的线性神经网络基本相同，只是在初始化网络权值和阈值的同时，自适应滤波网络还要对延迟输入的初始值进行设置。

4.2.5 学习规则

对于线性神经网络，可以不经过训练而直接计算网络的权值和阈值。如果网络有多个零误差解，则取最小的一组权值和阈值；如果网络不存在零误差解，则取网络的误差平方和最小的一组权值和阈值。

因为线性系统有唯一的误差最小值，所以可通过给定的输入向量和目标向量，计算出实际输出向量和目标向量的误差最小值。

1. LMS 学习规则

当不能直接求出网络权值和阈值时，线性神经网络可以采用使均方误差最小的学习规则，即 LMS 算法。该规则是一种沿误差的最陡下降方向对前一步权值进行修正的方法。

对于 n 个训练样本，有

$$\{p_1,t_1\},\{p_2,t_2\},\cdots,\{p_n,t_n\}$$

LMS 学习规则的基本思想是要寻找最佳的权值和阈值，使各个神经元的输出均方误差最小。

神经元的均方误差计算公式为

$$\mathrm{mse}=\frac{\sum_{i=1}^{n}(t_i-y_i)^2}{n}=\frac{\sum_{i=1}^{n}e_i^2}{n}$$

其中，n 为训练样本数；y 为神经元输出值；t 为神经元输出的目标值。

为了找到使每个神经元输出均方误差最小的权值和阈值，以 x 代表权值或阈值，对 x 求偏导得

$$\frac{\partial \mathrm{mse}}{\partial x}=\frac{\partial\left(\sum_{i=1}^{n}e_i^2\right)}{\partial(n)}$$

令上式等于 0，则可以求出 mse 的极值点。极值点可以是极大值，也可以是极小值，但由于 mse 只能是正值，所以极值点肯定是极小值。

实质上，最陡梯度下降就是梯度的反方向，即

$$\boldsymbol{W}_{1,j}(i+1)=\boldsymbol{W}_{1,j}(i)+2\alpha\boldsymbol{e}(i)\boldsymbol{p}$$

$$\boldsymbol{b}(i+1)=\boldsymbol{b}(k)+2\alpha\boldsymbol{e}(i)$$

其中，α 是神经网络的学习率，即决定权值和阈值的收敛速度和稳定性的参数。学习率越大，学习的速度就越快。

将单个线性神经元的 LMS 算法推广到多个神经元，可得以下公式：

$$\boldsymbol{W}_{1,j}(i+1)=\boldsymbol{W}(i)+2\alpha\boldsymbol{e}(i)\boldsymbol{p}^{\mathrm{T}}$$

$$\boldsymbol{b}(i+1)=\boldsymbol{b}(k)+2\alpha\boldsymbol{e}(i)$$

线性神经网络的 LMS 学习规则表现为曲面上的梯度下降，是建立在均方误差最小化基础上的。由于误差与权值构成的抛物面只有一个极小点，因此 LMS 算法可以保证误差函数最小，但是这需要无限次的学习。

2. W-H 学习规则

W-H 学习规则是由威德罗和霍夫提出的用来修正权向量的学习规则。W-H 学习规则可以用来训练一定网络的权值和阈值，使之线性地逼近一个函数式而进行模式联想。

定义一个线性网络的输出误差函数为

$$\boldsymbol{E}(\boldsymbol{W},\boldsymbol{B})=\frac{1}{2}[\boldsymbol{T}-\boldsymbol{A}]^2=\frac{1}{2}[\boldsymbol{T}-\boldsymbol{W}_{\boldsymbol{p}}]^2$$

由上式可看出，线性网络是由抛物线形误差函数所形成的误差表面，所以只有一个误差最小值。

$\boldsymbol{E}(\boldsymbol{W},\boldsymbol{B})$ 只取决于网络的权值及目标向量。目的是通过调节权向量，使 $\boldsymbol{E}(\boldsymbol{W},\boldsymbol{B})$ 达到最小值。所以在给定 $\boldsymbol{E}(\boldsymbol{W},\boldsymbol{B})$ 后，利用 W-H 学习规则修正权向量和阈值向量，使 $\boldsymbol{E}(\boldsymbol{W},\boldsymbol{B})$ 从误差空间的某一点开始，沿着 $\boldsymbol{E}(\boldsymbol{W},\boldsymbol{B})$ 的斜面向下滑行。

根据梯度下降法，权向量的修正值正比于当前位置上 $\boldsymbol{E}(\boldsymbol{W},\boldsymbol{B})$ 的梯度，对于第 i 个输出节点，有

$$\Delta w_{ij}=-\eta\frac{\partial \boldsymbol{E}}{\partial \Delta w_{ij}}=\eta[t_i-a_i]p_j$$

或表示为

$$\Delta w_{ij} = \eta \delta_i p_j$$
$$\Delta b_i = \eta \delta_i$$

此处，δ_i定义为第i个输出节点的误差：

$$\delta_i = t_i - a_i$$

上式称为W-H学习规则，又称δ规则，或称最小均方误差算法（LMS）。W-H学习规则的权值变化量正比于网络的输出误差及网络输入向量。它不需要求导数，所以算法简单，具有收敛速度快和精度高的优点。

η为学习速度。在实际运用中，η通常取接近1的数，或取值为

$$\eta = 0.99 \times \frac{1}{\max[\det(\boldsymbol{p} \times \boldsymbol{p}^{\mathrm{T}})]}$$

学习速度的这一取法在神经网络工具箱中用函数maxlinlr来实现，上式可表示为

$$\mathrm{lr} = 0.99 \times \mathrm{maxlinlr(P,1)}$$

其中，lr为学习速度。

采用W-H规则训练自适应线性元件使其能够得以收敛的必要条件是，被训练的输入向量必须是线性独立的，且应适当地选择学习速率以防止产生振荡现象。

4.2.6 网络训练

自适应元件的网络训练过程可以归纳为以下三个步骤。

（1）表达。计算训练的输出向量$\boldsymbol{a} = \boldsymbol{Wp} + b$，以及与期望输出之间的误差$\boldsymbol{e} = \boldsymbol{t} - \boldsymbol{a}$。

（2）检查。将网络的输出误差的平方和与期望误差相比较，如果其值小于期望误差，或者训练已经达到事先设定的最大训练次数，则停止训练，否则继续。

（3）学习。采用W-H学习规则计算新的权值和阈值，并返回第（1）步。

每进行一次上述三个步骤，就认为是完成了一个训练循环次数。

如果经过训练，网络仍然不能达到期望目标，可以有两种选择：一是检测所要解决的问题，是否适用于线性网络；二是对网络进行进一步的训练。

尽管只适用于线性网络，W-H学习规则仍然是重要的，因为它展现了梯度下降法是如何训练一个网络的。

【例4-3】考虑一个较大的神经元网络的模式联想的设计问题。输入向量和目标向量分别是：P=[1 1.5 1.2 −0.3；−1 2 3 −0.5；2 1 −1.6 0.9]；T=[0.5 3 −2.2 1.4；1.1 −1.2 1.7 −0.4；3 0.2 −1.8 −0.4；−1 0.4 −1.0 0.6]。

这个问题可以通过线性方程组的方式求出唯一的解，但比较复杂，此时可以通过自适应线性网络的方式得出有一定误差的解。

```
>> clear all;
P=[1 1.5 1.2 -0.3;-1 2 3 -0.5;2 1 -1.6 0.9];
T=[0.5 3 -2.2 1.4;1.1 -1.2 1.7 -0.4;3 0.2 -1.8 -0.4;-1 0.4 -1.0 0.6];
[S,Q]=size(T);
max_epoch=400;      %最大训练次数
err_goal=100;
err_goal=0.001;
lr=0.9*maxlinlr(P);
```

```
% 初始权值
W0=[1.9978 -0.5959 -0.3517;1.5543 0.05331 1.3660;...
    1.0672 0.3645 -0.9227 ;-0.7747 1.3839 -0.3384];
B0=[0.0746;-0.0642;-0.4256;-0.6433];
net=newlin(minmax(P),S,[0],lr);
net.IW{1,1}=W0;
net.b{1}=B0;
a=sim(net,P);
e=T-a;
sse=(sumsqr(e))/(S*Q);            % 求误差平方和的平均值
fprintf('训练前，误差平方和=%g.\n',sse); % 显示训练前的网络均方差
net.trainParam.epochs=400;        % 最大循环次数
net.trainParam.goal=0.001;        % 期望误差（均方差）
[net,tr]=train(net,P,T);
W=net.iw{1,1}
B=net.b{1}                        % 显示最终的权值
```

运行程序，得到训练过程如图 4-7 所示，网络结构如图 4-8 所示，输出如下：

```
训练前，误差平方和=8.52937.
W =
   -2.3673    2.2142    3.0852
    2.1417   -1.7773   -2.0258
    2.0735   -1.2540    0.0541
   -1.7676    1.1443    1.1746
B =
   -1.0215
    1.1982
   -0.4468
   -0.4237
```

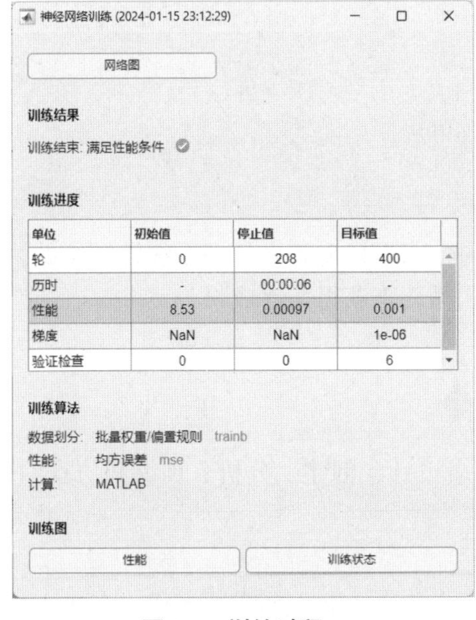

图 4-7　训练过程

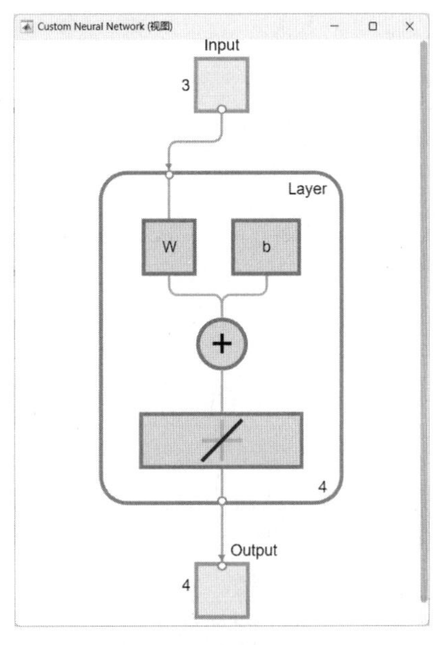

图 4-8　网络结构

对于存在零误差的精确权值网络，如果用 newlind( ) 函数来求解，则更加简单，例 4-3 可以用如下源代码进行设计：

```
>> clear all;
P=[1 1.5 1.2 -0.3;-1 2 3 -0.5;2 1 -1.6 0.9];
T=[0.5 3 -2.2 1.4;1.1 -1.2 1.7 -0.4;3 0.2 -1.8 -0.4;-1 0.4 -1.0 0.6];
[S,Q]=size(T);
b=[];
w=[];
a=[];
for i=1:S
    net=newlind(P,T(i,:));      %设计一个具有一个行向量的线性网络
    w=[w;net.iw{1,1}]
    b=[b;net.b{1}]
    a=[a;sim(net,P)]
end
w                               %输出完整的偏差和权值
b
a                               %显示网络的最终输出
```

运行程序，最终显示结果如下：

```
w =
   -2.4914    2.3068    3.1747
    2.2049   -1.8247   -2.0716
    2.0938   -1.2691    0.0395
   -1.7926    1.1630    1.1926
b =
   -1.0512
    1.2136
   -0.4420
   -0.4296
a =
    0.5000    3.0000   -2.2000    1.4000
    1.1000   -1.2000    1.7000   -0.4000
    3.0000    0.2000   -1.8000   -0.4000
   -1.0000    0.4000   -1.0000    0.6000
```

因为 newlind( ) 函数是按（行）向量序列的方式来构造和设计一个线性网络的，所以对于具有多输出神经网络的设计，需要经过多次循环来获得最终成果。

4.3 线性神经网络函数

神经网络工具箱为线性网络提供了用于网络设计、创建、分析、训练和仿真的函数，下面依次进行介绍。

1. newlind( ) 函数

函数返回设计好的线性神经网络 net，设计的方法是求一个线性方程组在最小均方误差意义下的最优解。值得注意的是，newlind( ) 函数一旦调用，就不需要用别的函数重新

训练了，可以直接进行仿真测试。函数的语法格式如下。

net=newlind(P,T,PI)：参数 P 为训练样本；T 为期望输出向量；PI 为初始输入延迟。

【例 4-4】利用 newlind( ) 函数创建线性神经网络，用线性去逼近任意非线性函数，当输入与输出是非线性关系时，线性神经网络可以通过对网络的训练，得出线性逼近关系。

```
>>clear all;
x=-5: 5;
y=3*x-7;                                    %这是期望直线
randn('state',2);
y1=y+randn(1,length(y))*1.5;                %加入噪声的直线，制造一种非线性的情况
plot(x,y,'-');                              %把期望直线画出
plot(x,y1,'o-');                            %把实际直线画出，可以看到是曲折的直线

P=x;T=y1;                                   %设置好输入向量与输出期望
net=newlind(P,T);                           %建立线性层
%newlind函数一旦调用，就不需要再调用别的函数重新训练了
A=-5: 2: 5;
B=sim(net,A);
hold on;
plot(A,B,'*-');                             %输出经过训练后的结果，是一条拟合直线
C=net.iw                                    %求出训练后的权值
D=net.b                                     %求出偏置值
```

运行程序，输出如下，拟合效果如图 4-9 所示。

```
C =
  1×1 cell 数组
    {[2.9219]}
D =
  1×1 cell 数组
    {[-6.6797]}
```

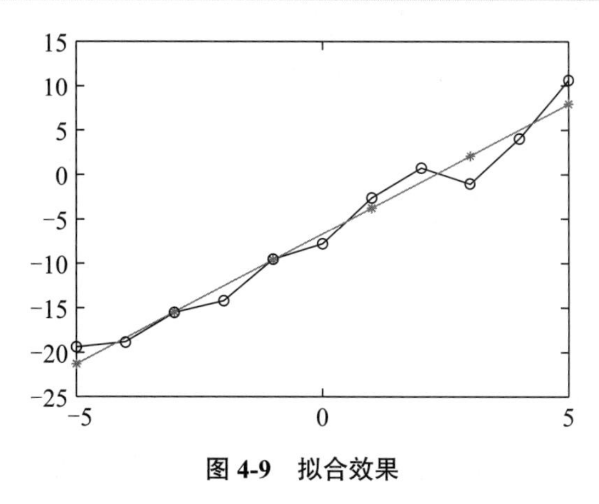

图 4-9　拟合效果

2. newlin( ) 函数

newlin( ) 函数的作用是创建一个未经训练的线性神经网络，以 dotprod( ) 为权值函数，netsum( ) 为网络输入函数，purelin( ) 为传输函数。newlin( ) 函数的语法格式如下。

net=newlin(P,S,ID,LR)：参数 P 为训练样本；S 为输出节点个数；ID 为表示输入延迟的向量，默认值为 [0]；LR 为学习率，默认值为 0。

在 MATLAB R2014b 版本以后的版本中，newlin 被更换为 linearlayer 函数。

【例 4-5】利用 newlin( ) 函数创建线性神经网络，并逼近任意非线性函数。

解析：当输入与输出是非线性关系时，线性神经网络可以通过对网络的训练，得出线性逼近关系。

```
>> clear all;
x=-5: 5;
y=2*x-5;
randn('state',2);
y1=y+randn(1,length(y))*1.5;          % 加入噪声的直线，制造一种非线性的情况
plot(x,y1,'o-');                      % 把实际直线画出，可以看到是曲折的直线
P=x;T=y1;
net=newlin(P,1,[0],maxlinlr(P));      % 用 newlin( ) 创建一个还没训练的线性网络
x1=-2: 2;
A=sim(net,x1);
hold on;
plot(x1,A,'-'); % 发现是一条 y=0 的直线，即此时没训练的系统的权值为 0，阈值为 0
C=net.iw                              % 求出训练后的权值
D=net.b                               % 求出阈值
net1=train(net,P,T);                  % 训练线性网络，训练过程如图 4-10 所示
```

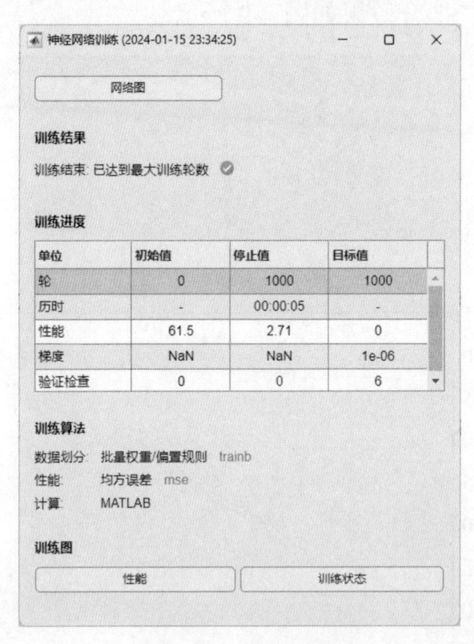

图 4-10 训练过程

```
A=-5: 2: 5;
B=sim(net1,A);
hold on;
plot(A,B,'*-');                 % 输出经过训练后的结果，是一条拟合直线
```

运行程序，输出如下，拟合效果如图 4-11 所示。

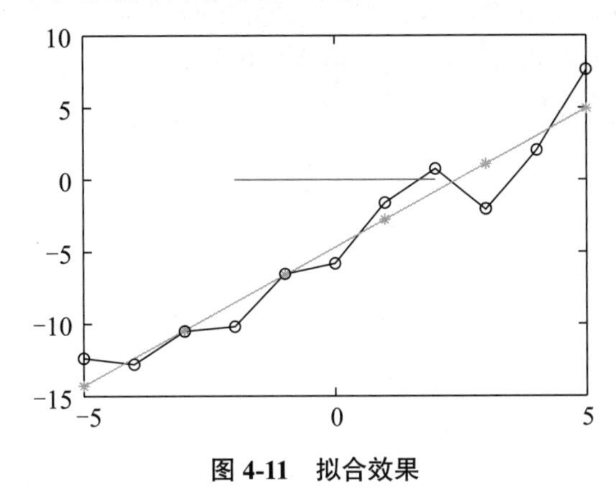

图 4-11　拟合效果

```
C =
  1×1 cell 数组
    {[0]}
D =
  1×1 cell 数组
    {[0]}
```

3. purelin( ) 函数

在神经网络中，purelin( ) 函数实现线性网络的传输。函数的语法格式如下。

A=purelin(N,FP)：N 为 S×Q 维的网络输入（列）向量矩阵；FP 为性能参数（可忽略）。返回网络输入向量 N 的输出矩阵 A。

【例 4-6】purelin( ) 函数用法演示。

```
>> x=-5: 5;
>> y=purelin(x)
y =
    -5    -4    -3    -2    -1     0     1     2     3     4     5
>> y=3*purelin(x)-6
y =
   -21   -18   -15   -12    -9    -6    -3     0     3     6     9
>> y=purelin(5*x)
y =
   -25   -20   -15   -10    -5     0     5    10    15    20    25
```

通过这个函数，对线性网络的理解会更加深刻，也可以看出这个函数的作用是：Y=v（x），v（x）=w*x+b。

4. learnwh( ) 函数

learnwh( ) 是 LMS 算法的学习函数，它可以修改神经元的权值和阈值，只要学习率不超出用 maxlinlr( ) 函数计算的最大值，网络就可以收敛。函数的语法格式如下。

[dw,LS]=learnwh(W,P,Z,N,A,T,E,gW,gA,D,LP,LS)：参数 W 为权值矩阵；P 为输入向量矩阵；Z 为权值输入向量；N 为网络输入向量；A 为输出向量；T 为期望输出向量；E 为隐含层中的误差的向量；gW 为权重梯度；gA 为输出梯度；D 为神经元距离；LP 为学习参数；

LS 为学习状态，初始值为空矩阵。

【例 4-7】给出一个具有 2 个输入、3 个神经元的神经网络，对其定义一个随机输入 P 和误差 E，给出其学习率为 0.5，计算其权值变化矩阵。

```
>> %随机产生输入向量和误差向量
>> p = rand(2,1);
e = rand(3,1);8
>> %根据上述输入向量和误差向量，计算权值变化矩阵
>> lp.lr = 0.5;
dW = learnwh([],p,[],[],[],[],e,[],[],[],lp,[])
dW =
    0.0517    0.0575
    0.3721    0.4137
    0.2576    0.2864
```

通过调用 learnwh( ) 函数，可以产生一个标准的线性网络。按照 LMS 算法学习准则，learnwh( ) 函数从一个给定的神经元的输入 P、误差 E(W,B) 、权值或阈值的学习率 lr 中，可以得到该神经元的权值变化：

$$dW = lr*e*pn$$

5. maxlinlr( ) 函数

线性神经网络的学习率应小心选择，否则可能出现收敛过慢或无法稳定收敛的问题。MATLAB 提供了一个计算最大学习率的函数 maxlinlr( )，其公式为

$$0 < \eta < \frac{2}{\lambda_{max}}$$

其中，λ_{max} 为输入向量自相关矩阵的最大特征值。

maxlinlr( ) 函数的语法如下。

lr = maxlinlr(P)：输入参数 P 为 R × Q 维矩阵，对不带阈值的线性层得到一个所需要的最大学习率。

lr=maxlinlr(P,'bias')：针对带有阈值的线性层得到一个所需要的最大学习率。

【例 4-8】计算给定的 3 组三维输入向量的最大学习率。

```
>> P = [1 2 -4 7; 0.1 3 10 6];
>> lr = maxlinlr(x)
lr =
    0.0091
>> lr = maxlinlr(x,0.3)
lr =
    0.0091
>> lr = maxlinlr(x,7)
lr =
    0.0091
```

从结果可以看出，无论偏置为多少，此时最大的学习率都是一样的。

6. linearlayer( ) 函数

MATLAB R2014b 版本以后的版本用 linearlayer( ) 函数代替了 newlin( ) 函数来创建线

性神经网络，函数的语法格式如下。

net=linearlayer(inputDelays,widrowhoffLR)：参数 intputDelays 为输入延迟的值；widrowhoffLR 为学习率。返回值 net 是创建好的线性层，还要进行训练才具有分类、拟合、识别的能力。

【例 4-9】利用 linearlayer( ) 函数创建线性神经网络，用线性去逼近任意非线性函数。

解析：当输入与输出是非线性关系时，线性神经网络可以通过对网络的训练，得出线性逼近关系。

```
>> x=-5: 5;
y=2*x-5;
randn('state',2);
y1=y+randn(1,length(y))*1.5;        %加入噪声的直线，制造一种非线性的情况
plot(x,y1,'o-');                    %把实际直线画出，可以看到是曲折的直线
P=x;T=y1;
lr=maxlinlr(P,'bias')
net=linearlayer(0,lr);
net1=train(net,P,T);                %训练线性网络，训练过程如图 4-12 所示
```

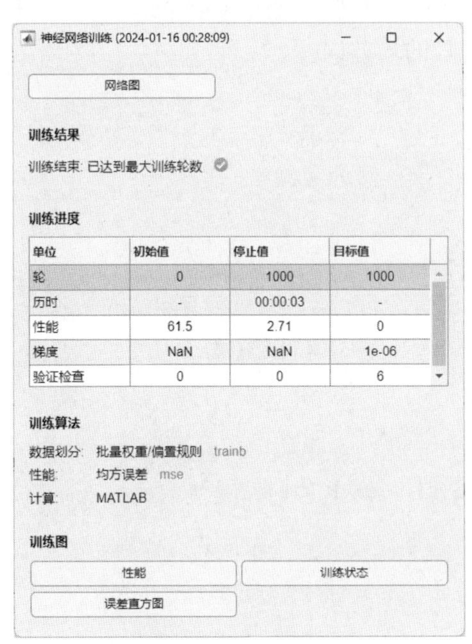

图 4-12　训练过程

```
A=-5: 2: 5;
B=sim(net1,A);
hold on;
plot(A,B,'*-');                     %输出经过训练后的结果，是一条拟合直线
```

运行程序，输出学习率如下，拟合效果如图 4-13 所示。

```
lr =
    0.0091
```

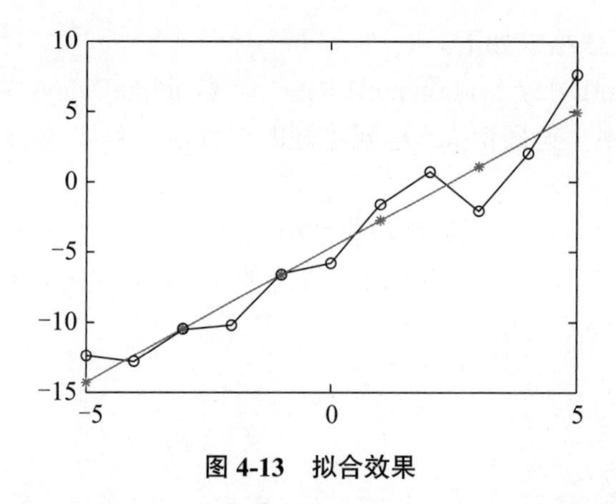

图 4-13 拟合效果

7. mse( ) 函数

mse( ) 函数是线性神经网络的性能函数，以均方误差来评价网络的精确程度。函数的语法格式如下。

perf = mse(net,t,y,ew)：输入参数 net 为网络；t 为目标矩阵或单元阵列；y 为输出矩阵或单元数组；ew 为错误的权重（可选）；输出参数 perf 表示平均绝对误差。

【例 4-10】计算一个矩阵的均方误差。

```
>> clear all;
>> randn('seed',2);          %设定随机种子
>> a=randn(3,4)              %3×4 矩阵
a =
    0.2820   -0.7123    1.1219    1.8966
   -0.8983   -1.1757    1.0644    1.2472
    1.1428    0.1415    1.5076    1.0075
>> mse(a)                    %计算均方误差
ans =
    1.2445
>> b=a(:);                   %把矩阵 a 整理成向量
>> sum(b.^2)/length(b)       %手工计算均方误差
ans =
    1.2445
>> mse(b)                    %对向量 b 计算均方误差
ans =
    1.2445
```

由以上实例可看出，mse( ) 函数会对矩阵或数组中的所有元素计算均方误差，最终返回一个标量值，所以数组的形状、元素的位置变化不影响 mse 函数的结果，假设所有形式的输入都被转换为向量 $\boldsymbol{x}$，则计算公式为

$$\mathrm{mse}(\boldsymbol{x})=\frac{1}{N}\sum_{i=1}^{N}x_i^2$$

其中，N 为向量长度。

8. errsurf( ) 函数

在神经网络中，errsurf( ) 函数的作用是计算单个神经元的误差曲面。函数的语法格式

如下。

errsurf(P,T,WV,BV,F)：参数 P 为输入向量；T 为单目标向量；WV 为权值的行向量；BV 为阈值 B 的行向量；F 为传递函数，且神经元的误差曲面由权值和阈值的行向量决定。

9. plotes( ) 函数

在神经网络中，plotes( ) 函数用于绘制一个单独神经元的误差曲面。函数的语法格式如下。

plotes(WV,BV,ES,V)：参数 WV 为 N 维的权值行向量；BV 为 M 维的阈值行向量；ES 为由误差向量组成的 $M\times N$ 维的矩阵；V 为视角，默认值为 [−37.5，30]。

plotes( ) 函数绘制的误差曲线图是由权值和阈值确定的，由 errsurf( ) 函数计算得到。

【例 4-11】根据输入样本及目标数据，绘制其误差曲面及轮廓线。

```
>> clear all;
p = [3 2 4];                              % 输入样本
t = [0.4 0.8 1];                          % 目标数据
wv = -4: 0.4: 4;                          % 权值
bv = wv;                                  % 阈值
ES = errsurf(p,t,wv,bv,'logsig');         % 计算误差曲面
plotes(wv,bv,ES,[60 30]);                 % 绘制误差曲面
```

运行程序，误差曲面如图 4-14 所示。

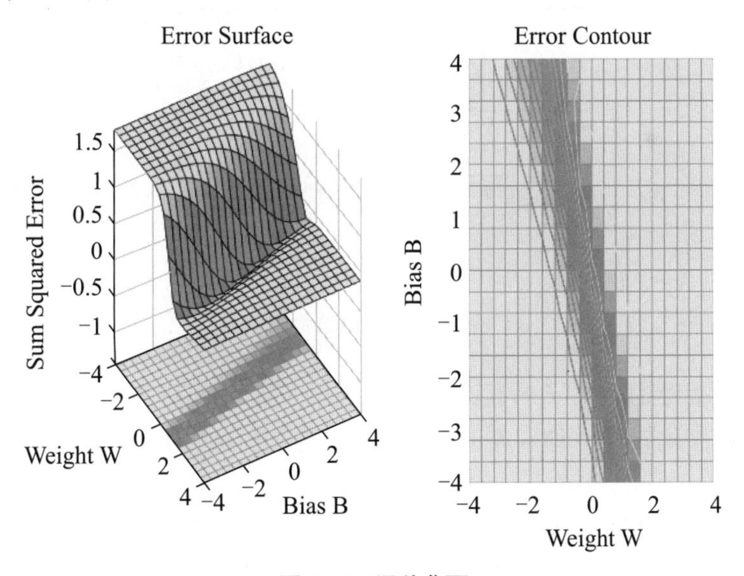

图 4-14　误差曲面

4.4　线性神经网络的实现

线性神经网络的 MATLAB 程序设计步骤如下。

1）创建神经网络

首先根据所需要解决的问题，确定输入向量的维数、取值范围、神经元个数等，然后使用 linearlayer( ) 函数来创建线性神经网络。

2）训练神经网络

首先需要确定训练网络的样本集、每个样本的输入向量和目标向量，然后使用函数 train 对网络进行训练或使用 adapt 自适应调整网络的权值和阈值。根据训练的结果，决定是否调整训练参数，直到得到满足误差性能指标的神经网络。

3）网络仿真

训练完神经网络后，需要构造测试神经网络的样本集，加载训练好的神经网络后，使用 sim 函数对网络进行仿真，并保存网络的仿真结果。

在线性预测、函数逼近和信号滤波等方面，线性神经网络有着广泛的应用，下面通过几个经典实例来演示线性神经网络在这几方面的应用。

1. 线性预测

实际上，物理系统的输入 / 输出关系式往往比较复杂，一般的形式为

$$y(k)=f(x(k-n),x(k-n+1),\cdots,x(k))$$

根据上式，通过适当的设计网络的过程，使下式成立：

$$a(k)=x(k)=f(x(k-1),\cdots,x(k-n))$$

即可通过 $(k-1)$ 时刻及以前测量的数据来完成 k 时刻的预测任务。设计结构图如图 4-15 所示。

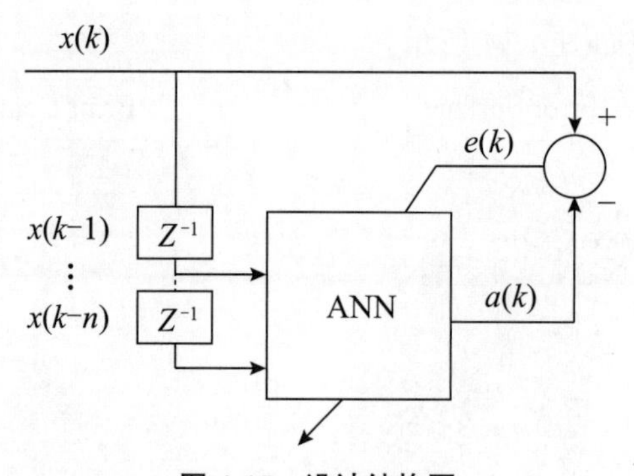

图 4-15　设计结构图

在这里需要特别注意，$x(k)$ 信号没有加在输入端上，而是在输入线路中。由此可见，训练网络的结构设计不是一成不变、生搬硬套的，一定要根据具体问题灵活应用和掌握。

设计的目的是使 $x(k)-a(k)=e(k)=0$，即当 $e=0$ 时，就可以得到网络输出 $x(k)=a(k)$ 的预测。预测的应用中，同样需要确定输出与前几次延时阶次有关，只有 r 确定正确了，预测的结果才准确。预测功能可以用在已知最近几年的产量或数据，预测明年的产量或数据这类问题上。注意，只有所预测的关系式确实是线性关系时，才可以采用自适应线性网络来实现。

【例 4-12】设计线性神经元来预测给定最后 5 个值的时间序列中的下一个值。

1）定义波形

```
>> time = 0: 0.025: 5;    %时间定义为 0~5s，步长为 1/40s
>> %定义关于时间的信号
signal = sin(time*4*pi);
```

```
plot(time,signal)   % 需要预测的信号如图 4-16 所示
xlabel(' 时间 ');
ylabel(' 信号 ');
title(' 信号预测 ');
```

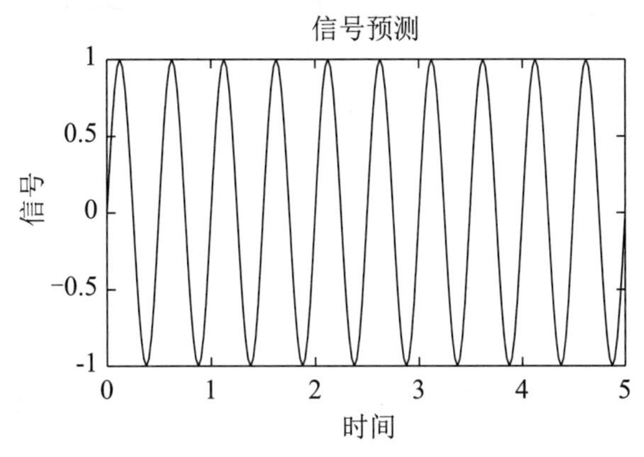

图 4-16　需要预测的信号

2）为神经网络设置问题

将信号转换为元胞数组。神经网络将时间步表示为一个元胞数组的各列，并将它们与在给定时间的不同样本区分开来，后者用矩阵的列表示。

```
>> signal = con2seq(signal);
>> % 使用信号的前 4 个值作为初始输入延迟状态，其余的值（最后一个时间步除外）作为输入
>> Xi = signal(1: 4);
X = signal(5: (end-1));
timex = time(5: (end-1));
>> % 目标现在定义为匹配输入，但前移一个时间步
>> T = signal(6: end);
```

3）设计线性层

使用 newlind( ) 函数设计具有单个神经元的线性层，该层在给定当前值和 4 个过去值的情况下预测信号的下一个时间步。

```
>> net = newlind(X,T,Xi);
view(net)   % 网络结构如图 4-17 所示
```

4）测试线性层

对输入和延迟状态调用网络（就像调用函数一样），以获得它的时间响应。

```
>> Y = net(X,Xi);
>> % 绘制输出与目标信号
figure
plot(timex,cell2mat(Y),timex,cell2mat(T),'+')   % 输出与目标信号如图 4-18 所示
xlabel(' 时间 ');
ylabel(' 输出 - 目标 +');
title(' 输出与目标信号 ');
```

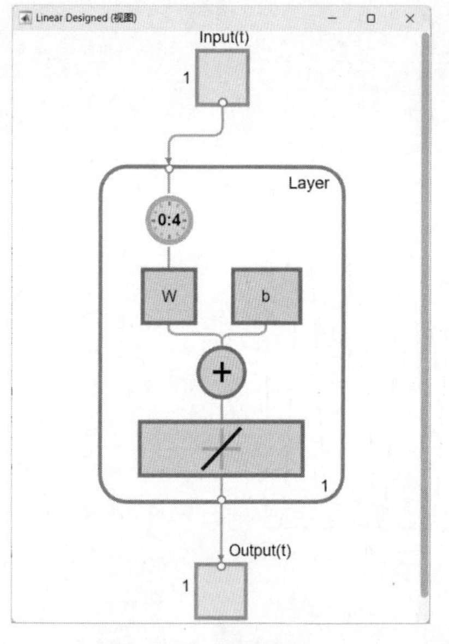

图 4-17　网络结构

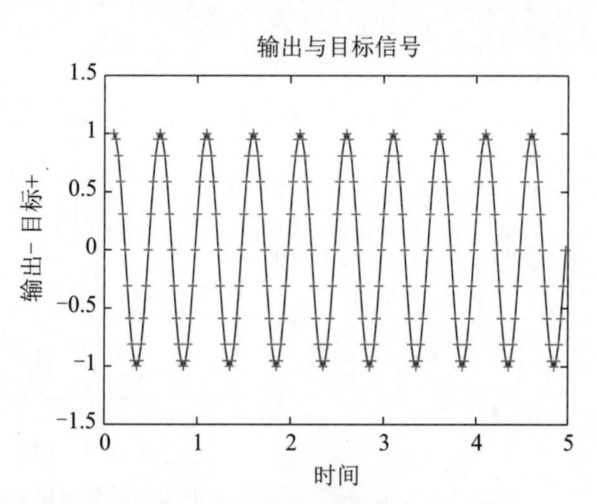

图 4-18　输出与目标信号

```
>> %绘制误差信号
>> figure
E = cell2mat(T)-cell2mat(Y);
plot(timex,E,'r')    %误差信号如图 4-19 所示
hold off
xlabel(' 时间 ');
ylabel(' 误差 ');
title(' 误差信号 ');
```

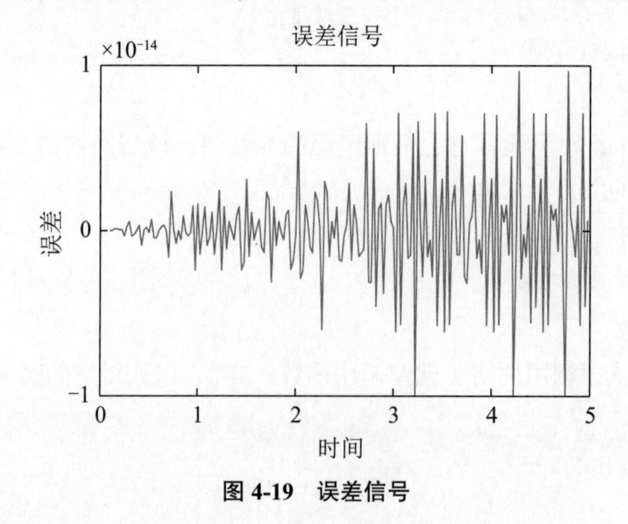

图 4-19　误差信号

从图 4-19 可以看出，误差信号是非常小的，说明预测效果很好。

2. 解决逻辑与问题

逻辑与有两个输入、一个输出，因此对应的线性网络拥有两个输入节点、一个输出节点，如图 4-20 所示。

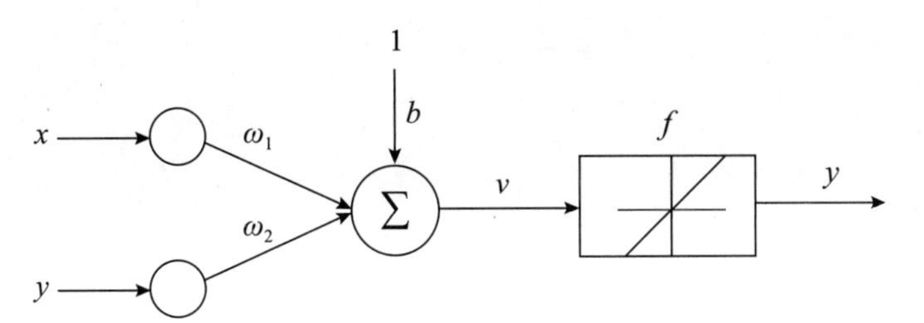

图 4-20　网络结构

包括偏置，网络的训练中共需确定 3 个自由变量，而输入的训练向量有 4 个，因此可以形成一个线性方程组

$$\begin{cases}0\times x+0\times y+1\times b=0\\0\times x+1\times y+1\times b=0\\1\times x+0\times y+1\times b=0\\1\times x+1\times y+1\times b=1\end{cases}$$

由于方程的个数超过了自变量的个数，因此方程没有精确解，只有近似解，用伪逆的方法可以求得权值向量的值。

【例 4-13】利用线性神经网络解决逻辑与问题。

```
>> clear all;
%% 定义变量
P=[0,0,1,1;0,1,0,1]                          % 输入向量
d=[0,0,0,1]                                  % 期望输出向量
lr=maxlinlr(P,'bias')                        % 根据输入矩阵求解最大学习率
%% 线性网络实现
net1=linearlayer(0,lr);                      % 创建线性网络
net1=train(net1,P,d);                        % 线性网络训练
%% 显示
disp(' 线性网络输出 ')                        % 命令行输出
Y1=sim(net1,P)
disp(' 线性网络二值输出 ');
YY1=Y1>=0.5
disp(' 线性网络最终权值: ')
w1=[net1.iw{1,1}, net1.b{1,1}]
plot([0,0,1],[0,1,0],'o');                   % 图形窗口输出
hold on;
plot(1,1,'d');
x=-2: .2: 2;
y1=1/2/w1(2)-w1(1)/w1(2)*x-w1(3)/w1(2);    %1/2 是区分 0 和 1 的阈值
plot(x,y1,'-');
axis([-0.5,2,-0.5,2])
xlabel('x');ylabel('y');
title(' 线性神经网络求解与逻辑 ')
```

运行程序，得到训练过程如图 4-21 所示，逻辑与效果如图 4-22 所示，输出如下。

```
lr =
```

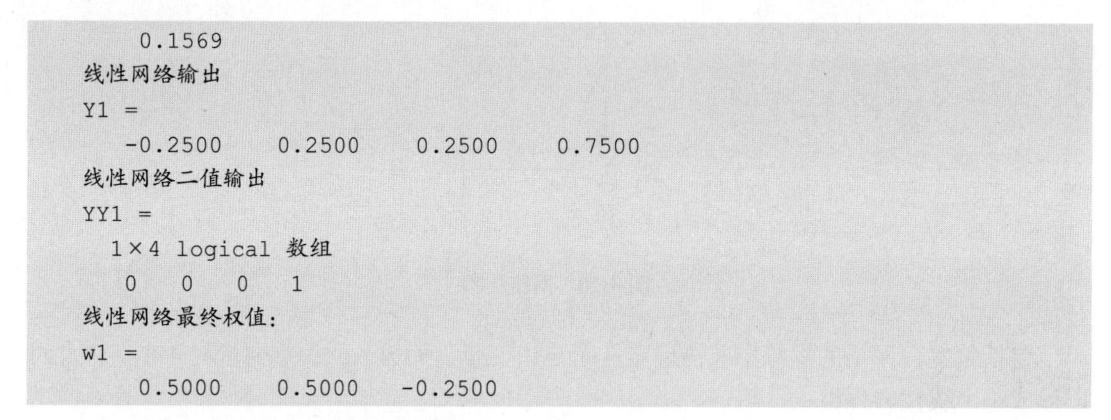

```
    0.1569
线性网络输出
Y1 =
   -0.2500    0.2500    0.2500    0.7500
线性网络二值输出
YY1 =
  1×4 logical 数组
   0   0   0   1
线性网络最终权值:
w1 =
    0.5000    0.5000   -0.2500
```

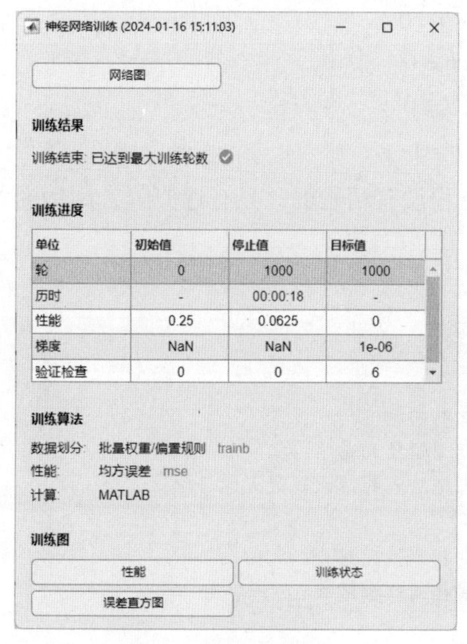

图 4-21 训练过程

图 4-22 逻辑与效果

3. 解决异或问题

异或问题属于线性不可分问题，在此通过以下两种方法来实现。

1）添加非线性输入

添加非线性输入的代价是输入向量维数变大，运算复杂度变大，其结构如图 4-23 所示。

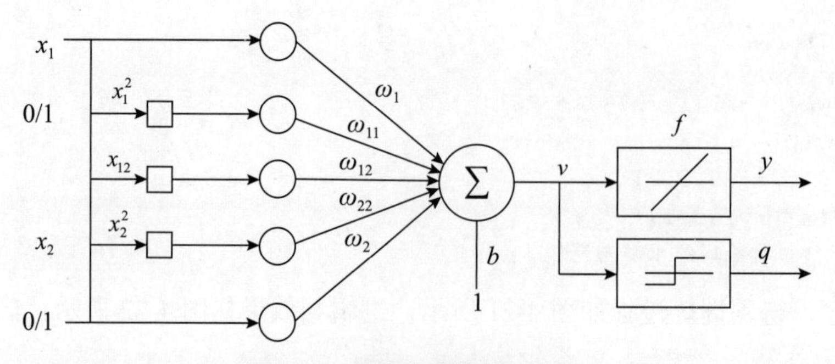

图 4-23 添加非线性输入结构

2）使用 Madaline

Madaline 的核心思想是使用多个线性神经元，在这里使用两个神经元，分别得到输出后再对输出值进行判断，得到最终的分类结果，其结构如图 4-24 所示。

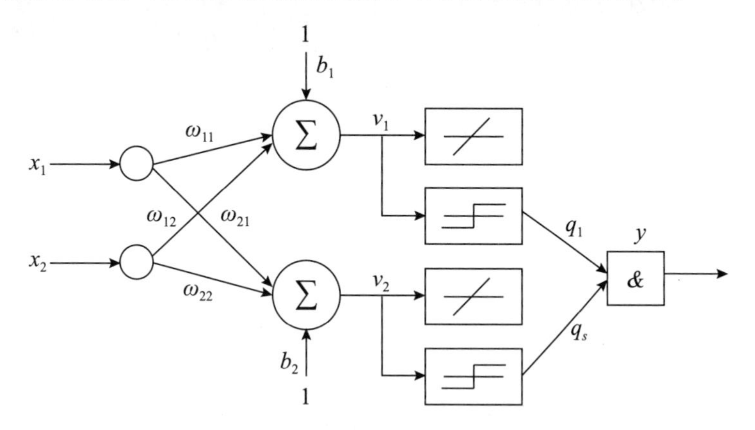

图 4-24　使用 Madaline 结构

对于异或问题，解决的方法是将其分为两个子问题，分别用一个线性神经元实现。两个神经元的期望输出分别如图 4-25 和图 4-26 所示。

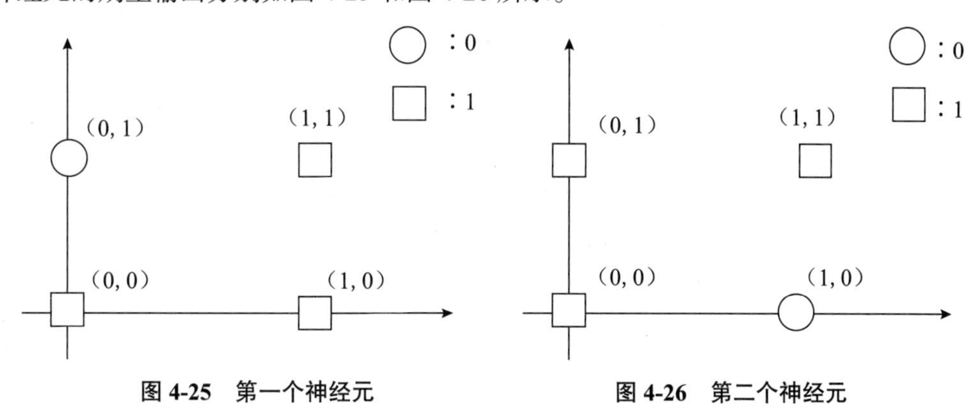

图 4-25　第一个神经元　　**图 4-26　第二个神经元**

【例 4-14】用一种简单的方式解决线性不可分的问题。

```
>> %% 定义变量
p1 = [0,0,1,1;0,1,0,1];                  %4 点坐标
p2 = P1(1,:).^2;                         %x 轴平方扩展
p3 = P1(1,:).*P1(2,:);                   % 两轴相乘扩展
p4 = P1(2,:).^2;                         %y 轴平方扩展
P = [P1(1,:);p2;p3;p4;P1(2,:)]           % 汇合输入向量
d = [0,1,1,0]                            % 期望的异或输出

lr = maxlinlr(P,'bias');                 % 求出最大学习率

%% 线性网络实现
net = linearlayer(0,lr);
net = train(net,P,d);
```

```
%% 显示
disp(' 网络输出 ');
Y1 = sim(net,P)
disp(' 网络二值输出 ');
YY1 = Y1>=0.5
disp(' 最终权值 ');
w1 = [net.iw{1,1},net.b{1,1}]

plot([0,1],[0,1],'o','LineWidth',2);
hold on;
plot([0,1],[1,0],'d','LineWidth',2);
axis([-0.1,1.1,-0.1,1.1]);
xlabel('x');ylabel('y');
hold on;
title(' 线性神经网络求解异或逻辑 ');
x = -0.1: .1: 1.1;y = -0.1: .1: 1.1;

N = length(x);
X = repmat(x,1,N);
Y = repmat(y,N,1);Y = Y(:);Y = Y';
P = [X;X.^2;X.*Y;Y.^2;Y];
yy = net(P);
y1 = reshape(yy,N,N);
[C,h] = contour(x,y,y1,1);
clabel(C,h);
legend('0','1',' 线性神经网络分类面 ');
```

运行程序，训练过程如图 4-27 所示，解决异或问题的效果图如图 4-28 所示，输出如下：

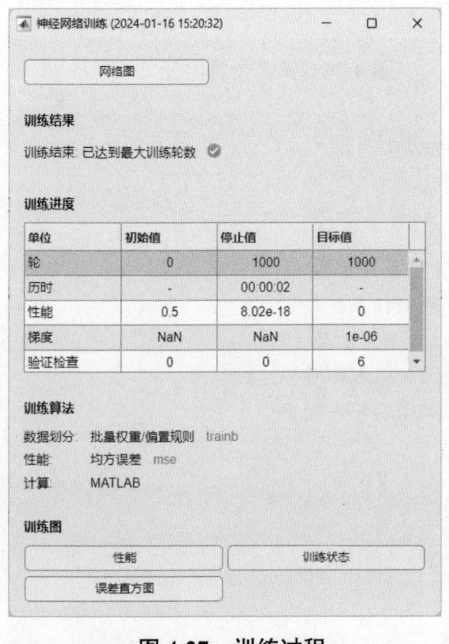

图 4-27 训练过程

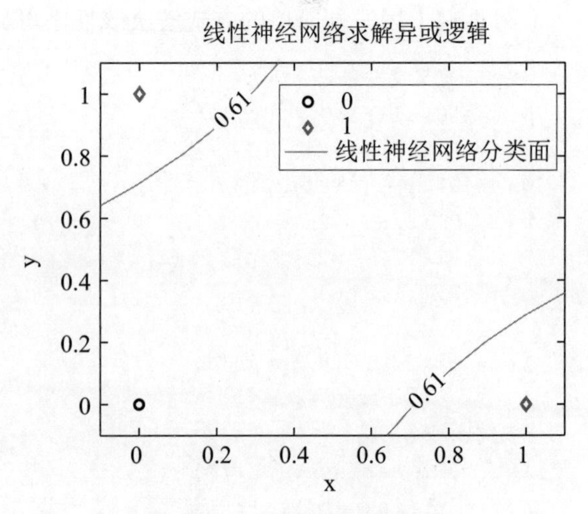

图 4-28 异或问题的效果图

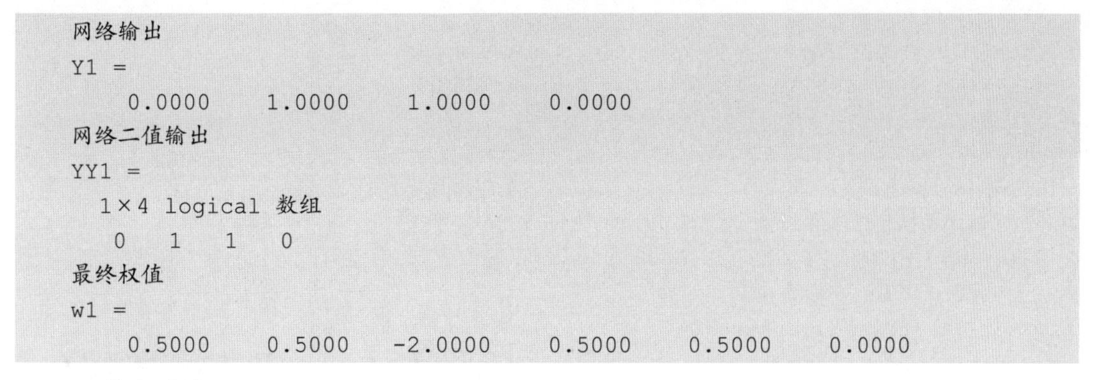

```
网络输出
Y1 =
     0.0000     1.0000     1.0000     0.0000
网络二值输出
YY1 =
   1×4 logical 数组
    0    1    1    0
最终权值
w1 =
     0.5000     0.5000    -2.0000     0.5000     0.5000     0.0000
```

4. 噪声对消

一般的滤波器很难通过滤波将信号中的噪声消除，但是最优滤波器可以使用自适应线性网络来实现噪声对消，其原理框图如图 4-29 所示。

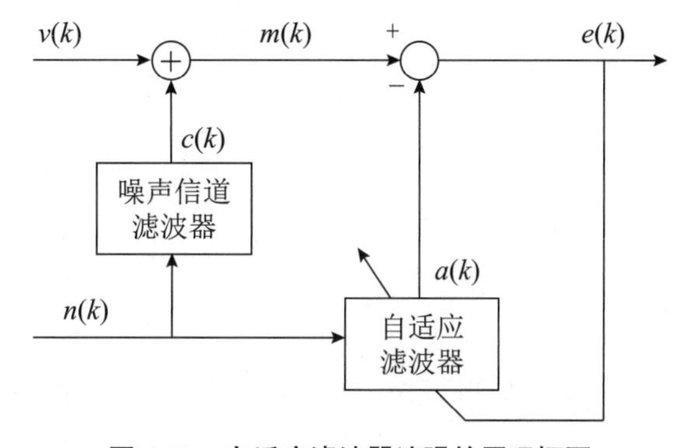

图 4-29　自适应滤波器消噪的原理框图

图 4-29 采用自适应神经元线性网络去逼近带有引擎噪声信号 $n(k)$ 的信号 $m(k)$。由引擎噪声信号 $n(k)$ 给网络提供输入信息，从图 4-29 中可以看到，网络通过自适应滤波器的输出信号去逼近混杂在声音信号中的噪声部分，调整自适应滤波器使误差 $e(k)$ 最小。由图 4-29 可得以下关系式：

$$m(k) = v(k) + c(k)$$
$$e(k) = m(k) - a(k)$$

由此可得

$$e(k) = v(k) + c(k) - a(k)$$

当自适应滤波器成功地逼近信号 $c(k)$ 时，在得到的 $e(k)$ 信号中就只剩下了所需要的声音信号了。

这种去噪方法之所以优于传统滤波器是因为它把噪声从信号之中近似完全地消去了，而传统的低通滤波器只是通过高频时很小的放大倍数把噪声抑制掉了。这种自适应网络的逼近精度越高，消噪的效果越好。

【例 4-15】假设传输信号为余弦波信号，噪声为随机噪声，进行自适应神经网络设计。

解析：自适应线性神经元的输入向量为随机噪声；余弦波信号与随机噪声之和为神经元的目标向量；输出信号为网络调整过程中的误差信号。

```
>>clear all;
```

```
%% 定义输入向量和目标向量
t=0.01: 0.02: 20;                          % 时间变量
zs=(rand(1,1000)-0.5)*10;                  % 随机噪声
input=cos(t);
P=zs;
T=input+zs;                                % 目标向量
%% 创建线性神经网络
net=newlin([-1 1],1,0,0.0005);
%% 神经网络自适应训练
net.adaptParam.passes=70;
[net,y,output]=adapt(net,P,T);             % 输出信号 output 为网络调整过程中的误差
%% 绘制信号波形
hold on
subplot(3,1,1);
plot(t,input);                             % 原始波形
xlabel('T');
ylabel('信号波形 cos(t)')
subplot(3,1,2);
plot(t,T);
xlabel('T');
ylabel('随机噪声波形 cos(t)+zs');
subplot(3,1,3);
plot(t,output);
xlabel('T');
ylabel('输出信号波形 y(t)')
```

运行程序，噪声消除效果如图 4-30 所示。

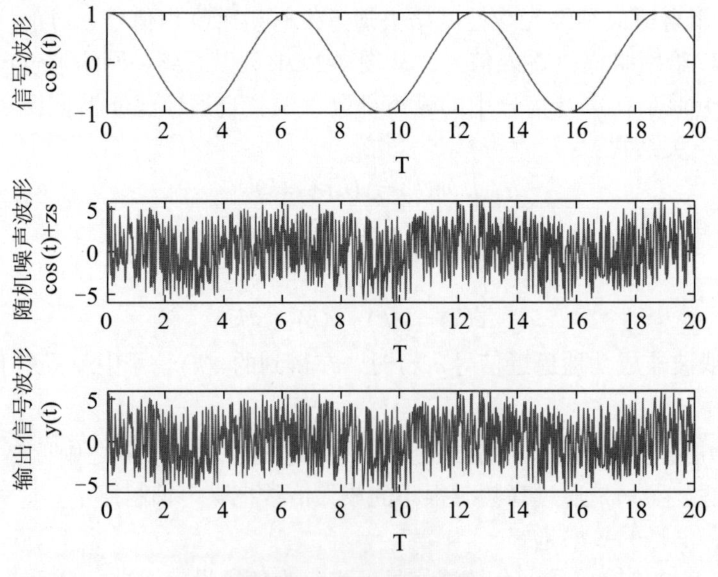

图 4-30　噪声消除效果

第 5 章 CHAPTER 5 BP神经网络分析与应用

BP（Back Propagation）神经网络是一种按误差逆传播算法训练的多层前馈网络，是目前应用最广泛的神经网络模型之一。BP 神经网络能学习和存储大量的输入 - 输出模式映射关系，而无须事前揭示描述这种映射关系的数学方程。

5.1 BP 神经网络原理

BP 神经网络是一种多层的前馈神经网络，其主要特点是：信号是前向传播的，而误差是反向传播的。

5.1.1 BP 神经网络模型

BP 神经网络模型如图 5-1 所示。

BP 神经网络的输入为 $\boldsymbol{P}$，权值和阈值分别为 $\boldsymbol{w}$ 和 $\boldsymbol{b}$，线性神经元模型的输出为 $\boldsymbol{y}$。BP 神经网络与其他神经网络类似，不同的是 BP 神经网络的传递函数为非线性函数，最常用的传递函数为 logsig 和 tansig 函数。

BP 神经网络是一种多层前馈神经网络，由输入层、隐藏层和输出层组成。图 5-2 为一个典型的三层 BP 神经网络模型。

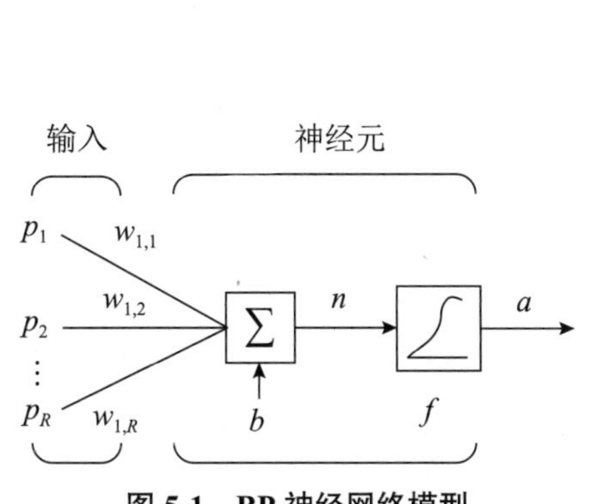

图 5-1　BP 神经网络模型

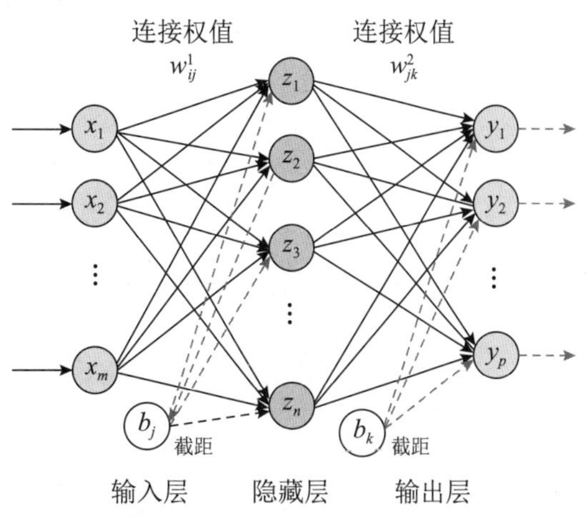

图 5-2　三层 BP 神经网络模型

层与层之间有两种信号在流通。一种是工作信号（用实线表示），它是施加输入信号后向前传播直到在输出端产生实际输出的信号，是输入和权值的函数。另一种是误差信号（用虚线表示），网络实际输出与期望输出间的差值即为误差，它由输出端开始逐层向后传播。

BP 神经网络的学习过程由前向计算过程和误差反向传播过程组成。在前向计算过程中，输入量从输入层经隐藏层逐层计算，并传向输出层，每层神经元的状态只影响下一层神经元的状态。如果输出层不能得到期望的输出，则转入误差反向传播过程，误差信号沿原来的连接通路返回，逐次调整网络各层的权值和阈值，直至到达输入层，再重复计算。

这两个过程依次反复进行，不断调整各层的权值和阈值，直到网络误差最小或达到人们所期望的要求时，学习过程结束。

5.1.2 BP 神经网络的流程

在 BP 神经网络中，需要依据信号的前向传播和误差的反向传播来构建整个网络。

1. 网络的初始化

假设输入层的节点个数为 n，隐藏层的节点个数为 l，输出层的节点个数为 m。输入层到隐藏层的权值为 $\boldsymbol{w}_{ij}$，隐藏层到输出层的权值为 $\boldsymbol{w}_{jk}$，输入层到隐藏层的阈值为 $\boldsymbol{a}_j$，隐藏层到输出层的阈值为 $\boldsymbol{b}_k$。学习速率为 η，激励函数为 $g(x)$。其中激励函数为 $g(x)$ 取 Sigmoid 函数。形式为

$$g(x)=\frac{1}{1+\mathrm{e}^{-x}}$$

2. 隐藏层的输出

如图 5-2 所示的三层 BP 神经网络，隐藏层的输出为

$$\boldsymbol{H}_j=g\left(\sum_{i=1}^{n}\boldsymbol{w}_{ij}x_i+\boldsymbol{a}_j\right)$$

3. 输出层的输出

输出层的输出为

$$\boldsymbol{O}_k=\sum_{j=1}^{l}\boldsymbol{H}_j\boldsymbol{w}_{jk}+\boldsymbol{b}_k$$

4. 误差的计算

取误差公式为

$$\boldsymbol{E}=\frac{1}{2}\sum_{k=1}^{m}(\boldsymbol{Y}_k-\boldsymbol{O}_k)^2$$

其中，$\boldsymbol{Y}_k$ 为期望输出，记 $\boldsymbol{Y}_k-\boldsymbol{O}_k=\boldsymbol{e}_k$，则 $\boldsymbol{E}$ 可以表示为

$$\boldsymbol{E}=\frac{1}{2}\sum_{k=1}^{m}\boldsymbol{e}_k^2$$

5. 权值的更新

权值更新公式为

$$\boldsymbol{w}_{ij} = \boldsymbol{w}_{ij} + \eta \boldsymbol{H}_j (1 - \boldsymbol{H}_j) x_i \sum_{k=1}^{m} \boldsymbol{w}_{jk} \boldsymbol{e}_k$$

$$\boldsymbol{w}_{jk} = \boldsymbol{w}_{jk} + \eta \boldsymbol{H}_j \boldsymbol{e}_k$$

这是误差反向传播的过程，目标是使误差函数达到最小值，即 $\min \boldsymbol{E}$。

隐藏层到输出层的权值更新为

$$\frac{\partial \boldsymbol{E}}{\partial \boldsymbol{w}_{jk}} = \sum_{k=1}^{m} (\boldsymbol{Y}_k - \boldsymbol{O}_k) \left(-\frac{\partial \boldsymbol{O}_k}{\partial \boldsymbol{w}_{jk}} \right) = (-\boldsymbol{Y}_k - \boldsymbol{O}_k)(-\boldsymbol{H}_j) = -\boldsymbol{e}_k \boldsymbol{H}_j$$

则权值的更新公式为

$$\boldsymbol{w}_{jk} = \boldsymbol{w}_{jk} + \eta \boldsymbol{H}_j \boldsymbol{e}_k$$

输入层到隐藏层的权值更新为

$$\frac{\partial \boldsymbol{E}}{\partial \boldsymbol{w}_{ij}} = \frac{\partial \boldsymbol{E}}{\partial \boldsymbol{H}_j} \cdot \frac{\partial \boldsymbol{H}_j}{\partial \boldsymbol{w}_{ij}}$$

其中，

$$\begin{aligned}
\frac{\partial \boldsymbol{E}}{\partial \boldsymbol{H}_j} &= (\boldsymbol{Y}_1 - \boldsymbol{O}_1)\left(-\frac{\partial \boldsymbol{O}_1}{\partial \boldsymbol{H}_j} \right) + \cdots + (\boldsymbol{Y}_m - \boldsymbol{O}_m)\left(-\frac{\partial \boldsymbol{O}_m}{\partial \boldsymbol{H}_j} \right) \\
&= -(\boldsymbol{Y}_1 - \boldsymbol{O}_1)\boldsymbol{w}_{j1} - \cdots - (\boldsymbol{Y}_m - \boldsymbol{O}_m)\boldsymbol{w}_{jm} \\
&= -\sum_{k=1}^{m} (\boldsymbol{Y}_k - \boldsymbol{O}_k)\boldsymbol{w}_{jk} = -\sum_{k=1}^{m} \boldsymbol{w}_{jk} \boldsymbol{e}_k
\end{aligned}$$

$$\begin{aligned}
\frac{\partial \boldsymbol{H}_j}{\partial \boldsymbol{w}_{ij}} &= \frac{\partial g\left(\sum_{i=1}^{n} \boldsymbol{w}_{ij} \boldsymbol{x}_i + \boldsymbol{a}_j \right)}{\partial \boldsymbol{w}_{ij}} \\
&= g\left(\sum_{i=1}^{n} \boldsymbol{w}_{ij} \boldsymbol{x}_i + \boldsymbol{a}_j \right) \cdot \left[1 - g\left(\sum_{i=1}^{n} \boldsymbol{w}_{ij} \boldsymbol{x}_i + \boldsymbol{a}_j \right) \right] \cdot \frac{\partial \left(\sum_{i=1}^{n} \boldsymbol{w}_{ij} \boldsymbol{x}_i + \boldsymbol{a}_j \right)}{\partial \boldsymbol{w}_{ij}}
\end{aligned}$$

则权值的更新公式为

$$\boldsymbol{w}_{ij} = \boldsymbol{w}_{ij} + \eta \boldsymbol{H}_j (1 - \boldsymbol{H}_j) \boldsymbol{x}_i \sum_{k=1}^{m} \boldsymbol{w}_{jk} \boldsymbol{e}_k$$

6. 阈值的更新

阈值的更新公式为

$$\boldsymbol{a}_j = \boldsymbol{a}_j + \eta \boldsymbol{H}_j (1 - \boldsymbol{H}_j) \sum_{k=1}^{m} \boldsymbol{w}_{jk} \boldsymbol{e}_k$$

隐藏层到输出层的阈值更新为

$$\frac{\partial \boldsymbol{E}}{\partial \boldsymbol{b}_k} = (\boldsymbol{Y}_k - \boldsymbol{O}_k)\left(-\frac{\partial \boldsymbol{O}_k}{\partial \boldsymbol{b}_k} \right) = -\boldsymbol{e}_k$$

则阈值的更新公式为

$$\boldsymbol{b}_k = \boldsymbol{b}_k + \eta \boldsymbol{e}_k$$

输入层到隐藏层的阈值更新为

$$\frac{\partial \boldsymbol{E}}{\partial \boldsymbol{a}_j}=\frac{\partial \boldsymbol{E}}{\partial \boldsymbol{H}_j}\cdot\frac{\partial \boldsymbol{H}_j}{\partial \boldsymbol{a}_j}$$

其中，

$$\begin{aligned}\frac{\partial \boldsymbol{E}}{\partial \boldsymbol{a}_j}&=\frac{\partial g\left(\sum_{i=1}^{n}\boldsymbol{w}_{ij}\boldsymbol{x}_i+\boldsymbol{a}_j\right)}{\partial \boldsymbol{a}_j}\\&=g\left(\sum_{i=1}^{n}\boldsymbol{w}_{ij}\boldsymbol{x}_i+\boldsymbol{a}_j\right)\cdot\left[1-g\left(\sum_{i=1}^{n}\boldsymbol{w}_{ij}\boldsymbol{x}_i+\boldsymbol{a}_j\right)\right]\cdot\frac{\partial g\left(\sum_{i=1}^{n}\boldsymbol{w}_{ij}\boldsymbol{x}_i+\boldsymbol{a}_j\right)}{\partial \boldsymbol{a}_j}\\&=\boldsymbol{H}_j(1-\boldsymbol{H}_j)\end{aligned}$$

$$\begin{aligned}\frac{\partial \boldsymbol{E}}{\partial \boldsymbol{H}_j}&=(\boldsymbol{Y}_1-\boldsymbol{O}_1)\left(-\frac{\partial \boldsymbol{O}_1}{\partial \boldsymbol{H}_j}\right)+\cdots+(\boldsymbol{Y}_m-\boldsymbol{O}_m)\left(-\frac{\partial \boldsymbol{O}_m}{\partial \boldsymbol{H}_j}\right)\\&=-(\boldsymbol{Y}_1-\boldsymbol{O}_1)\boldsymbol{w}_{j1}-\cdots-(\boldsymbol{Y}_m-\boldsymbol{O}_m)\boldsymbol{w}_{jm}\\&=-\sum_{k=1}^{m}(\boldsymbol{Y}_k-\boldsymbol{O}_k)\boldsymbol{w}_{jk}=-\sum_{k=1}^{m}\boldsymbol{w}_{jk}\boldsymbol{e}_k\end{aligned}$$

则阈值的更新公式为

$$\boldsymbol{a}_k=\boldsymbol{a}_k+\eta\boldsymbol{H}_j(1-\boldsymbol{H}_j)\sum_{k=1}^{m}\boldsymbol{w}_{jk}\boldsymbol{e}_k$$

BP 算法简单、易得、计算量小、并行性强，目前是神经网络训练采用最多也是最成熟的训练算法之一。其实质是求解误差函数的最小值，由于它采用的是非线性规则中的最速下降法，按误差函数的负梯度方向修改权值，因而通常存在以下问题。

（1）学习效率低，收敛速度慢。

（2）易陷入局部极小状态。

针对以上问题，一般常用三种方式对 BP 算法进行改进。

1）附加动量法

附加动量法使网络在修正其权值时，不仅考虑误差在梯度上的作用，而且考虑误差在曲面上变化的趋势。在没有附加动量的作用下，网络可能陷入浅的局部极小值，利用附加动量的作用有可能滑过这些极小值。

2）自适应学习速率

对于一个特定的问题，学习速率通常凭经验或实验获取，但即使这样，在训练开始初期功效较好的学习速率，不一定对后来的训练合适。为了解决这个问题，需要在训练过程中自动调节学习速率。

通常调节学习速率的准则是检查权值是否真正降低了误差函数，如果确实如此，则说明所选学习速率小，可以适当增加一个量；如果不是这样，说明产生了过调，那么就应该减小学习速率的值。

3）自适应学习速率调整算法

当采用前述的动量法时，BP 算法可以找到全局最优解，而当采用自适应学习速率时，BP 算法可以缩短训练时间，这两种方法可以相互结合用来训练神经网络，该方法称为动量 - 自适应学习速率调整算法。

5.1.3 BP 神经网络的训练

本小节主要介绍增加方式和批处理方式这两种不同的训练方式。在增加方式中，每提交一次输入数据，网络权和阈值就更新一次。在批处理方式中，只有当所有的输入数据都被提交后，网络权值和阈值才被更新。

1. 增加方式

虽然增加方式更普遍地应用于动态网络，如自适应滤波，但实际上在静态和动态网络中都可以应用它。

（1）静态网络中的增加方式。

假定神经网络的输入为：

```
p=[1 2;2 1;2 3;3 1];
```

目标输出为：

```
t=[4 5 7 7];
```

建立线性函数：$t = 2p_1 + p_2$。

首先用 0 初始化权值和阈值。为了显示增加方式的效果，学习速率也设为 0。程序代码为：

```
net=newlin([-1 1;-1 1],1,0,0);
net.IW{1,1}=[0 0];
net.b{1}=0;
```

为了用增加方式，输入向量和目标向量按照以下方式表示：

```
P={[1;2] [2;1] [2;3] [3;1]};
T={4 5 7 7};
```

通常情况下，无论是作为一个同步向量矩阵输入还是作为一个异步向量元胞数组输入，模拟的输出值都是一样的。但是在训练网络时，模拟的输出值会出现不一样的情况。

当使用 adapt( ) 函数训练神经网络时，如果输入是异步向量，那么权值将在每一组输入提交时更新（增加方式）；如果输入是同步向量，那么权值将只在所有输入提交时更新（批处理方式）。

下面使用增加方式训练网络。

```
[net,a,e,pf]=adapt(net,P,T);
```

由于学习速率为 0，网络输出也为 0，并且权值没有被更新，因此误差值和目标值无变化。

```
a =
  1×4 cell 数组
    {[0]}    {[0]}    {[0]}    {[0]}
e =
  1×4 cell 数组
    {[4]}    {[5]}    {[7]}    {[7]}
```

如果设置学习速率为 0.1，那么在每一组输入提交时，网络输出结果就会发生变化。

训练得到的结果如下：

```
a =
  1×4 cell 数组
    {[0]}    {[2]}    {[6.0000]}    {[5.8000]}
e =
  1×4 cell 数组
    {[4]}    {[3]}    {[1.0000]}    {[1.2000]}
```

由于在第一个输入数据提交前还没有更新，此时第一个输出值和学习速率为 0 时的第一个输出值相同。当运行到第二步时，权值更新，第二个输出就会发生变化。每计算一次误差，权值都会不断地修改。如果网络可行并且学习速率设置得当，误差将不断地趋于 0。

（2）动态网络中的增加方式。

训练动态网络同样能用增加方式。根据以下程序建立一个神经网络，使初始化权值为 0，并把学习速率设为 0.1。

```
>> net=newlin([-1 1],1,[0 1],0.1);
>> net.IW{1,1}=[0 0];
>> net.biasConnect=0;
```

为了用增加方式，将输入向量和目标输出表示为：

```
>> Pi={1};
>> P={2 3 4};
>> T={3 5 7};
```

用 adapt 来训练网络。

```
>> [net,a,e,pf]=adapt(net,P,T,Pi);
```

训练得到的结果如下：

```
a =
  1×3 cell 数组
    {[0]}    {[2.4000]}    {[7.9800]}
e =
  1×3 cell 数组
    {[3]}    {[2.6000]}    {[-0.9800]}
```

由于权值没有更新，第一个输出是 0，但后续每一行序列步进、权值都跟着改变一次。

2. 批处理方式

在批处理方式中，只有当所有的输入数据都被提交后，网络权值和阈值才被更新，它既可以应用于静态网络，也可以应用于动态网络。

（1）静态网络中的批处理方式。

批处理方式可以用 adapt( ) 或 train( ) 函数来实现，由于采用了更高效的学习算法，train( ) 通常是最好的选择。增加方式只能用 adapt( ) 来实现。

参照增加方式静态网络中使用的网络，学习速率设为 0.1。

```
>> net=newlin([-1 1;-1 1],1,0,0.1);
>> net.iw{1,1}=[0 0];
>> net.b{1}=0;
```

用 adapt( ) 函数实现静态网络的批处理方式，输入向量必须用同步向量矩阵的方式放置。

```
>> P=[1 2 2 3;2 1 3 1];
>> t=[4 5 7 7];
```

用 adapt( ) 函数将触发 adaptwb( ) 函数，这是默认的线性网络调整函数。learnwh( ) 是默认的权值和阈值学习函数。因此，W-H 学习规则将会被使用，MATLAB 代码为：

```
>> [net,a,e,pf]=adapt(net,P,t);
```

训练得到的结果如下：

```
a =
     0     0     0     0
e =
     4     5     7     7
```

因为在所有要训练的数据提交前权值没有被更新，所以网络的输出全部为 0。如果在程序中显示权值，就会有如下结果：

```
>> net.IW{1,1}
ans =
    4.9000    4.1000
>> net.b{1}
ans =
    2.3000
```

W-H 学习规则能够在增加方式和批处理方式中应用，因此它可以通过 adapt( ) 和 train( ) 触发。

因为网络是静态的，所以在任何异步模式中，train( ) 函数都会将异步向量矩阵转换为同步向量矩阵，这是因为，在 MATLAB 中，同步模式实现的效率比异步模式高，所以，在批处理中总采用同步模式处理。因为 MATLAB 实现同步模式效率更高，所以只要可能，总是采用同步模式处理。

（2）动态网络中的增加方式。

训练静态网络相对要简单一些。如果用 train( ) 函数训练网络，即使输入是异步向量，它也会将其转换成同步向量而采用批处理方式。如果用 adapt( ) 函数训练网络，则输入格式决定网络训练方式。如果传递的是序列，则网络用增加方式；如果传递的是同步向量，则采用批处理方式。

在动态网络中，特别是当仅有一个训练序列存在时，批处理方式只能用 train( ) 函数完成。参照增加方式静态网络中使用的网络，把学习速率设为 0.02。

```
>> nct=newlin([-1 1],1,[0 1],0.02);
>> net.IW{1,1}=[0 0];
```

```
>> net.biasConnect=0;
>> net.trainParam.epochs=1;
>> Pi={1};
>> P={2 3 4};
>> T={3 5 6};
```

用以前增加方式训练过的那组数据训练，但注意只有在所有数据都提交后才更新权值（批处理方式）。因为输入是一个序列，所以网络将用异步模式模拟，但权值将用批处理方式更新。

```
>> net=train(net,P,T,Pi);
```

经过一次训练后，权值为：

```
ans =
    0.9000    0.6200
```

此处的权值和用增加方式得到的权值不同。在增加方式中，通过训练设置，一次训练可以更新权值 3 次。在批处理方式中，每次训练只能更新 1 次。

5.1.4 BP 神经网络功能

目前在人工神经网络的实际应用中，大部分神经网络模型都采用 BP 神经网络及其变化形式，其主要用于以下 4 方面。

（1）函数逼近：用输入向量和相应的输出向量训练一个网络逼近一个函数。

（2）模式识别：用一个特定的输出向量将它与输入向量联系起来。

（3）分类：把输入向量所定义的合适方式进行分类。

（4）数据压缩：减少输出向量维数以便于传输或存储。

5.2 BP 神经网络设计

5.2.1 网络的层数

在理论上，具有偏差和至少一个 S 形隐藏层加上一个线性输出的网络，能够逼近任何有理数。增加层数可以提高精度降低误差，但同时也使网络复杂化，从而增加了网络权值的训练时间。

精度的提高也可以通过增加神经元数目来获得，其训练效果比增加层数更容易观察和调整，在一般情况下，应优先考虑增加隐藏层中的神经元数。

5.2.2 隐藏层的神经元数

增加神经元数或隐藏层数，可以提高网络训练的精度。但是在结构实现上，增加神经元数要比增加隐藏层数简单。

那应该选取多少隐藏层节点才合适呢？目前在理论上还没有一个明确的规定。在具体设计时，一般采取尝试法，即首先对不同神经元数进行训练对比，然后选取最适合的网络。

5.2.3 初始值的选取

由于系统是非线性的，初始值会在很大程度上影响学习能否达到局部最小、能否收敛及训练时间的长短。

如果初始值太大，会使加权后的输入和 n 落在 S 形激活函数的饱和区，从而导致其导数 $f'(n)$ 非常小，如果初始值太小，收敛速度非常慢，会造成训练时间过长。所以，一般初始权值取在 [-1，1] 范围的随机数。

5.2.4 学习速率

学习速率决定每一次循环训练中所产生的权值变化量。大的学习速率可能会导致系统的不稳定；但小的学习速率会导致较长的训练时间，可能收敛很慢，不过能保证网络的误差值不跳出误差表面的低谷而最终趋于最小误差值。

一般情况下，倾向于选取较小的学习速率以保证系统的稳定性。学习速率的选取范围在 0.01 ～ 0.8。

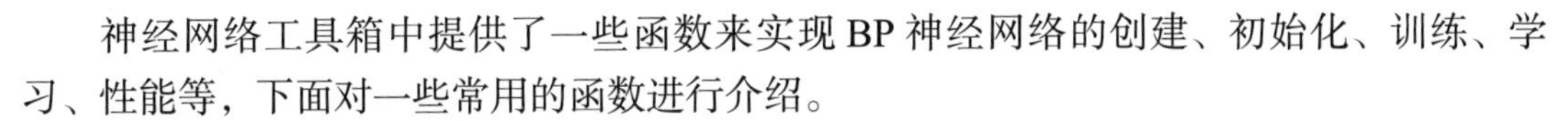

5.3 BP 神经网络函数

神经网络工具箱中提供了一些函数来实现 BP 神经网络的创建、初始化、训练、学习、性能等，下面对一些常用的函数进行介绍。

1. feedforwardnet( ) 函数

feedforwardnet( ) 函数用于生成前馈神经网络，函数的语法格式如下。

net = feedforwardnet(hiddenSizes,trainFcn)：返回前馈神经网络，其隐藏层大小为 hiddenSizes，训练函数由 trainFcn 指定。

前馈网络由一系列层组成。第一层有来自网络输入的连接。每个后续层都有来自上一层的连接，最终层产生网络的输出。前馈网络的专用版本包括拟合和模式识别网络。

【例 5-1】使用前馈神经网络来求解简单的问题。

```
>> % 加载训练数据
[x,t] = simplefit_dataset;  %1×94 矩阵 x 包含输入值，1×94 矩阵 t 包含相关联的目标
                            % 输出值
>> % 构造一个前馈网络，其中一个隐藏层的大小为 10
>> net = feedforwardnet(10);
>> % 使用训练数据训练网络 net
>> net = train(net,x,t);  % 训练过程如图 5-3 所示
>>% 查看经过训练的网络，前馈网络如图 5-4 所示
>>view(net)
>> % 使用经过训练的网络估计目标
y = net(x);
>> % 评估经过训练的网络的性能，默认性能函数是均方误差
perf = perform(net,y,t)
perf =
   3.8126e-05
```

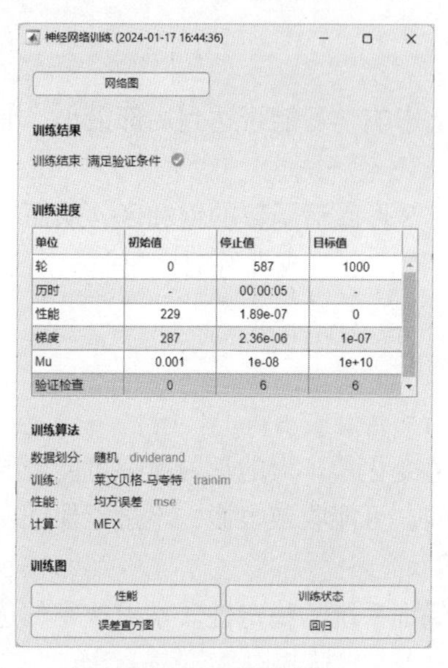

图 5-3　训练过程

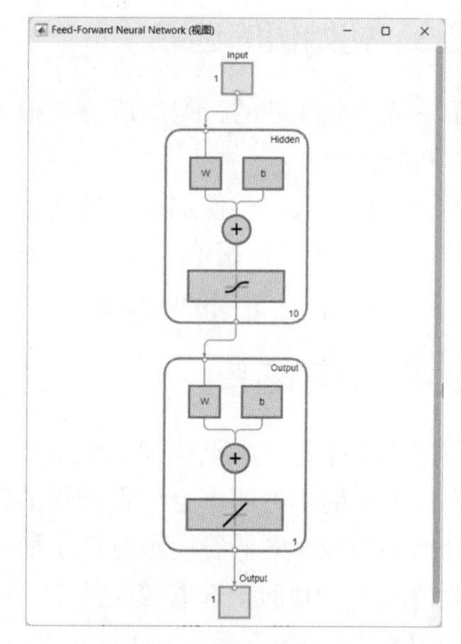

图 5-4　前馈网络

2. cascadeforwardnet( ) 函数

在神经网络中，利用 cascadeforwardnet( ) 函数生成级联前向神经网络，函数的语法格式如下。

net = cascadeforwardnet(hiddenSizes,trainFcn)：返回级联前向神经网络，其隐藏层大小为 hiddenSizes，训练函数由 trainFcn 指定。

级联前向网络类似于前馈网络，但包括从输入和每个前一层到后续层的连接。如同前馈网络一样，只要提供足够多的隐藏神经元，两层或多层级联网络就能以任意方式很好地学习任何有限输入 - 输出关系。

【例 5-2】使用级联前向神经网络来求解简单的问题。

```
>> % 加载训练数据
[x,t] = simplefit_dataset; %1×94 矩阵 x 包含输入值，1×94 矩阵 t 包含相关联的目标
                                        % 输出值
>> % 构造一个级联前向网络，其中一个隐藏层的大小为 10
net = cascadeforwardnet(10);
>> % 使用训练数据训练网络 net，训练过程如图 5-5 所示
net = train(net,x,t);
>> % 查看经过训练的网络，级联前向网络如图 5-6 所示
view(net)
>> % 使用经过训练的网络估计目标
y = net(x);
>> % 评估经过训练的网络的性能，默认性能函数是均方误差
perf = perform(net,y,t)
perf =
    6.3970e-05
```

3. fitnet( ) 函数

神经网络工具箱提供了 fitnet( ) 函数用于实现函数拟合神经网络，函数的语法格式如下。

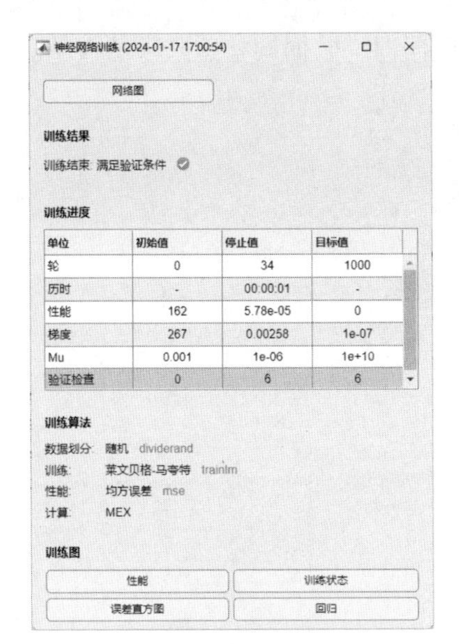

图 5-5　训练过程

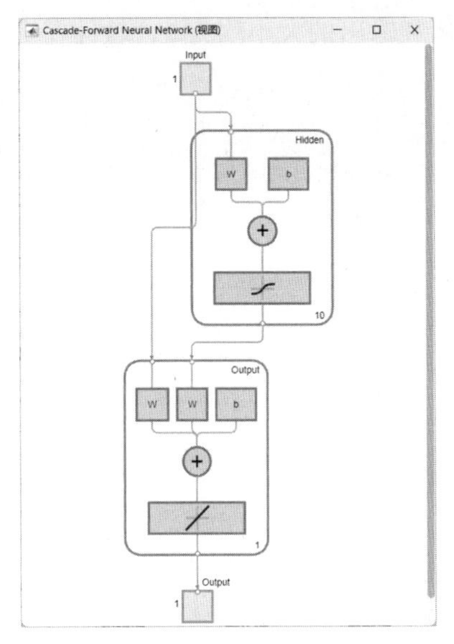

图 5-6　级联前向网络

net = fitnet(hiddenSizes)：返回函数拟合神经网络，其隐藏层大小为 hiddenSizes。

net = fitnet(hiddenSizes,trainFcn)：返回函数拟合神经网络，其隐藏层大小为 hiddenSizes，训练函数由 trainFcn 指定。

【例 5-3】构造并训练函数拟合神经网络。

```
>> % 加载训练数据
>> [x,t] = simplefit_dataset; %1×94 矩阵 x 包含输入值，1×94 矩阵 t 包含相关联的
                                 % 目标输出值
>> % 构造函数拟合神经网络，其中一个隐藏层的大小为 10
net = fitnet(10);
>> % 查看该网络，函数拟合网络如图 5-7 所示
view(net)
```

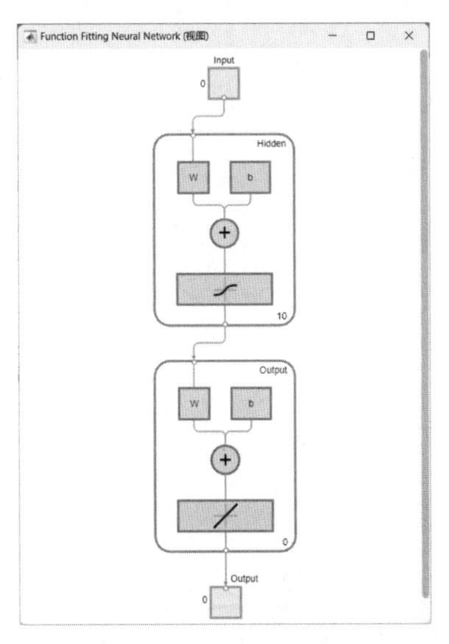

图 5-7　函数拟合网络

输入和输出的大小均为 0，软件在训练期间根据训练数据调整这些项的大小。

```
>> %使用训练数据训练网络 net，训练过程如图 5-8 所示
net = train(net,x,t);
>> %查看经过训练的网络，如图 5-9 所示
view(net)
```

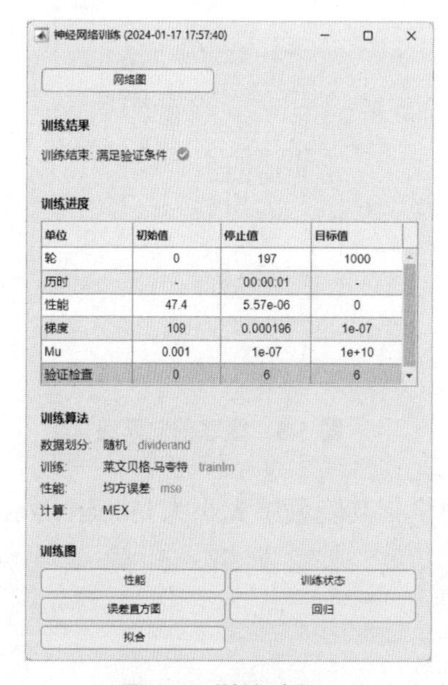

图 5-8　训练过程

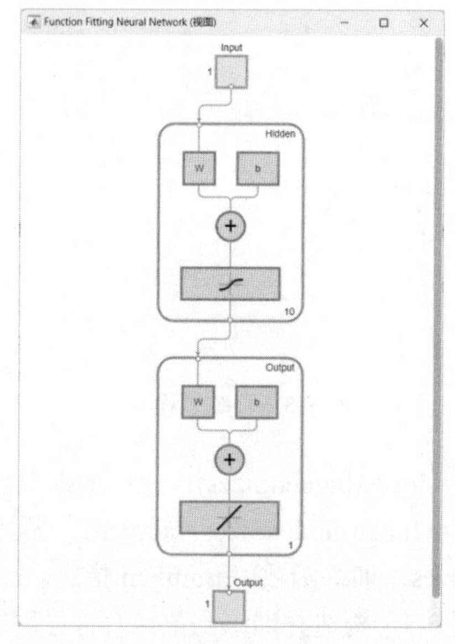

图 5-9　经过训练的函数拟合网络

从图 5-9 中可以看到，输入和输出的大小均为 1。

```
>> %使用经过训练的网络估计目标
y = net(x);
>> %评估经过训练的网络的性能，默认性能函数是均方误差
perf = perform(net,y,t)
perf =
   5.2392e-06
```

函数拟合网络的默认训练算法是莱文贝格 - 马夸特（'trainlm'）。下面使用贝叶斯正则化训练算法并比较二者的性能结果。

```
>> net = fitnet(10,'trainbr');
net = train(net,x,t);   %训练过程如图 5-10 所示
>> y = net(x);
perf = perform(net,y,t)
perf =
   1.2345e-10
```

从结果可以看出，贝叶斯正则化训练算法提高了网络在估计目标值方面的性能。

4. train( ) 函数

在神经网络中，train( ) 函数用于训练浅层神经网络，函数的语法格式如下。

trainedNet = train（net，X，T，Xi，Ai，EW）：根据 net.trainFcn 和对应训练参数 net.trainParam（即 X，T，Xi，Ai，EW）训练网络 net。

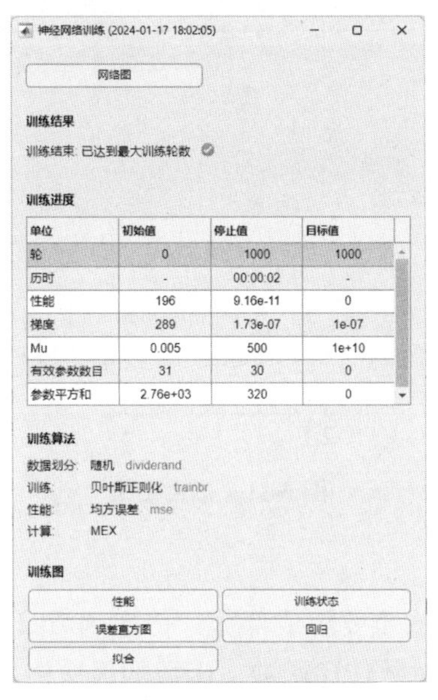

图 5-10 训练过程

[trainedNet，tr] = train(net,X,T,Xi,Ai,EW)：返回训练记录。

[trainedNet，tr] = train(net,X,T,Xi,Ai,EW,Name,Value)：使用由一个或多个名称 - 值对组参数指定的其他选项训练网络。

【例 5-4】训练和绘制网络。

```
>> % 输入 x 和目标 t 定义一个可以进行绘图的简单函数
>> x = [0 1 2 3 4 5 6 7 8];
t = [0 0.84 0.91 0.14 -0.77 -0.96 -0.28 0.66 0.99];
plot(x,t,'o')
>> % 此处 feedforwardnet 会创建一个两层前馈网络，该网络有一个包含 10 个神经元的隐
   % 藏层
>> net = feedforwardnet(10);
net = configure(net,x,t);
y1 = net(x)
plot(x,t,'o',x,y1,'x')
y1 =
    -1.5607    -1.6032    -1.3181    -0.9553    -0.7898    -1.4257    -0.8939
0.6804    1.8595
>> % 训练该网络，然后重新对其进行仿真
>> net = train(net,x,t);
y2 = net(x)
plot(x,t,'o',x,y1,'x',x,y2,'*')
y2 =
     0.4698     0.8400     0.5829     0.1400    -0.7700    -0.9600    -0.2800
0.6600    0.9901
```

运行程序，得到最终的拟合结果如图 5-11 所示。

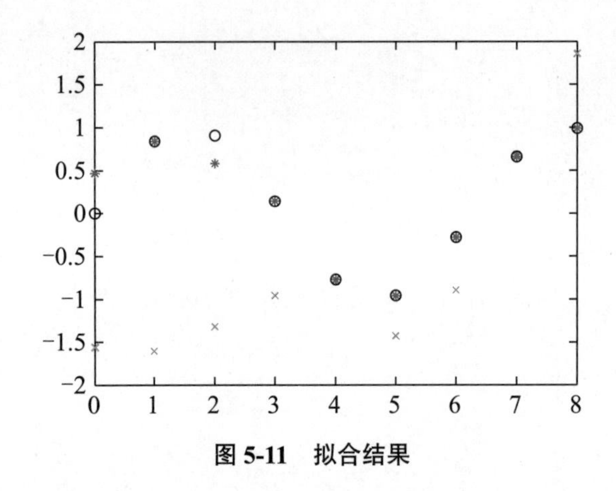

图 5-11　拟合结果

5. logsig( ) 函数

传递函数是 BP 神经网络的重要组成部分，传递函数又称为激活函数，必须是连续可微的，logsig( ) 函数为 S 形的对数传递函数，函数的语法格式如下。

A = logsig(N)：接收净输入向量矩阵 N 并返回 S×Q 矩阵 A，其中 N 的元素压缩到 [0,1]。

dA_dN = logsig('dn',N,A,FP)：返回 A 关于 N 的 S×Q 导数。如果未提供 A 或 FP 或将其设置为 []，则 FP 将恢复为默认参数，并且根据 N 计算 A。

info = logsig(code)：返回有关此函数的信息。

【例 5-5】计算和绘制输入矩阵的 logsig( ) 传递函数。

```
>> % 创建输入矩阵 n，然后调用 logsig( ) 函数并绘制结果
n = -5: 0.1: 5;
a = logsig(n);
plot(n,a)
```

运行程序，logsig( ) 传递函数如图 5-12 所示。

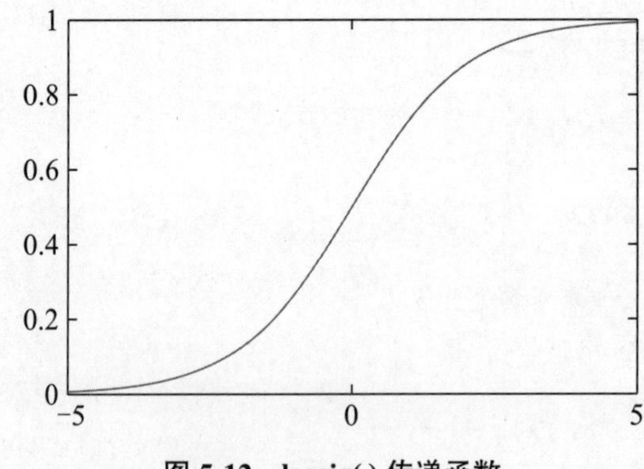

图 5-12　logsig( ) 传递函数

6. tansig( ) 函数

在神经网络中，tansig( ) 函数为双曲正切 Sigmoid( ) 传递函数，函数的语法格式如下。

A = tansig（N）：接收净输入向量矩阵 N 并返回 S×Q 矩阵 A，其中 N 的元素压缩到 [−1 1]。

【例 5-6】计算和绘制输入矩阵的双曲正切 tansig( ) 传递函数。

```
>> %创建输入矩阵 n，然后调用 tansig( ) 函数并绘制结果
>> n = -5: 0.1: 5;
a = tansig(n);
plot(n,a)
```

运行程序，tansig( ) 传递函数如图 5-13 所示。

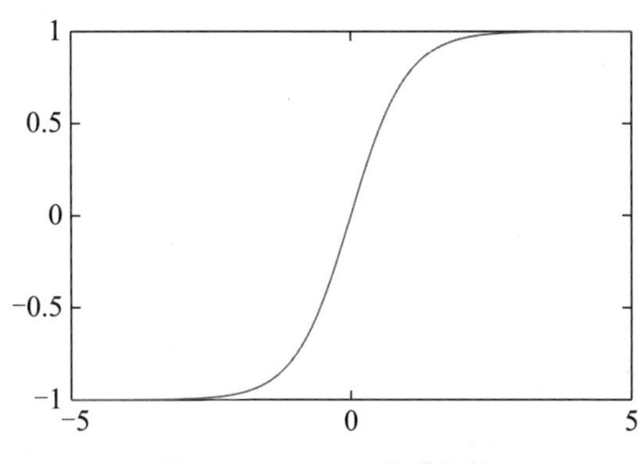

图 5-13　tansig( ) 传递函数

7. learngdm( ) 函数

learngd( ) 函数为梯度下降权值 / 阈值学习函数，它通过神经元的输入和误差，以及权值和阈值的学习速率来计算权值或阈值的变化率，函数的语法格式如下。

```
[dW,LS] = learngdm(W,P,Z,N,A,T,E,gW,gA,D,LP,LS)
info = learngdm('code')
```

参数 W 为 S×R 维的权值矩阵；P 为 Q 组 R 维的输入向量；Z 为 Q 组 S 维的加权输入向量；N 为 Q 组 S 维的输入向量；A 为 Q 组 S 维的输出向量；T 为 Q 组 S 维的层目标向量；E 为 Q 组 S 维的层误差向量；gW 为与性能相关的 S×R 维梯度；gA 为与性能相关的 S×R 维输出梯度；D 为 S×S 维的神经元距离矩阵；LP 为学习参数，可通过该参数设置学习速率，格式为 LP.lr=0.01；LS 为学习状态，初始为空。返回参数中 dW 为 S×R 维的权值或阈值变化率矩阵；LS 为新的学习状态。

info=learngd（code）中根据以下不同的 code 值返回有关函数的不同信息。

- pnames：返回设置的学习参数。
- pdefaults：返回默认的学习参数。
- needg：如果函数使用了 gW 或者 gA，则返回 1。

8. learngd( ) 函数

learngd( ) 函数为梯度下降权值 / 阈值学习函数，它通过神经元的输入和误差，以及权值和阈值的学习速率来计算权值和阈值的变化率，函数的语法格式如下。

```
[dW,LS] = learngd(W,P,Z,N,A,T,E,gW,gA,D,LP,LS)
info = learngd('code')
```

各参数的含义参考 learngd( ) 函数。动量常数 mc 是通过学习参数 LP 设置的，格式为“LP.mc=0.8”。

5.4 BP 神经网络的应用

BP 神经网络有很强的映射能力，主要用于数据预测、函数逼近、函数压缩等。下面将通过实例来说明 BP 神经网络在数据预测、函数逼近这两个领域中的应用。

5.4.1 BP 神经网络在数据预测中的应用

【例 5-7】利用 BP 神经网络预测给定数据，并计算误差值。

```
clear all;
%% 读取数据
input=randi([1 20],200,2);              % 载入输入数据
output=input(:,1)+input(:,2);           % 载入输出数据

%% 设置训练数据和预测数据
input_train = input(1: 190,:)';
output_train = output(1: 190,:)';
input_test = input(191: 200,:)';
output_test = output(191: 200,:)';
% 节点个数
inputnum=2;       % 输入层节点数量
hiddennum=5;      % 隐含层节点数量
outputnum=1;      % 输出层节点数量
%% 训练样本数据归一化
[inputn,inputps]=mapminmax(input_train);% 归一化到 [-1,1] 之间，inputps 用来
                                        % 做下一次同样的归一化
[outputn,outputps]=mapminmax(output_train);
%% 构建 BP 神经网络
net=newff(inputn,outputn,hiddennum,{'tansig','purelin'},'trainlm');
                          % 建立模型，传递函数使用 purelin，采用梯度下降法训练

W1= net. iw{1, 1};                      % 输入层到中间层的权值
B1 = net.b{1};                          % 中间各层神经元阈值
W2 = net.lw{2,1};                       % 中间层到输出层的权值
B2 = net. b{2};                         % 输出层各神经元的阈值

%% 网络参数配置（训练次数，学习速率，训练目标最小误差等）
net.trainParam.epochs=1000;             % 训练次数，这里设置为 1000 次
net.trainParam.lr=0.01;                 % 学习速率，这里设置为 0.01
net.trainParam.goal=0.00001;            % 训练目标最小误差，这里设置为 0.00001

%%BP 神经网络训练
net=train(net,inputn,outputn);          % 开始训练，其中 inputn 和 outputn 分别为
                                        % 输入和输出样本

%% 测试样本归一化
inputn_test=mapminmax('apply',input_test,inputps);% 对样本数据进行归一化
```

```
%%BP 神经网络预测
an=sim(net,inputn_test);             % 用训练好的模型进行仿真

%% 预测结果反归一化与误差计算
test_simu=mapminmax('reverse',an,outputps); % 把仿真得到的数据还原为原始的数
                                            % 量级
error=test_simu-output_test;         % 预测值和真实值的误差

%% 真实值与预测值误差相比较
figure('units','normalized','position',[0.119 0.2 0.38 0.5])
plot(output_test,'bo-')
hold on
plot(test_simu,'r*-')
hold on
plot(error,'square','MarkerFaceColor','b')
legend('期望值','预测值','误差')
xlabel('数据组数')
ylabel('样本值')
title('BP 神经网络测试集的预测值与实际值对比图')

[c,l]=size(output_test);
MAE1=sum(abs(error))/l;
MSE1=error*error'/l;
RMSE1=MSE1^(1/2);
disp(['----------------------误差计算-------------------------'])
disp(['隐藏层节点数为',num2str(hiddennum),'时的误差结果如下：'])
disp(['平均绝对误差 MAE 为：',num2str(MAE1)])
disp(['均方误差 MSE 为：        ',num2str(MSE1)])
disp(['均方根误差 RMSE 为：  ',num2str(RMSE1)])
```

运行程序，输出如下，效果如图 5-14 所示。

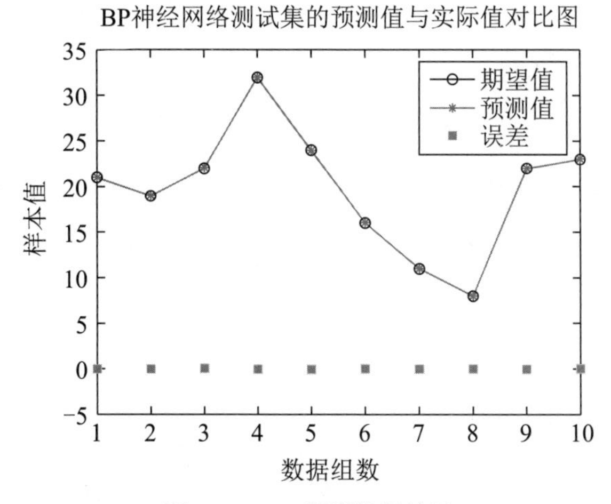

图 5-14 BP 预测数据效果

```
---------------------- 误差计算 --------------------------
隐藏层节点数为 5 时的误差结果如下：
平均绝对误差 MAE 为：0.033354
均方误差 MSE 为：        0.0014739
均方根误差 RMSE 为：  0.038391
```

5.4.2 BP 神经网络在函数逼近中的应用

【例 5-8】设计一个 BP 神经网络，逼近函数 $g(x)=1+\sin\left(\frac{k\pi}{2x}\right)$，实现对该非线性函数的逼近。其中，分别令 $k=2,3,6$ 进行仿真，通过调节参数得出信号的频率与隐藏层节点间、隐藏层节点与函数逼近能力间的关系。

解析：假设频率参数 $k=2$，绘制要逼近的非线性函数的目标曲线，代码如下：

```
>>clear all;
k=2;
p=[-1: 0.05: 8];
t=1+sin(k*pi/2*p);
plot(p,t,'-');                %逼近的非线性函数曲线如图 5-15 所示
title(' 目标函数 ');
xlabel(' 时间 ');
ylabel(' 非线性函数 ');
```

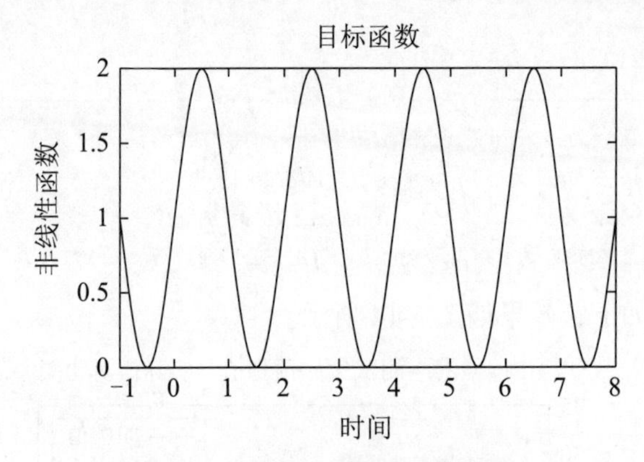

图 5-15 逼近的非线性函数曲线

用 newff( ) 函数建立 BP 神经网络结构。隐藏层神经元数目 n 可以改变，暂设为 $n=5$，输出层有一个神经元。隐藏层和输出层神经元传递函数分别采用 tansig( ) 函数和 purelin( ) 函数，网络训练的算法采用 Levenberg-Marquardt 算法 trainlm。

```
n=5;
net=newff(minmax(p),[n,1],{'tansig' 'purelin'},'trainlm');
%对初始网络，可以应用 sim() 函数观察网络输出
y1=sim(net,p);
figure;
plot(p,t,'-',p,y1,'.');  %网络输出曲线与原函数的比较图如图 5-16 所示
title(' 未训练网络的输出结果 ');
```

```
xlabel('时间');
ylabel('仿真输出 -- 原函数 -')
```

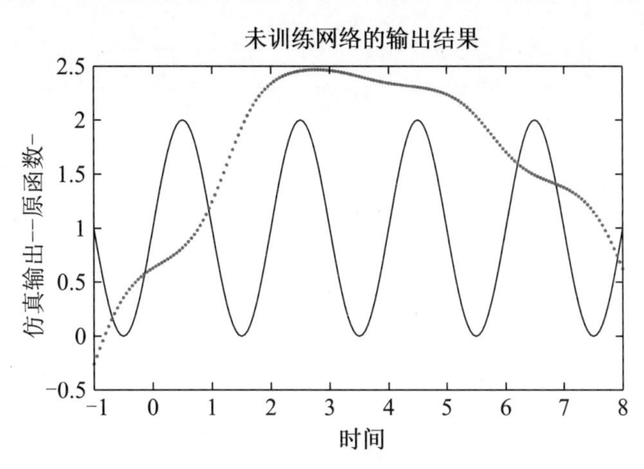

图 5-16　网络输出曲线与原函数的比较图

因为使用 newff( ) 函数建立网络时，权值和阈值的初始化是随机的，所以网络输出结构不好，达不到函数的逼近目的，每次运行的结果也有所不同。

应用 train( ) 函数对网络进行训练前，需要预先设置网络训练参数。将训练时间设为 200，训练精度设为 0.2，其余参数使用默认值。训练神经网络的代码如下：

```
net.trainParam.epochs=200;     % 网络训练时间设为 200
net.trainParam.goal=0.2;       % 网络训练精度设为 0.2
net=train(net,p,t);            % 开始训练网络
```

训练后得到的误差变化过程如图 5-17 所示。

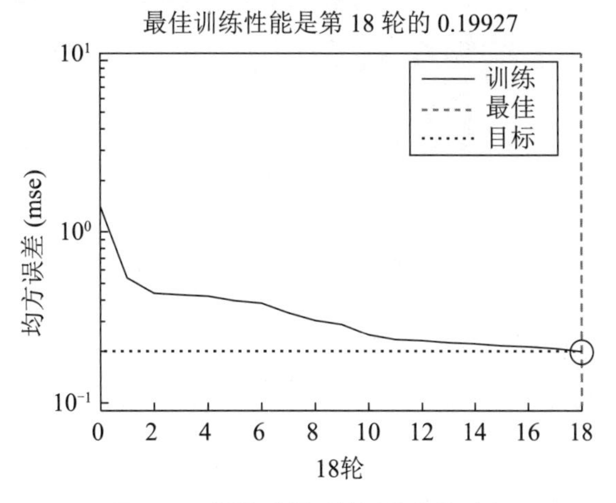

图 5-17　训练后得到的误差变化过程

从图 5-17 可以看出，神经网络运行 18 轮后，网络输出误差达到设定的训练精度，其训练状态效果如图 5-18 所示，回归效果如图 5-19 所示。

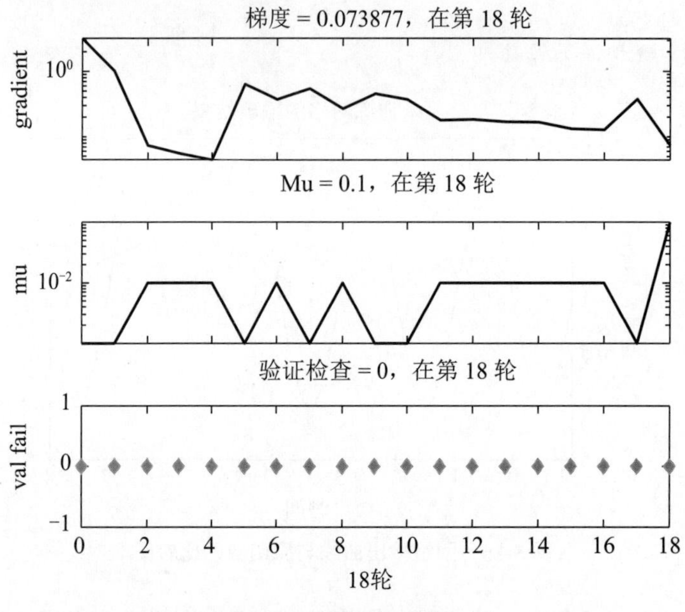

图 5-18 训练状态效果

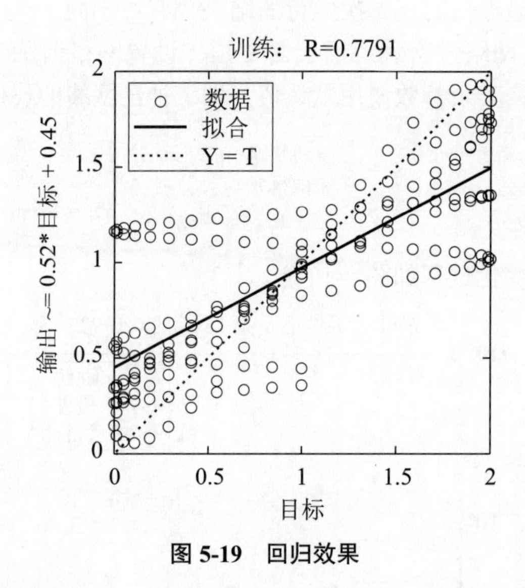

图 5-19 回归效果

对训练好的网络进行仿真。

```
>> y2=sim(net,p);
figure;
plot(p,t,'-',p,y1,'.',p,y2,'--')  %训练后网络的输出结果如图 5-20 所示
title('训练后网络的输出结果');
xlabel('时间');
ylabel('仿真输出');
```

绘制网络输出曲线，并与原始非线性函数曲线以及未训练网络的输出结果曲线相比较，比较效果如图 5-20 所示。

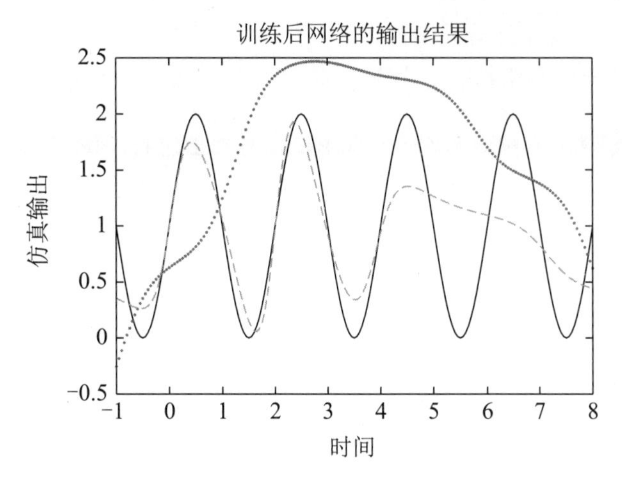

图 5-20　训练后网络的输出结果

从图 5-20 可以看出，相对于没有训练的曲线，经过训练后的曲线和原始非线性函数曲线更接近。这说明经过训练后，BP 神经网络对非线性函数的逼近效果较好。

改变非线性函数的频率和 BP 函数隐藏层神经元的数目，对函数逼近的效果会有一定的影响。

网络非线性程度越高，对 BP 网线的要求越高，则相同的网络逼近效果越差；隐藏层神经元的数目对于网络逼近效果也有一定的影响，一般来说，隐藏层神经元数目越多，BP 神经网络逼近非线性函数的能力越强。

5.4.3　BP 神经网络的工具箱拟合数据应用

神经网络擅长拟合函数。事实上有证据表明，一个简单的神经网络就可以拟合任何实用函数。

【例 5-9】假设有一家健康诊所的数据，想要设计一个网络，该网络可以基于 13 个解剖学测量值来预测人的体脂率。总共有 252 个人的样本，其中包括这 13 项数据和相关的体脂率。

可以用两种方法解决此问题。

- 使用神经网络拟合数据中所述。
- 使用命令行拟合数据中所述。

一般最好从神经网络 App 开始，然后使用该 App 自动生成命令行脚本。在使用上述两种方法之前，首先要通过选择数据集来定义问题。每个神经网络 App 都可以访问许多采样数据集，可以使用这些数据集来试验工具箱。

（1）定义问题。

要用工具箱定义拟合（回归）问题，先将一组输入向量（预测变量）排列为矩阵中的列，然后将一组响应（每个输入向量的正确输出向量）排列成第二个矩阵。例如，定义一个具有 4 个观测值的回归问题，每个观测值有两个输入特征和一个响应，代码如下：

```
>> predictors = [0 1 0 1; 0 0 1 1];
responses = [0 0 0 1];
```

（2）使用神经网络拟合数据进行拟合。

使用 nftool 打开神经网络拟合，其界面如图 5-21 所示。

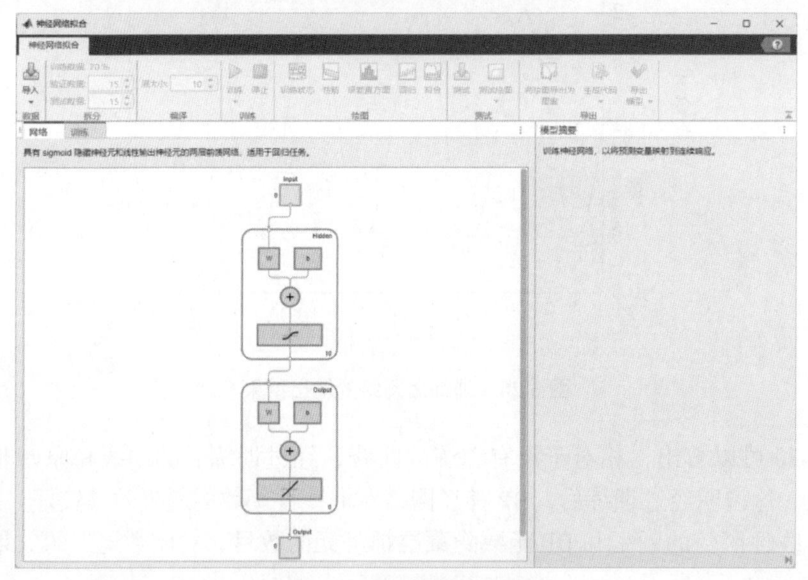

图 5-21　神经网络拟合界面

要导入实例体脂数据，请选择“导入”→“导入体脂数据集”，如图 5-22 所示。可以使用此数据集来训练神经网络，以基于各种测量值来估计人的体脂率。如果从文件或工作区导入自己的数据，则必须指定预测变量和响应变量，设置观测值位于行中还是列中。

导入数据后，有关数据的信息会显示在“模型摘要”中，如图 5-23 所示。此数据集包含 252 个观测值，每个观测值有 13 个特征。响应包含每个观测值的体脂率。

将数据分成训练集、验证集和测试集。数据拆分为：

- 70% 用于训练；
- 15% 用于验证网络是否正在泛化，并在过拟合前停止训练；
- 15% 用于独立测试网络泛化。

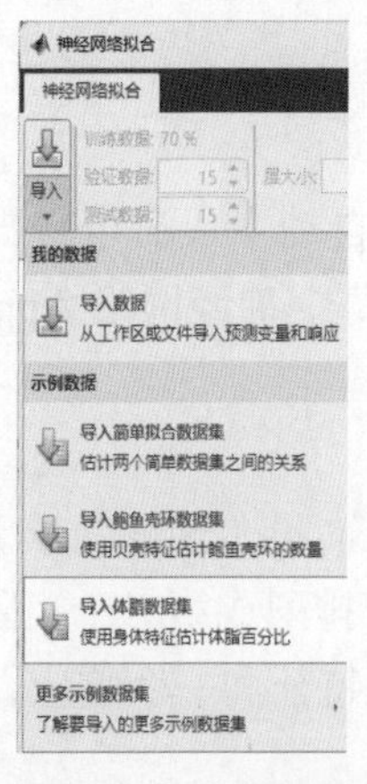

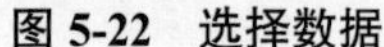

图 5-22　选择数据

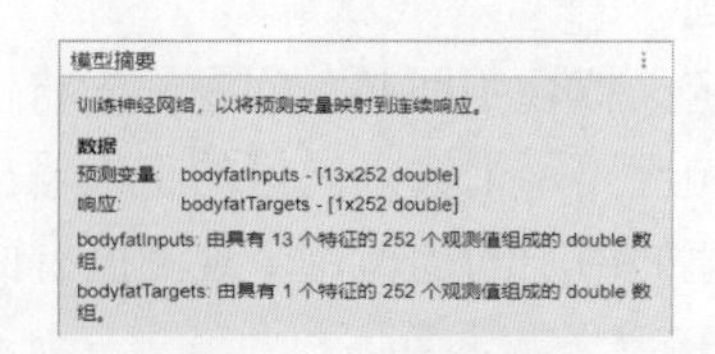

图 5-23　模型摘要

（3）创建网络。

网络是一个双层前馈网络，如图 5-24 所示，其中隐藏层有一个 sigmoid( ) 传递函数，输出层有一个线性传递函数。用层大小值定义隐藏神经元的数量。层大小默认值为 10。可以在网络窗口中看到网络架构。网络图会更新以反映输入数据。在实例中，数据有 13 个输入（特征）和一个输出。

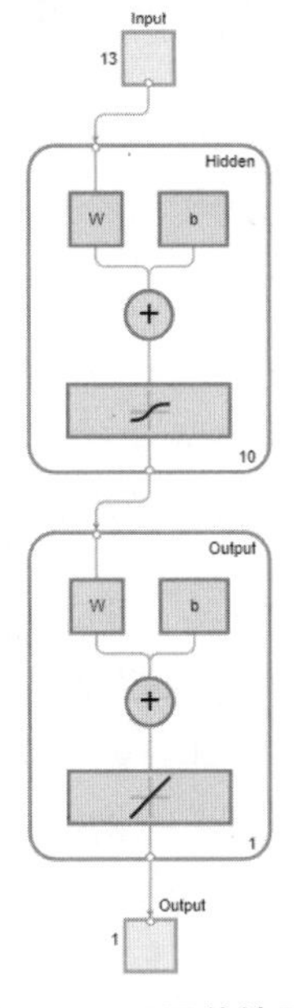

图 5-24 双层前馈网络

（4）训练网络。

要训练网络，请选择“训练”→“莱文贝格 - 马夸特法训练”，效果如图 5-25 所示。这是默认的训练算法，与单击训练效果相同。

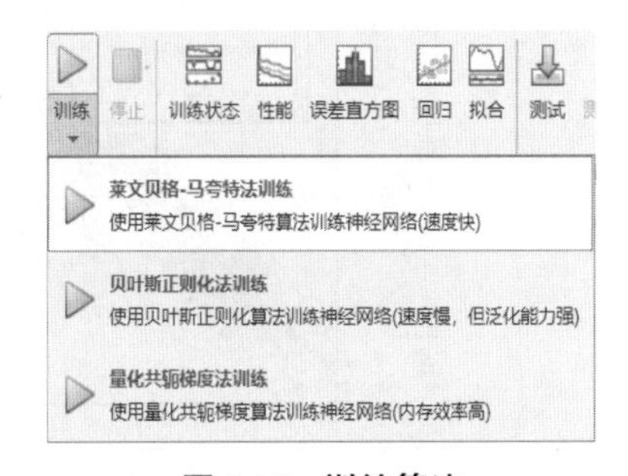

图 5-25 训练算法

对于大多数问题，都推荐使用莱文贝格 - 马夸特法（trainlm）进行训练。对于含噪问题或小型问题，贝叶斯正则化法（trainbr）可以获得更好的解，但代价是耗时更长。对于大型问题，推荐使用量化共轭梯度法（trainscg），因为它使用的梯度计算比其他两种算法使用的雅可比矩阵计算更节省内存。

在训练窗口中，可以看到训练进度，如图 5-26 所示。训练会一直持续，直到满足其中一个停止条件。在实例中，训练会一直持续，直到 6 次迭代的验证误差持续增大（“满足验证条件”）。

训练结果

训练结束: 满足验证条件

训练进度

单位	初始值	停止值	目标值
轮	0	15	1000
历时	-	00:00:00	-
性能	1.26e+03	9.2	0
梯度	4.33e+03	17.4	1e-07
Mu	0.001	0.001	1e+10
验证检查	0	6	6

图 5-26 训练结果

（5）分析结果。

模型摘要中包含了关于每个数据集的训练算法和训练结果的信息，如图 5-27 所示。

算法

数据划分：随机

训练算法：莱文贝格-马夸特

性能：均方误差

训练结果

训练开始时间：2024-01-17 22:59:22

层大小：10

	观测值	MSE	R
训练	176	12.0883	0.9082
验证	38	23.6202	0.7940
测试	38	34.6711	0.7481

图 5-27　训练结果

还可以通过生成绘图来进一步分析结果。要对线性回归绘图，需要在绘图部分中，单击“回归”绘图选项，如图 5-28 所示。回归图显示关于训练集、验证集和测试集的响应（目标）的网络预测（输出），效果如图 5-29 所示。

图 5-28　选择“回归”绘图选项

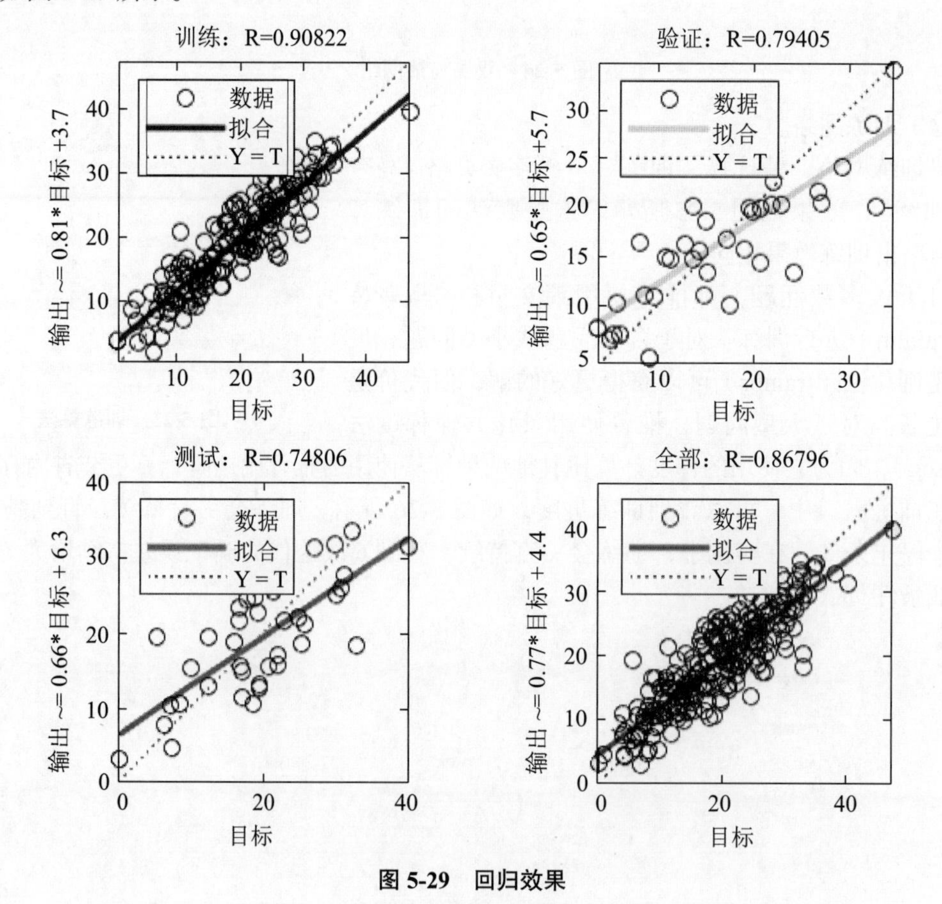

图 5-29　回归效果

如果是完美拟合，则数据应沿 45° 线下降，其中网络输出等于响应。对于此问题，所有数据集的拟合效果都很不错。如果需要更准确的结果，可以再次训练网络。每次训练都会采用不同网络初始权值和偏置，并且在重新训练后可以产生改进的网络。

查看误差直方图以获得网络性能的额外验证。在绘图部分中，单击“误差直方图”绘图选项，效果如图 5-30 所示。

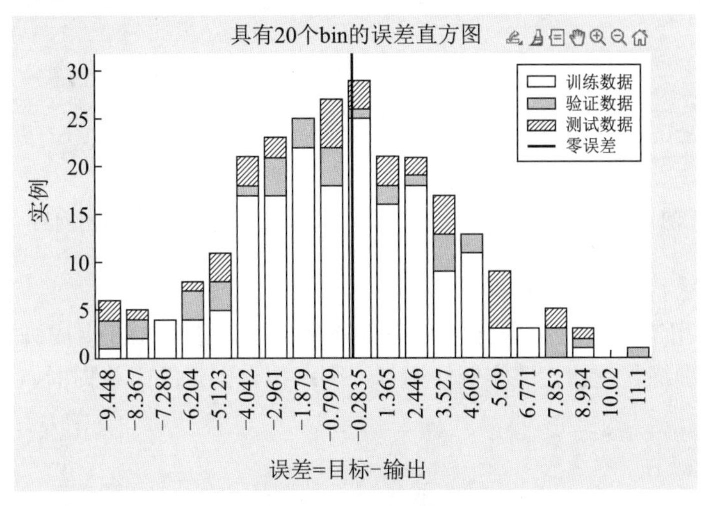

图 5-30 误差直方图

直方图可以指示离群值，这些离群值是拟合明显比大部分数据差的数据点。最好检查离群值以确定数据是否不良，或者这些数据点是否不同于数据集的其余部分。如果离群值是有效的数据点，但不同于其余数据，则网络将对这些点进行外插。可以收集更多看起来像离群值的数据，并重新训练网络。

如果对网络性能不满意，可以执行以下操作之一。

- 重新训练网络。
- 增加隐藏神经元的数量。
- 使用更大的训练数据集。

如果基于训练集的性能很好，但测试集的性能很差，这表明模型可能出现了过拟合。减少神经元的数量可以减少过拟合。

还可以评估基于附加测试集的网络性能。要加载附加测试数据来评估网络，请在测试部分中，单击“测试”图标。模型摘要会显示附加测试结果，也可以生成图来分析附加测试数据结果。

（6）代码生成。

选择“生成代码”→“生成简单的训练脚本”以创建 MATLAB 代码，如图 5-31 所示，如果要了解如何使用工具箱的命令行来自定义训练过程，则创建 MATLAB 代码会很有帮助。

（7）导出网络。

可以将经过训练的网络导出到工作区或 Simulink。也可以使用 MATLAB Compiler 工具和其他 MATLAB 代码生成工具部署网络。要导出训练网络和结果，请选择“导出模型”→“导出到工作区”，如图 5-32 所示。

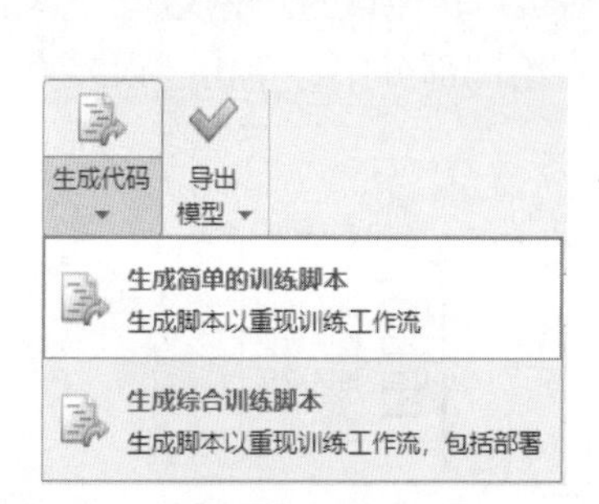

图 5-31　生成代码

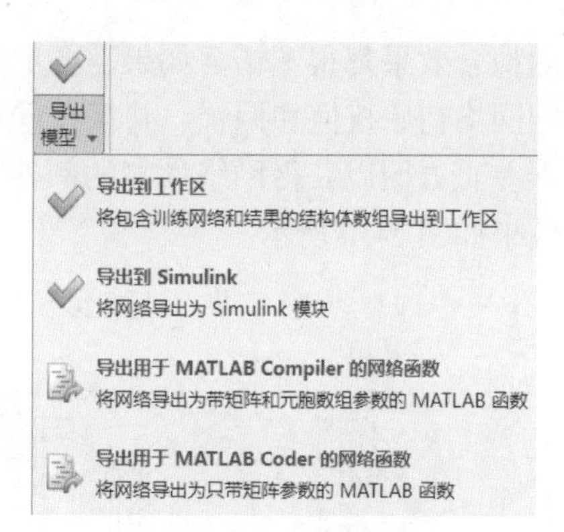

图 5-32　导出网络

（8）使用命令行函数拟合数据。

了解如何使用工具箱的命令行功能的最简单的方法是从 App 生成脚本，然后修改它们以自定义网络训练。例如，该实例使用神经网络拟合创建的简单脚本如下：

```
x = bodyfatInputs;
t = bodyfatTargets;

%Choose a Training Function
%For a list of all training functions type: help nntrain
%'trainlm' is usually fastest.
%'trainbr' takes longer but may be better for challenging problems.
%'trainscg' uses less memory. Suitable in low memory situations.
trainFcn = 'trainlm';  % Levenberg-Marquardt backpropagation.

%Create a Fitting Network
hiddenLayerSize = 10;
net = fitnet(hiddenLayerSize,trainFcn);

%Setup Division of Data for Training, Validation, Testing
net.divideParam.trainRatio = 70/100;
net.divideParam.valRatio = 15/100;
net.divideParam.testRatio = 15/100;

%Train the Network
[net,tr] = train(net,x,t);

%Test the Network
y = net(x);
e = gsubtract(t,y);
performance = perform(net,t,y)

%View the Network
view(net)

%Plots
%Uncomment these lines to enable various plots.
%figure, plotperform(tr)
```

```
%figure, plottrainstate(tr)
%figure, ploterrhist(e)
%figure, plotregression(t,y)
%figure, plotfit(net,x,t)
```

可以保存脚本，然后从命令行运行它，以重现上次训练会话的结果。还可以编辑脚本来自定义训练过程。在实例中，请遵循脚本中的每个步骤。

① 选择数据。

该脚本假设预测变量和响应向量已加载到工作区中。如果未加载数据，可以按如下方式加载它：

```
load bodyfat_dataset
```

此命令将预测变量 bodyfatInputs 和响应变量 bodyfatTargets 加载到工作区中。

可以输入命令“help nndatasets”来查看所有可用数据集的列表。可以使用自己的变量名称从这些数据集中加载变量。例如：

```
[x,t] = bodyfat_dataset;
```

会将体脂预测变量加载到数组 x 中，将体脂响应变量加载到数组 t 中。

② 选择训练算法。

网络使用默认的莱文贝格 - 马夸特算法（trainlm）进行训练。

```
trainFcn = 'trainlm';          % 莱文贝格 - 马夸特反向传播
```

对于莱文贝格 - 马夸特无法产生期望的准确结果的问题，或对于大型数据问题，请考虑使用以下命令之一将网络训练函数设置为贝叶斯正则化（trainbr）或量化共轭梯度（trainscg）：

```
net.trainFcn = 'trainbr';
net.trainFcn = 'trainscg';
```

③ 创建网络。

用于函数拟合（或回归）问题的默认网络 fitnet 是一个前馈网络，其默认 tan-sigmoid 传递函数在隐藏层，线性传递函数在输出层。网络有一个包含 10 个神经元（默认值）的隐藏层。网络有一个输出神经元，因为只有一个响应值与每个输入向量关联。

```
hiddenLayerSize = 10;
net = fitnet(hiddenLayerSize,trainFcn);
```

④ 划分数据。

```
net.divideParam.trainRatio = 70/100;
net.divideParam.valRatio = 15/100;
net.divideParam.testRatio = 15/100;
```

使用以上这些设置，预测变量向量和响应向量将被随机划分，70% 用于训练，15% 用于验证，15% 用于测试。

⑤ 训练网络。

```
[net,tr] = train(net,x,t);
```

在训练期间，会打开训练进度窗口。可以随时通过单击停止按钮来中断训练。

如果验证错误在6次迭代中持续增加，则训练结束。如果在训练窗口中单击“性能”，将显示表示训练误差、验证误差和测试误差的图。在实例中，结果是合理的，性能图如图5-33所示，原因如下：

- 最终均方误差很小。
- 测试集误差和验证集误差具有相似特性。
- 在第15轮训练结束（出现最佳验证性能）前未出现明显的过拟合。

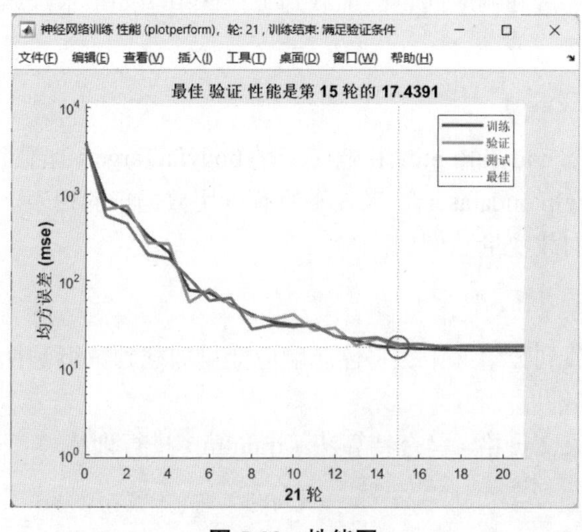

图5-33 性能图

⑥ 测试网络。

可以使用经过训练的网络来计算网络输出。以下代码可以计算网络输出、误差和整体性能。

```
>> y = net(x);
e = gsubtract(t,y);
performance = perform(net,t,y)
performance =
   17.4609
```

通过使用训练记录中的测试索引，还可以只针对测试集计算网络性能。

```
>> tInd = tr.testInd;
tstOutputs = net(x(:,tInd));
tstPerform = perform(net,t(tInd),tstOutputs)
tstPerform =
   18.8359
```

⑦ 查看网络。

```
view(net)   % 回归效果如图 5-34 所示
```

⑧ 分析结果。

要在网络预测（输出）和对应的响应（目标）之间执行线性回归，请在训练窗口中单击“回归”，回归效果如图 5-34 所示。

对于训练集、测试集和验证集，输出非常好地跟踪了响应，并且总数据集的 R 值超过 0.87。如果需要更准确的结果，可以尝试以下任一方法：

- 使用 init 将初始网络权值和偏置重置为新值，然后再次训练。
- 增加隐藏神经元的数量。
- 使用更大的训练数据集。
- 增加输入值的数量。
- 尝试其他训练算法。

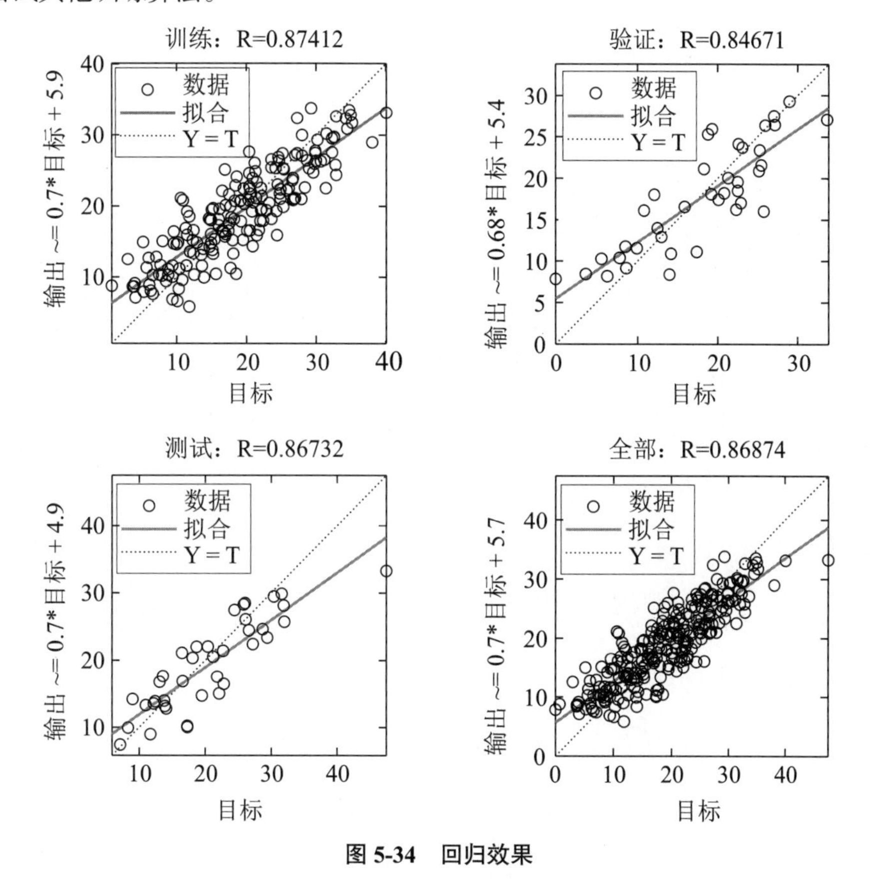

图 5-34 回归效果

在实例中，网络响应是令人满意的，现在可以将该网络应用于拟合新数据。

5.4.4 BP 神经网络在语音特征信号识别中的应用

语音特征信号识别是语音识别研究领域的一个重要方面，一般采用模式匹配的原理解决。语音特征信号识别经过语音信号预处理、信号提取、模式匹配和判决规则 4 步之后，得到识别的结果。

【例 5-10】随机选取 4 种不同的语音信号，用 BP 神经网络实现对这 4 种语音信号的有效分类。

解析：根据倒谱系数法提取 4 种不同语音的特征信号，不同语音信号分别用 1、2、3、4 标识，存储于 data1.mat、data2.mat、data3.mat、data4.mat 的数据库文件中。

在语音信号分类过程中，因为不同语音信号间有可能存在维数的判别，所以需要进行数据归一化处理。数据归一化处理是把所有数据转换为 [0 1] 间的数据，避免因为输入 / 输出数据数量级的差别较大而造成网络预测误差较大。数据归一化处理的方法包括最大最小法和平均数方差法。

```
%清空环境变量
clear all;
%%训练数据、预测数据提取及归一化
%下载 4 种语音信号
load data1 c1
load data2 c2
load data3 c3
load data4 c4

%4 个特征信号矩阵合成一个矩阵
data(1: 500,: )=c1(1: 500,: );
data(501: 1000,: )=c2(1: 500,: );
data(1001: 1500,: )=c3(1: 500,: );
data(1501: 2000,: )=c4(1: 500,: );

%从 1~2000 随机排序
k=rand(1,2000);
[m,n]=sort(k);

%输入 / 输出数据
input=data(: ,2: 25);
output1=data(: ,1);

%把输出从一维变成四维
output=zeros(2000,4);
for i=1: 2000
    switch output1(i)
        case 1
            output(i,: )=[1 0 0 0];
        case 2
            output(i,: )=[0 1 0 0];
        case 3
            output(i,: )=[0 0 1 0];
        case 4
            output(i,: )=[0 0 0 1];
    end
end

%随机提取 1500 个样本为训练样本，500 个样本为预测样本
input_train=input(n(1: 1500),: )';
output_train=output(n(1: 1500),: )';
input_test=input(n(1501: 2000),: )';
output_test=output(n(1501: 2000),: )';
```

```
% 输入数据归一化
[inputn,inputps]=mapminmax(input_train);

%% 网络结构初始化
innum=24;
midnum=25;
outnum=4;

% 权值初始化
w1=rands(midnum,innum);
b1=rands(midnum,1);
w2=rands(midnum,outnum);
b2=rands(outnum,1);

w2_1=w2;w2_2=w2_1;
w1_1=w1;w1_2=w1_1;
b1_1=b1;b1_2=b1_1;
b2_1=b2;b2_2=b2_1;

% 学习率
xite=0.1;
alfa=0.01;
loopNumber=10;
I=zeros(1,midnum);
Iout=zeros(1,midnum);
FI=zeros(1,midnum);
dw1=zeros(innum,midnum);
db1=zeros(1,midnum);

%% 网络训练
E=zeros(1,loopNumber);
for ii=1:loopNumber
    E(ii)=0;
    for i=1:1:1500
       %% 网络预测输出
        x=inputn(:,i);
        % 隐藏层输出
        for j=1:1:midnum
            I(j)=inputn(:,i)'*w1(j,:)'+b1(j);
            Iout(j)=1/(1+exp(-I(j)));
        end
        % 输出层输出
        yn=w2'*Iout'+b2;

       %% 权值、阈值修正
        % 计算误差
        e=output_train(:,i)-yn;
        E(ii)=E(ii)+sum(abs(e));
```

```
        %计算权值变化率
        dw2=e*Iout;
        db2=e';

        for j=1: 1:midnum
            S=1/(1+exp(-I(j)));
            FI(j)=S*(1-S);
        end
        for k=1: 1:innum
            for j=1: 1:midnum
                dw1(k,j)=FI(j)*x(k)*(e(1)*w2(j,1)+e(2)*w2(j,2)+e(3)*w2(j
,3)+e(4)*w2(j,4));
                db1(j)=FI(j)*(e(1)*w2(j,1)+e(2)*w2(j,2)+e(3)*w2(j,3)+e(4
)*w2(j,4));
            end
        end

        w1=w1_1+xite*dw1';
        b1=b1_1+xite*db1';
        w2=w2_1+xite*dw2';
        b2=b2_1+xite*db2';

        w1_2=w1_1;w1_1=w1;
        w2_2=w2_1;w2_1=w2;
        b1_2=b1_1;b1_1=b1;
        b2_2=b2_1;b2_1=b2;
    end
end

%% 语音特征信号分类
inputn_test=mapminmax('apply',input_test,inputps);
fore=zeros(4,500);
for ii=1:1
    for i=1:500%1500
        %隐藏层输出
        for j=1:1:midnum
            I(j)=inputn_test(:,i)'*w1(j,:)'+b1(j);
            Iout(j)=1/(1+exp(-I(j)));
        end

        fore(:,i)=w2'*Iout'+b2;
    end
end

%% 结果分析
%根据网络输出找出数据属于哪类
output_fore=zeros(1,500);
for i=1:500
```

```
    output_fore(i)=find(fore(:,i)==max(fore(:,i)));
end

%BP 神经网络预测误差
error=output_fore-output1(n(1501:2000))';

% 画出预测语音种类和实际语音种类的分类图
figure(1)
plot(output_fore,'r')
hold on
plot(output1(n(1501: 2000))','b')
legend('预测语音类别','实际语音类别')

% 画出误差图
figure(2)
plot(error)
title('BP 神经网络分类误差','fontsize',12)
xlabel('语音信号','fontsize',12)
ylabel('分类误差','fontsize',12)

k=zeros(1,4);
% 找出判断错误的分类属于哪一类
for i=1:500
    if error(i)~=0
        [b,c]=max(output_test(:,i));
        switch c
            case 1
                k(1)=k(1)+1;
            case 2
                k(2)=k(2)+1;
            case 3
                k(3)=k(3)+1;
            case 4
                k(4)=k(4)+1;
        end
    end
end

% 找出每类的个体和
kk=zeros(1,4);
for i=1: 500
    [b,c]=max(output_test(:,i));
    switch c
        case 1
            kk(1)=kk(1)+1;
        case 2
            kk(2)=kk(2)+1;
        case 3
            kk(3)=kk(3)+1;
```

```
        case 4
            kk(4)=kk(4)+1;
    end
end

% 正确率
rightridio=(kk-k)./kk;
disp(' 正确率:\n')
disp(rightridio);
```

运行程序，得到图 5-35 所示的预测语音类别与实际语音类别的比较。

图 5-35　预测语音类别与实际语音类别的比较

仿真得到的语音分类误差曲线如图 5-36 所示。

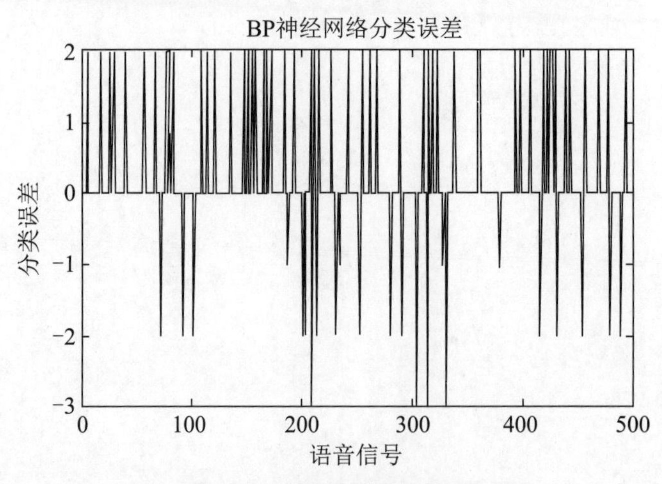

图 5-36　语音分类误差曲线

得到分类正确率如下：

```
正确率:
    0.4667    1.0000    0.9462    0.8636
```

从 BP 神经网络的分类结果可以看到，基于 BP 神经网络的语音信号分类算法的准确性还是较高的，能够正确识别出信号所属类别。

第6章 CHAPTER 6 RBF神经网络分析与应用

径向基RBF（Radial Basis Function）神经网络（简称RBF网络）是一个三层的网络，除了输入层和输出层之外，仅有一个隐藏层。隐藏层中的转换函数是局部响应的高斯函数，而其他前向型网络，转换函数一般都是全局响应函数。由于有这样的区别，要实现同样的功能，RBF需要更多的神经元，但是RBF的训练时间更短。它对函数的逼近是最优的，可以以任意精度逼近任意连续函数，且隐藏层中的神经元越多，逼近越精确。

6.1 RBF神经网络模型

图6-1所示为一个有R个输入的径向基神经元模型。

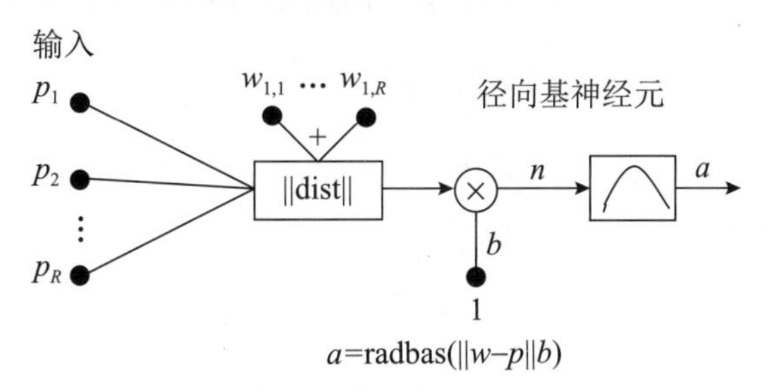

图6-1 径向基神经元模型

径向基函数的激活函数是以输入向量和权值向量（注意此处的权值向量并非隐藏层到输出层的权值）之间的距离$\|\text{dist}\|$作为自变量的，图6-1中的b为阈值，用于调整神经元的灵敏度。径向基网络的激活函数的一般表达式为

$$R(\|\text{dist}\|)=\mathrm{e}^{-\|\text{dist}\|}$$

由输入层、隐藏层和输出层构成的RBF神经网络结构如图6-2所示。

在RBF神经网络中，输入层仅起到传输信号的作用，输出层和隐藏层所完成的任务是不同的，因而它们的学习策略也不相同。

输出层是对线性权进行调整，采用的是线性优化策略，因而学习速度较快。而隐藏层是对激活函数的参数进行调整，采用的是非线性优化策略，因而学习速度较慢。

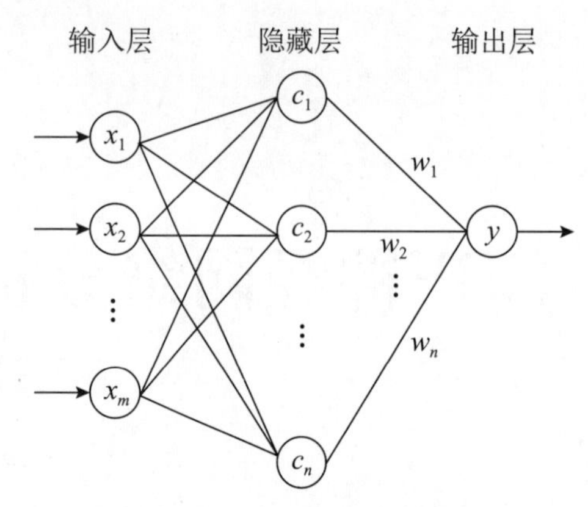

图 6-2 RBF 神经网络结构

6.1.1 RBF 神经网络的思想

RBF 神经网络的基本思想是，用 RBF 函数作为隐单元的“基”，构成隐藏层空间，而输入层直接传递输入信号到隐藏层，这样就可以将输入向量直接（即不通过权值连接）映射到隐空间，使得隐藏层单元输出即为网络输入的 RBF 函数映射（是非线性的）。

另外，由隐藏层空间到输出空间的映射是线性的，即网络的输出是隐藏层单元输出的线性加权和，此处的权即隐藏层单元与输出层单元的连接权，是网络的可调参数。

由此可见，从总体上看，RBF 神经网络由输入到输出的映射是非线性的，而网络输出对于可调参数而言却是线性的，这样网络的权值就可以用最小方差算法、递推最小二乘法等计算，从而大大加快了学习速度且避免了局部极小问题。

6.1.2 RBF 神经网络的工作原理

当输入向量加到网络输入端时，RBF 第一层的每个神经元都会输出一个值，代表输入向量和神经元权值向量之间的接近程度。

- 如果输入向量与权值向量相差很多，则 RBF 第一层神经元的输出接近 0，经过第二层的线性神经元，输出也接近 0。
- 如果输入向量与权值向量很接近，则 RBF 第一层神经元的输出接近 1，经过第二层的线性神经元，输出值就更接近第二层权值。

在这个过程中，如果只有一个 RBF 神经元的输出为 1，而其他神经元的输出均为 0 或接近 0，那么线性神经元的输出就相当于输出为 1 的神经元对应的第二层神经元的权值。一般情况下，不止一个 RBF 神经元的输出为 1，所以输出值也会有所不同。

6.2 RBF 解决插值问题

完全内插法要求插值函数经过每个样本点，即 $F(X^p)=d^p$。样本点总共有 P 个。

RBF 的方法是要选择 P 个基函数，每个基函数对应一个训练数据，各基函数形式为 $\varphi(\|\boldsymbol{X}-X^p\|)$，由于距离是径向同性的，因此称之为径向基函数。$\|\boldsymbol{X}-X^p\|$ 表示差向量的模，或称 2 范数。

6.2.1 插值概述

径向基函数的插值函数为

$$F(x)=\sum_{p=1}^{P}w_p\varphi_p(\|\boldsymbol{X}-X^p\|)=w_1\varphi_1(\|\boldsymbol{X}-X^1\|)+w_2\varphi_2(\|\boldsymbol{X}-X^2\|)+\cdots+w_p\varphi_p(\|\boldsymbol{X}-X^p\|)$$

对应的结构图如图 6-3 所示。

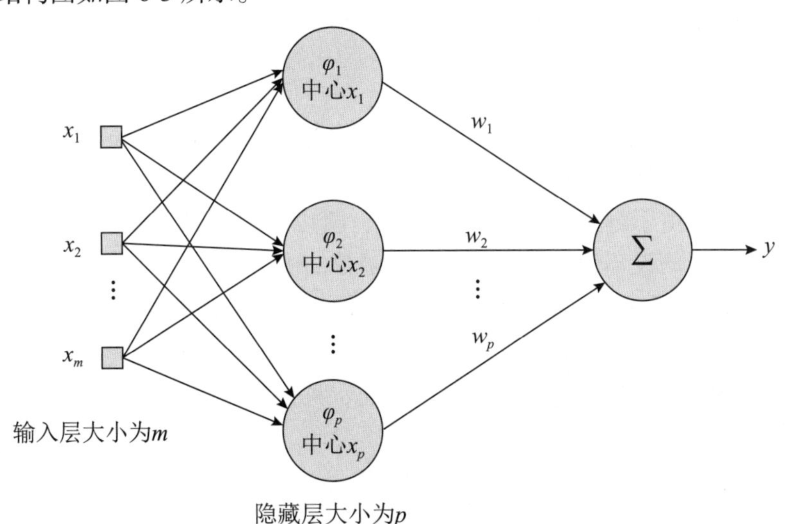

图 6-3 径向基结构图

图 6-3 的输入$\boldsymbol{X}$是个 m 维向量，样本容量为P， $P>m$ 。可以看到，输入数据点X^p是径向基函数 φ_p 的中心。

隐藏层的作用是把向量从低维 m 映射到高维P，低维线性不可分的情况到高维就线性可分了。将插值条件代入，有

$$\begin{cases}w_1\varphi_1(\|X^1-X^1\|)+w_2\varphi_2(\|X^1-X^2\|)+\cdots+w_p\varphi_p(\|X^1-X^p\|)=d^1\\ w_1\varphi_1(\|X^2-X^1\|)+w_2\varphi_2(\|X^2-X^2\|)+\cdots+w_p\varphi_p(\|X^2-X^p\|)=d^2\\ \vdots\\ w_1\varphi_1(\|X^p-X^1\|)+w_2\varphi_2(\|X^p-X^2\|)+\cdots+w_p\varphi_p(\|X^p-X^p\|)=d^p\end{cases}$$

写成向量的形式为$\boldsymbol{\Phi W}=\boldsymbol{d}$，显然$\boldsymbol{\Phi}$是一个维数为$P$的对称矩阵，且与$\boldsymbol{X}$的维度无关，当$\boldsymbol{\Phi}$可逆时，有$\boldsymbol{W}=\boldsymbol{\Phi}^{-1}\boldsymbol{d}$。对于一大类函数，当输入的$\boldsymbol{X}$各不相同时，$\boldsymbol{\Phi}$是可逆的。下面几个函数就属于这“一大类”函数。

（1）Gauss（高斯）函数。

$$\varphi(r)=\exp\left(-\frac{r^2}{2\sigma^2}\right)$$

（2）Reflected Sigmoidal（反常 S 形）函数。

$$\varphi(r)=\frac{1}{1+\exp\left(\frac{r^2}{\sigma^2}\right)}$$

（3）Inverse multiquadrice 函数。

$$\varphi(r)=\frac{1}{\sqrt{r^2+\sigma^2}}$$

σ称为径向基函数的扩展常数，它反映了函数图像的宽度，σ越小，宽度越窄，函数越具有选择性。

6.2.2 完全内插存在的问题

完全内插值由于自身的结构特点，存在以下一些问题。

（1）插值曲面必须经过所有样本点，当样本中包含噪声时，神经网络将拟合出一个错误的曲面，从而使泛化能力下降。

如图 6-4 所示，由于输入样本中包含噪声，所以可以设计隐藏层大小为K，$K<P$，从样本中选取K个（假设不包含噪声）作为φ函数的中心。

（2）基函数个数等于训练样本数，当训练样本数远远大于物理过程中固有的自由度时，问题就称为超定的，插值矩阵求逆时可能导致不稳定。

拟合函数F的重建问题满足以下 3 个条件时，称问题为适定的。

- 解的存在性。
- 解的唯一性。
- 解的连续性。

实际上，不适定问题大量存在，为解决这个问题，引入了正则化理论。

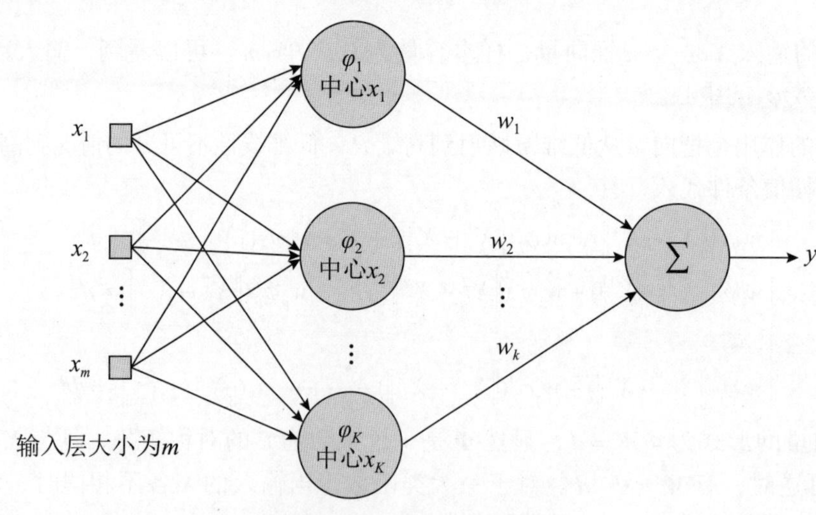

图 6-4 包含噪声的径向基网络

6.2.3 正则化理论

正则化的基本思想是通过加入一个含有解的先验知识的约束来控制映射函数的光滑性，这样相似的输入就对应着相似的输出。寻找逼近函数$F(x)$可以通过最小化下面的目标函数来实现：

$$\min_F E(F)=\frac{1}{2}\sum_{p=1}^{P}\left[d^p-F(X^p)\right]^2+\frac{1}{2}\lambda\|DF\|^2 \tag{6-1}$$

其中，第一项为均方误差，寻找最优的逼近函数，自然要使均方误差最小。第二项是用来控制逼近函数光滑程度的，称为正则化项，λ是正则化参数，D是一个线性微分算子，代表对的先验知识。曲率过大（光滑度过低）的$F(x)$通常具有较大的$\|DF\|$值，因此将受到较大的惩罚。

式（6-1）的解为

$$F(x)=\sum_{p=1}^{P}w_pG(\boldsymbol{X},X^p)$$

权值为

$$\boldsymbol{W}=(\boldsymbol{G}+\lambda\boldsymbol{I})^{-1}\boldsymbol{d} \tag{6-2}$$

$G(\boldsymbol{X},X^p)$称为Green函数，$\boldsymbol{G}$称为Green矩阵。Green函数与算子D的形式有关，当D具有旋转不变性和平移不变性时，$G(\boldsymbol{X},X^p)=G(\|\boldsymbol{X}-X^p\|)$。这类Green函数的一个重要例子是以下的多元Gauss函数：

$$G(\boldsymbol{X},X^p)=\exp\left(-\frac{1}{2\sigma^2}\|\boldsymbol{X}-X^p\|^2\right)$$

6.2.4 正则化RBF

输入样本有P个时，隐藏层神经元数目为P，且第p个神经元采用的变换函数为$G(\boldsymbol{X},X^p)$，它们有相同的扩展常数σ。输出层神经元直接把净输入作为输出。输入层到隐藏层的权值全设为1，隐藏层到输出层的权值是需要训练得到的——逐一输入所有的样本，计算隐藏层上所有的Green( )函数，根据式（6-2）计算权值。

6.2.5 广义RBF网络

从输入层到隐藏层相当于是把低维空间的数据映射到高维空间，输入层细胞个数为样本的维度，所以隐藏层细胞个数一定要比输入层细胞个数多。

注意，广义RBF网络只要求隐藏层神经元个数大于输入层神经元个数，并没有要求等于输入样本数目，实际上它比样本数目要少得多。因为在标准RBF网络中，当样本数目很大时，就需要很多基函数，权值矩阵就会很大，计算复杂且容易产生病态问题。另外广义RBF网络与传统RBF网络相比，还有以下不同。

（1）径向基函数的中心不再限制在输入数据点上，而是由训练算法确定。

（2）各径向基函数的扩展常数不再统一，而是由训练算法确定。

（3）输出函数的线性变换中包含阈值参数，用于补偿基函数在样本集上的平均值与目标值之间的差别。

因此广义RBF网络的设计包括以下两项。

（1）结构设计：隐藏层含有几个节点合适。

（2）参数设计：各基函数的数据中心及扩展常数、输出节点的权值。

下面给出计算数据中心的两种方法。

（1）数据中心从样本中选取。样本密集的地方多采集一些，各基函数采用统一的偏扩展常数

$$\delta = \frac{d_{\max}}{\sqrt{2M}}$$

式中，$d_{\max}$是所选数据中心间的最大距离；M为数据中心的个数。扩展常数这样计算是为了避免径向基函数太尖或太平。

（2）自组织选择法。例如，样本聚类、梯度训练法、资源分配网络等。各聚类中心确定后，根据各中心之间的距离确定对应径向基函数的扩展常数。

$$d_j = \min_i \|c_j - c_i\|$$

$$\delta_j = \lambda d_j$$

式中，λ为重叠系数。

接下来求权值$\boldsymbol{W}$时，就不能再用$\boldsymbol{W} = \boldsymbol{\Phi}^{-1}\boldsymbol{d}$了，因为对于广义 RBF 网络，其行数大于列数，此时可以求$\boldsymbol{\Phi}$的伪逆

$$\boldsymbol{W} = \boldsymbol{\Phi}^{+}\boldsymbol{d}$$

$$\boldsymbol{\Phi}^{+} = (\boldsymbol{\Phi}^{\mathrm{T}}\boldsymbol{\Phi})^{-1}\boldsymbol{\Phi}^{\mathrm{T}}$$

最一般的情况是，RBF 函数中心、扩展常数、输出权值都采用监督学习算法进行训练，经历一个误差修正学习的过程，与 BP 网络的学习原理一样。同样采用梯度下降法，定义目标函数为

$$E = \frac{1}{2}\sum_{i=1}^{P} e_i^2$$

式中，e_i为输入第i个样本时的误差信号。

$$e_i = d_i - F(X_i) = d_i - \sum_{j=1}^{M} w_j G(\|X_i - c_j\|)$$

式中的输出函数中忽略了阈值。

为使目标函数最小化，各参数的修正量应与其负梯度成正比，即

$$\Delta c_j = -\eta \frac{\partial E}{\partial c_j}$$

$$\Delta \delta_j = -\eta \frac{\partial E}{\partial \delta_j}$$

$$\Delta w_j = -\eta \frac{\partial E}{\partial w_j}$$

具体计算式为

$$\Delta c_j = \eta \frac{w_j}{\delta_j^2} \sum_{i=1}^{P} e_i G(\|X_i - c_j\|)(X_i - c_j)$$

$$\Delta \delta_j = \eta \frac{w_j}{\delta_j^3} \sum_{i=1}^{P} e_i G(\|X_i - c_j\|)\|X_i - c_j\|^2$$

$$\Delta w_j = \eta \sum_{i=1}^{P} e_i G(\|X_i - c_j\|)$$

上述目标函数是所有训练样本引起的误差总和，导出的参数修正公式是一种批处理理式调整，即所有样本输入一轮后调整一次。目标函数也可以为瞬时值形式，即当前输入引起的误差为

$$E=\frac{1}{2}e^2$$

此时参数的修正值为

$$\Delta c_j=\eta\frac{w_j}{\delta_j^2}e\sum_{i=1}^{P}G(\|\boldsymbol{X}-c_j\|)(\boldsymbol{X}-c_j)$$

$$\Delta\delta_j=\eta\frac{w_j}{\delta_j^3}e\sum_{i=1}^{P}G(\|\boldsymbol{X}-c_j\|)\|\boldsymbol{X}-c_j\|^2$$

$$\Delta w_j=\eta eG(\|\boldsymbol{X}-c_j\|)$$

6.3　RBF 学习算法

RBF 神经网络的学习算法需要求解的参数有 3 个：基函数的中心、方差以及隐藏层到输出层的权值。根据径向基函数中心选取方法的不同，RBF 网络有多种学习方法，如随机选取中心法、梯度训练法、有监督选取中心法和正交最小二乘法等。

本节介绍自组织选取中心的 RBF 神经网络学习法。此方法由两个阶段组成：一是自组织学习阶段，此阶段为无监督学习过程，求解隐藏层基函数的中心与方差；二是有监督学习阶段，此阶段求解隐藏到输出层之间的权值。

径向基神经网络中常用的径向基函数为高斯函数，因此径向基神经网络的激活函数可表示为

$$R(x_p-c_i)=\exp\left(-\frac{1}{2\sigma^2}\|x_p-c_i\|^2\right) \tag{6-3}$$

式中，$\|x_p-c_i\|$为欧氏范数；c_i为高斯函数的中心；σ为高斯函数的方差。

由图 6-5 所示的径向基神经网络的结构，可得到网络的输出为

$$y_j=\sum_{i=1}^{h}w_{ij}\exp\left(-\frac{1}{2\sigma^2}\|x_p-c_i\|^2\right) \tag{6-4}$$

式中，$x_p=(x_1^p,x_2^p,\cdots,x_m^p)^{\mathrm{T}}$为第 p 个输入样本；$p=1,2,\cdots,P$，P 为样本总数；c_i 为网络隐藏层节点的中心；w_{ij} 为隐藏层到输出层的连接权值；$i=1,2,\cdots,h$ 为隐藏层节点数；y_j 是与输入样本对应的网络的第 j 个输出节点的实际输出。

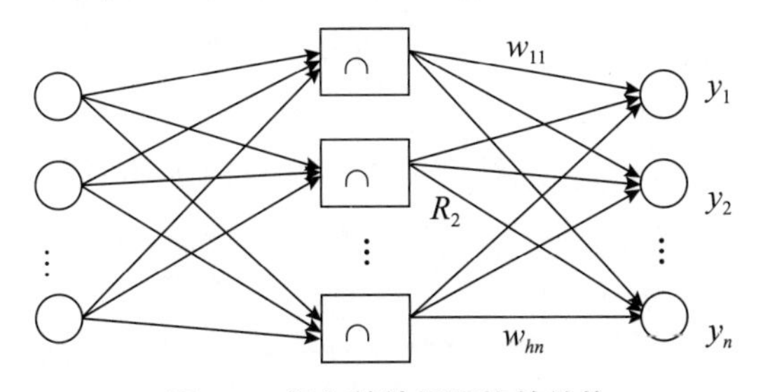

图 6-5　径向基神经网络的结构

设$\boldsymbol{d}$为样本的期望输出值，那么基函数的方差可表示为

$$\sigma = \frac{1}{P}\sum_{j}^{m}\left\|d_j - y_j c_i\right\|^2 \tag{6-5}$$

学习算法具体步骤如下。

（1）基于K-均值聚类方法求取基函数中心$\boldsymbol{c}$。

① 网络初始化：随机选取h个训练样本作为聚类中心$c_i(i=1,2,\cdots,h)$。

② 将输入的训练样本集合按最近邻规则分组：按照$\boldsymbol{x}_p$与中心为c_i之间的欧氏距离将$\boldsymbol{x}_p$分配到输入样本的各个聚类集合$\vartheta_p(p=1,2,\cdots,P)$中。

③ 重新调整聚类中心：计算各个聚类集合ϑ_p中训练样本的平均值，即新的聚类中心c_i，如果新的聚类中心不再发生变化，则所得到的c_i即为RBF神经网络最终的基函数中心，否则返回②，进行下一轮的中心求解。

（2）求解方差σ_i。

该RBF神经网络的基函数为高斯函数，因此方差σ_i可由下式求解：

$$\sigma_i = \frac{c_{\max}}{\sqrt{2h}} \quad i=1,2,\cdots,h \tag{6-6}$$

式中，$c_{\max}$为所选取中心之间的最大距离。

（3）计算隐藏层和输出层之间的权值。

隐藏层至输出层之间神经元的连接权值可以用最小二乘法直接计算得到，计算公式如下：

$$w = \exp\left(\frac{h}{c_{\max}^2}\left\|\boldsymbol{x}_p - c_i\right\|^2\right) \quad p=1,2,\cdots,P; i=1,2,\cdots,h \tag{6-7}$$

6.4 RBF网络工具箱函数

与其他神经网络一样，神经网络工具箱中也提供了相关函数用于创建、传递、训练、学习RBF网络，下面进行介绍。

1. newrbe( )函数

径向基网络可用于逼近函数。newrbe( )函数能够非常快速地设计径向基网络，其设计向量上的误差为零，函数的语法格式如下。

net = newrbe(P,T,spread)：接收两个或三个参数，参数P为由Q个R元素输入向量组成的R×Q矩阵；T为由Q个S元素目标类向量组成的S×Q矩阵；spread为径向基函数的散布（默认值为1.0），spread越大，函数逼近就越平滑，但过大的散布会导致数值问题。返回参数net为一个新的精确径向基网络。

【例6-1】使用newrbe( )函数，在给定输入P和目标T的情况下设计一个径向基网络。

```
>> %网络的输入和输出
>> P = [1 2 3];
T = [2.0 4.1 5.9];
net = newrbe(P,T);   %建立RBF网络
```

```
>>% 针对新输入对该网络进行仿真
>> P = 1.5;
Y = sim(net,P)
Y =
    2.8054
```

2. newrb( ) 函数

newrb( ) 函数用于设计径向基网络，它将神经元添加到径向基网络的隐藏层，直到它满足指定的均方误差目标。函数的语法格式如下。

net = newrb(P,T,goal,spread,MN,DF)：参数 P 为由 Q 个输入向量组成的 R × Q 矩阵；T 为由 Q 个目标类向量组成的 S × Q 矩阵；goal 为均方误差目标；spread 为径向基函数的散布；MN 为神经元的最大数量；DF 为每次添加进来的网络参数。

spread 越大，函数逼近越平滑，过大的散布值意味着需要大量神经元来拟合快速变化的函数；过小的散布值意味着需要许多神经元来拟合平滑的函数，并且网络可能无法很好地泛化。可尝试使用不同的散布值来调用 newrb，以找到给定问题的最佳值。

【例 6-2】设计一个具有输入 P 和目标 T 的径向基网络。

```
>> % 输入与输出向量
>> P = [1 2 3];
T = [2.0 4.1 5.9];
net = newrb(P,T);            % 创建径向基网络
NEWRB, neurons = 0, MSE = 2.54
>> % 使用一个新的输入对网络进行仿真
P = 1.5;
Y = sim(net,P)
Y =
    2.6755
```

3. newgrnn( ) 函数

广义回归神经网络（grnn）是一种常用于函数逼近的径向基网络，利用 newgrnn( ) 函数可非常快速地将该网络设计出来。函数的语法格式如下。

net = newgrnn(P,T,spread)：参数 P 为由 Q 个输入向量组成的 R × Q 矩阵；T 为由 Q 个目标类向量组成的 S × Q 矩阵；spread 为径向基函数的散布值（默认值为 1.0）。返回值 net 为一个新的广义回归神经网络。

spread 越大，函数逼近越平滑。要非常紧密地拟合数据，请使用小于输入向量之间典型距离的 spread 值。要更平滑地拟合数据，请使用更大的 spread 值。

【例 6-3】在给定输入 P 和目标 T 的情况下设计一个广义回归神经网络。

```
>> % 输入与输出向量
>> P = [1 2 3];
T = [2.0 4.1 5.9];
net = newgrnn(P,T);        % 创建广义回归网络
>> % 针对新输入对该网络进行仿真
P = 1.5;
```

```
Y = sim(net,P)
Y =
    3.3667
```

4. newpnn( ) 函数

newpnn 函数用于建立概率神经网络（PNN）。该网络与前面 3 个网络最大的区别在于，第二层不再是线性层而是竞争层，并且竞争层没有阈值，其他与 newrbe 相同，因此 PNN 网络主要用于解决分类问题。

为网络提供一个输入向量后，首先，RBF 神经网络层计算该输入向量同样本输入向量之间的距离 ||dist||，该层的输出为一个距离向量；竞争层接收距离向量的输入，计算每个模式出现的概率，竞争传递函数的最大概率对应输出为 1，否则为 0。

【例 6-4】使用 newpnn( ) 对给定的输入向量 P 和 Tc，创建一个概率神经网络。

```
>> T = ind2vec(Tc)   %将数据索引转换为向量组
net = newpnn(P,T);
Y = sim(net,P)
T =
   (1,1)        1
   (2,2)        1
   (3,3)        1
   (2,4)        1
   (2,5)        1
   (3,6)        1
   (1,7)        1
Y =
     1     0     0     0     0     0     1
     0     1     0     1     1     0     0
     0     0     1     0     0     1     0
>> Yc = vec2ind(Y) %将向量组转换为数据索引
Yc =
     1     2     3     2     2     3     1
```

5. radbas( ) 函数

radbas( ) 是神经传递函数，传递函数根据层的净输入，计算层的输出。函数的语法格式如下。

A = radbas(N,FP)：（接收一个或两个输入）参数 N 为由净输入（列）向量 S × Q 组成的矩阵；FP 为由函数参数组成的结构体（已忽略）。返回参数 A 是应用于 N 的每个元素的径向基函数的 S × Q 矩阵。

【例 6-5】创建 radbas( ) 传递函数图。

```
>> n = -5: 0.1: 5;
a = radbas(n);
plot(n,a)        %传递函数 radbas( ) 波形
                 %如图 6-6 所示
```

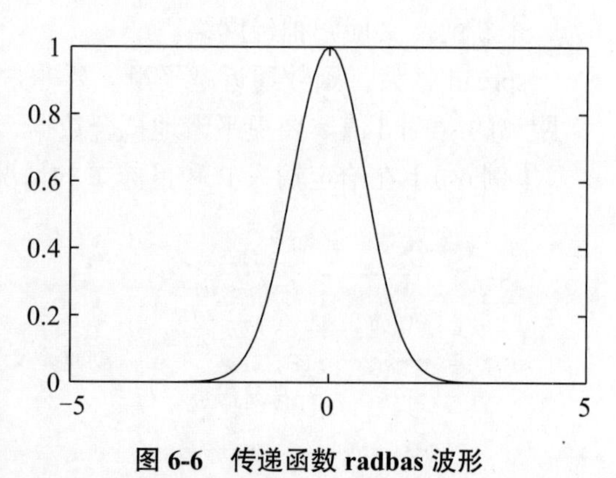

图 6-6　传递函数 radbas 波形

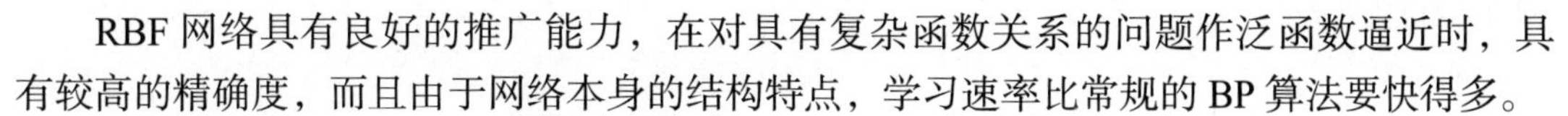

6.5 RBF 网络的应用

RBF 网络具有良好的推广能力，在对具有复杂函数关系的问题作泛函数逼近时，具有较高的精确度，而且由于网络本身的结构特点，学习速率比常规的 BP 算法要快得多。

曲线拟合是用连续曲线近似地刻画或比拟平面上离散点组所表示的坐标间的函数关系，是用解析表达式比拟离散数据的一种方法。

RBF 网络在完成函数逼近任务时速度最快，结构也比较简单。

【例 6-6】使用 newrb( ) 函数创建一个径向基网络，该网络可逼近由一组数据点定义的函数。

```
>> % 定义 21 个输入 P 和相关目标 T
X = -1: .1: 1;
T = [-.9602 -.5770 -.0729  .3771  .6405  .6600  .4609 ...
      .1336 -.2013 -.4344 -.5000 -.3930 -.1647  .0988 ...
      .3072  .3960  .3449  .1816 -.0312 -.2189 -.3201];
plot(X,T,'+');      % 显示训练向量如图 6-7 所示
title(' 训练向量 ');
xlabel(' 输入向量 P');
ylabel(' 目标向量 T');
```

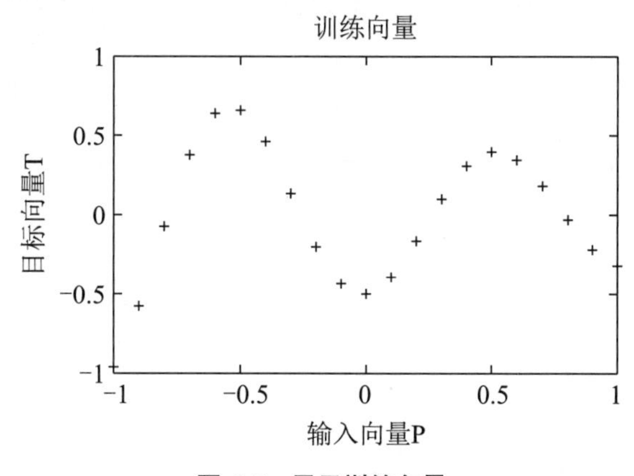

图 6-7 显示训练向量

在实例中，希望找到一个可拟合这 21 个数据点的函数，可以使用径向基网络来实现。径向基网络具有两个层，分别是径向基神经元的隐藏层和线性神经元的输出层。以下是隐藏层使用的径向基传递函数。

```
>> x = -3: .1: 3;
a = radbas(x);
plot(x,a)         % 径向基传递函数如图 6-8 所示
title(' 径向基传递函数 ');
xlabel(' 输入 p');
ylabel(' 输出 a');
```

隐藏层中每个神经元的权重和偏置定义了径向基函数的位置和宽度。各线性输出神经元形成了这些径向基函数的加权和。利用每层的正确权重和偏置值，以及足够的隐藏层神

经元，径向基网络可以以任意精度拟合任何函数。以下是三个径向基函数（蓝色点线）经过缩放与求和后生成一个函数（品红色实线）的实例（本书为黑白印刷，具体颜色效果以程序运行为准）。

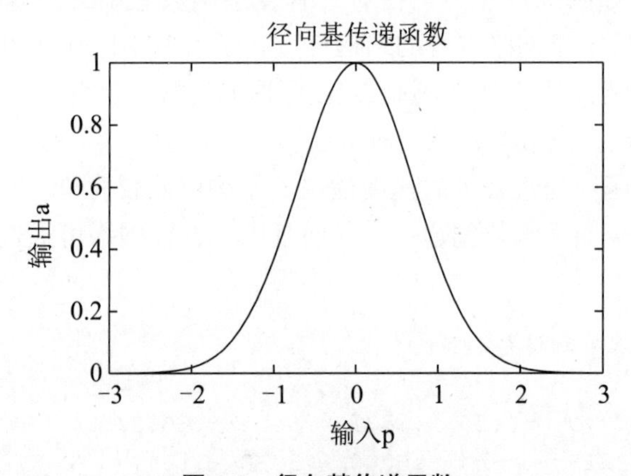

图 6-8 径向基传递函数

```
>> a2 = radbas(x-1.5);
a3 = radbas(x+2);
a4 = a + a2*1 + a3*0.5;
plot(x,a,'b.',x,a2,'b--',x,a3,'b-.',x,a4,'m-')   %径向基传递函数的加权和效果
                                                 %如图 6-9 所示
title('径向基传递函数的加权和');
xlabel('输入p');
ylabel('输出a');
```

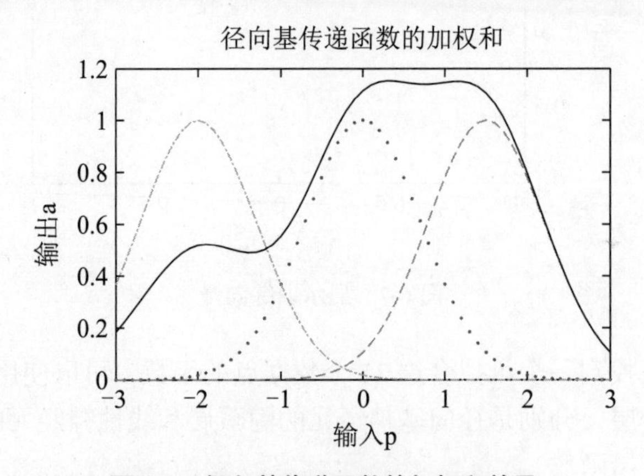

图 6-9 径向基传递函数的加权和效果

newrb( ) 函数可快速创建一个逼近由 P 和 T 定义的函数的径向基网络。除了训练集和目标，newrb( ) 还使用了两个参数，分别为误差平方和目标与分布常数。

```
>> eg = 0.02;              %误差平方和目标
sc = 1;                    %分布常数
net = newrb(X,T,eg,sc);
NEWRB, neurons = 0, MSE = 0.176192
```

想要了解网络性能，可重新绘制训练集，然后仿真网络对相同范围内的输入的响应，最后在同一图上绘制结果，效果如图 6-10 所示。

```
>> plot(X,T,'+');
xlabel(' 输入 ');
X = -1: .01: 1;
Y = net(X);
hold on;
plot(X,Y);
hold off;
legend({' 目标 ',' 输出 '})
```

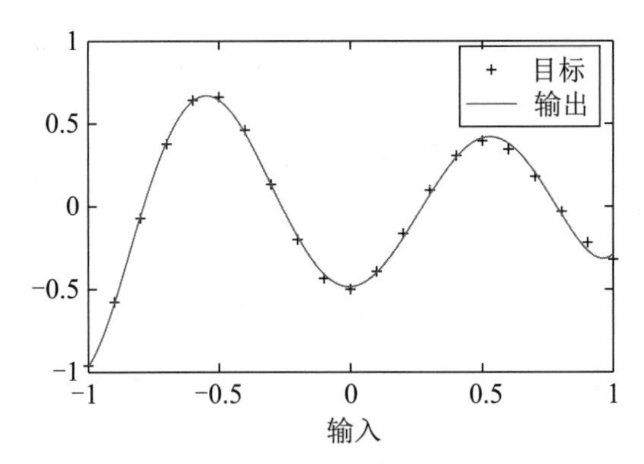

图 6-10 在同一图上绘制新的训练集

【例 6-7】图 6-11 中列出了系统输入 x 和系统输出 y，设计 RBF 网络和 GRNN 网络拟合数据间的函数关系。

x	−9	−8	−7	−6	−5	−4	−3	−2	−1	0	1	2	3	4	5	6	7	8
y	129	−32	−118	−138	−125	−97	−55	−23	−4	2	1	−31	−71	−121	−142	−174	−155	−77

图 6-11 函数拟合的数据

其实现的 MATLAB 代码如下：

```
>> clear all;
x=-9: 8;                  %样本的 x 值
y=[129,-32 -118 -138 -125 -97 -55 -23 -4 2 1 -31 -72 -121 -142 -174
-155 -77];
plot(x,y,'ro');
p=x;
T=y;
tic;                      %计时开始
net=newrb(p,T,0,2);       %创建径向基网络
toc                       %计时结束
xx=-9: 0.2: 8;
yy=sim(net,xx);           %径向基网络仿真
hold on;
plot(xx,yy);
```

```
tic;                      %计时开始
net2=newgrnn(p,T,0.5);    %设计广义回归网络
toc;                      %计时结束
yy2=sim(net,xx);          %广义回归网络仿真
plot(xx,yy2,'.-k');
legend('原始数据','径向基拟合','广义回归拟合');
```

运行程序，输出如下，RBF 网络与 GRNN 网络的对比如图 6-12 所示。

```
NEWRB, neurons = 0, MSE = 5338.8
时间已过 1.989206 秒。
时间已过 0.289775 秒。
```

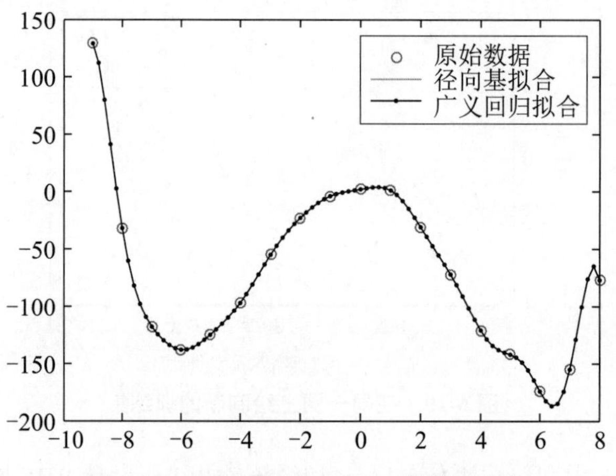

图 6-12　RBF 网络与 GRNN 网络的对比

【例 6-8】通过径向基神经元欠叠和径向基神经元过叠，研究分布常数如何影响径向基网络的设计过程。

1）径向基神经元欠叠

径向基网络被训练为用目标输出响应特定输入。因为径向基神经元的分布程度太低，所以网络需要许多神经元。

```
>> %定义 21 个输入 P 和相关目标 T
>> P = -1: .1: 1;
T = [-.9602 -.5770 -.0729  .3771  .6405  .6600  .4609 ...
      .1336 -.2013 -.4344 -.5000 -.3930 -.1647  .0988 ...
      .3072  .3960  .3449  .1816 -.0312 -.2189 -.3201];
```

newrb( ) 函数可快速创建一个逼近由 P 和 T 定义的函数的径向基网络。除了训练集和目标，newrb( ) 还使用了两个参数，分别为误差平方和目标与分布常数。径向基神经元的分布常数设置得非常小。

```
>> eg = 0.02;             %误差平方和目标
sc = .01;                 %分布常数
net = newrb(P,T,eg,sc);
NEWRB, neurons = 0, MSE = 0.176192
```

接着，要检查网络是否以平滑方式拟合该函数。先定义另一组测试输入向量，并用这些新输入对网络进行仿真，将结果绘制在与训练集相同的图上。测试向量显示该函数已过拟合，如果有更高的分布常数，网络可以做得更好。

```
>> X = -1: .01: 1;
Y = net(X);
hold on;
plot(X,Y);
hold off;
```

运行程序，径向基神经元欠叠拟合效果如图 6-13 所示。

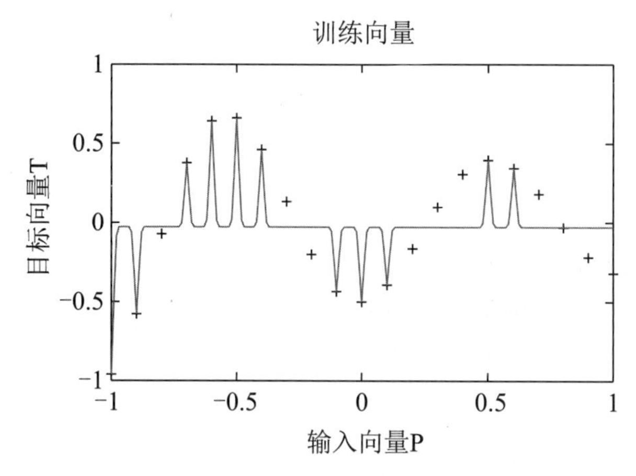

图 6-13　径向基神经元欠叠拟合效果

2）径向基神经元过叠

径向基网络被训练为用目标输出响应特定输入。然而，由于径向基神经元的分布程度太高，每个神经元的响应基本相同，因此无法设计网络。

newrb( ) 函数可快速创建一个逼近由 P 和 T 定义的函数的径向基网络。除了训练集和目标，newrb( ) 还使用了两个参数，分别为误差平方和目标与分布常数。径向基神经元的分布常数设置得非常大。

```
>> eg = 0.02;          %误差平方和目标
sc = 100;              %分布常数
net = newrb(P,T,eg,sc);
NEWRB, neurons = 0, MSE = 0.176192
```

由于径向基神经元的输入区域有很大的重叠，故 newrb( ) 无法正确设计径向基网络。所有神经元始终输出 1，因此不能用于产生不同响应。要查看网络在训练集上的表现，可使用原始输入对网络进行仿真，将结果绘制在与训练集相同的图上。

```
>> Y = net(P);
hold on;
plot(P,Y);
hold off;
```

运行程序，径向基神经元过叠拟合效果如图 6-14 所示。

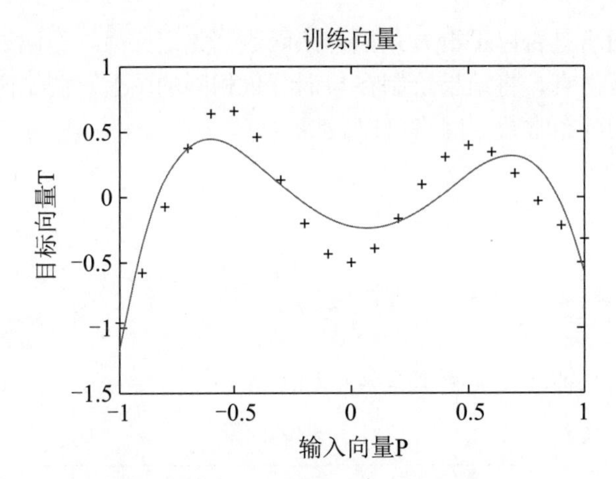

图 6-14 径向基神经元过叠拟合效果

【例 6-9】用 RBF 网络拟合如下的未知函数：

$$f(x)=20+x_1^2-10\cos(2\pi x_1)+x_2^2-10\cos(2\pi x_2)$$

解析：实例首先产生输入变量 x_1 、x_2 ，并根据产生的输入变量和未知函数求得输出变量 y 。根据输入变量 x_1 、x_2 和输出变量 y 做 RBF 网络的输入数据和输出数据，建立近似和精确 RBF 网络进行回归分析，并评价拟合效果。

（1）使用 exact 径向基网络来实现非线性的函数回归。

```
%% 清空环境变量
clear
%% 产生输入与输出数据
% 设置步长
interval=0.01;
% 产生 x1,x2
x1=-1.5: interval: 1.5;
x2=-1.5: interval: 1.5;
% 按照函数先求得响应的函数值，作为网络的输出
F=20+x1.^2-10*cos(2*pi*x1)+x2.^2-10*cos(2*pi*x2);
%% 网络建立和训练
% 网络建立，输入为 [x1;x2]，输出为 F,spread 使用默认
net=newrbe([x1;x2],F);
%% 网络的效果验证
% 将原数据回带，测试网络效果
ty=sim(net,[x1;x2]);
%% 使用图像来看网络对非线性函数的拟合效果
figure
plot3(x1,x2,F,'rd');
hold on;
plot3(x1,x2,ty,'b-.');
view(113,36);
title('可视化的方法观察严格的 RBF 神经网络的拟合效果');
xlabel('x1')
ylabel('x2')
```

```
zlabel('F')
grid on
```

运行程序，得到 RBF 网络的相关信息如下：

```
>> net
net =
    Neural Network
              name: 'Radial Basis Network, Exact'
          userdata: (your custom info)
    dimensions:
         numInputs: 1
         numLayers: 2
        numOutputs: 1
    numInputDelays: 0
    numLayerDelays: 0
 numFeedbackDelays: 0
 numWeightElements: 1205
        sampleTime: 1
    connections:
       biasConnect: [1; 1]
      inputConnect: [1; 0]
      layerConnect: [0 0; 1 0]
     outputConnect: [0 1]
    subobjects:
             input: Equivalent to inputs{1}
            output: Equivalent to outputs{2}
            inputs: {1x1 cell array of 1 input}
            layers: {2x1 cell array of 2 layers}
           outputs: {1x2 cell array of 1 output}
            biases: {2x1 cell array of 2 biases}
      inputWeights: {2x1 cell array of 1 weight}
      layerWeights: {2x2 cell array of 1 weight}
    functions:
          adaptFcn: (none)
        adaptParam: (none)
          derivFcn: 'defaultderiv'
         divideFcn: (none)
       divideParam: (none)
        divideMode: 'sample'
           initFcn: 'initlay'
        performFcn: 'mse'
      performParam: .regularization, .normalization
          plotFcns: {}
        plotParams: {1x0 cell array of 0 params}
          trainFcn: (none)
        trainParam: (none)
    weight and bias values:
                IW: {2x1 cell} containing 1 input weight matrix
```

```
                    LW: {2x2 cell} containing 1 layer weight matrix
                     b: {2x1 cell} containing 2 bias vectors
    methods:
                 adapt: Learn while in continuous use
             configure: Configure inputs & outputs
                gensim: Generate Simulink model
                  init: Initialize weights & biases
               perform: Calculate performance
                   sim: Evaluate network outputs given inputs
                 train: Train network with examples
                  view: View diagram
           unconfigure: Unconfigure inputs & outputs
    evaluate:           outputs = net(inputs)
```

exact 径向基网络拟合效果如图 6-15 所示。

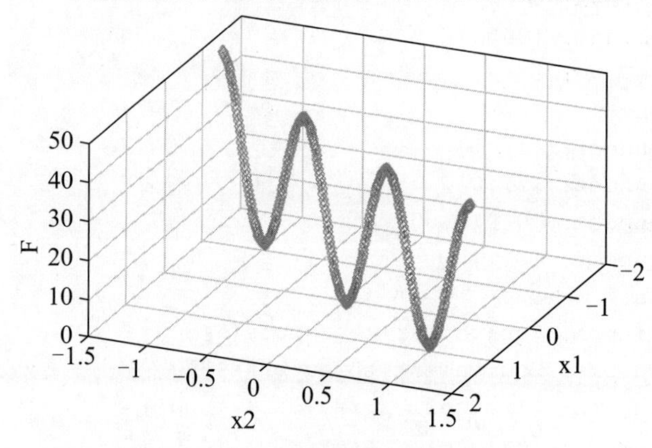

图 6-15　exact 径向基网络拟合效果

（2）用 approximate RBF 网络对同一函数进行拟合。

```
>> clear all;
% 产生训练样本（训练输入，训练输出）
%ld 为样本例数
ld=400;
% 产生 2*ld 的矩阵
x=rand(2,ld);
% 将 x 转换到 (-1.5 1.5) 区间
x=(x-0.5)*1.5*2;
%x 的第一行为 x1, 第二行为 x2
x1=x(1,:);
x2=x(2,:);
% 计算网络输出 F 值
F=20+x1.^2-10*cos(2*pi*x1)+x2.^2-10*cos(2*pi*x2);
% 建立 RBF 神经网络
% 采用 approximage RBF 神经网络，spread 为默认值
net=newrb(x,F);
```

```
%建立测试样本
interval=0.1;
[i,j]=meshgrid(-1.5: interval: 1.5);
row=size(i);
tx1=i(:);
tx1=tx1';
tx2=j(:);
tx2=tx2';
tx=[tx1;tx2];
%使用建立的 RBF 网络进行模拟，得到网络输出
ty=sim(net,tx);
%使用图像，给出三维图
interval=0.1;
[x1,x2]=meshgrid(-1.5: interval: 1.5);
F=20*x1.^2-10*cos(2*pi*x1)+x2.^2-10*cos(2*pi*x2);
subplot(131);mesh(x1,x2,F);
title('真正的函数图像');
%网络得出的函数图像
v=reshape(ty,row);
subplot(1,3,2);mesh(i,j,v);
zlim([0 60]);
title('RBF 神经网络图像');
%误差图像
subplot(1,3,3);mesh(x1,x2,F-v);
zlim([0 60]);
title('误差图像');
```

运行程序，输出如下，approximate RBF 神经网络拟合效果如图 6-16 所示。

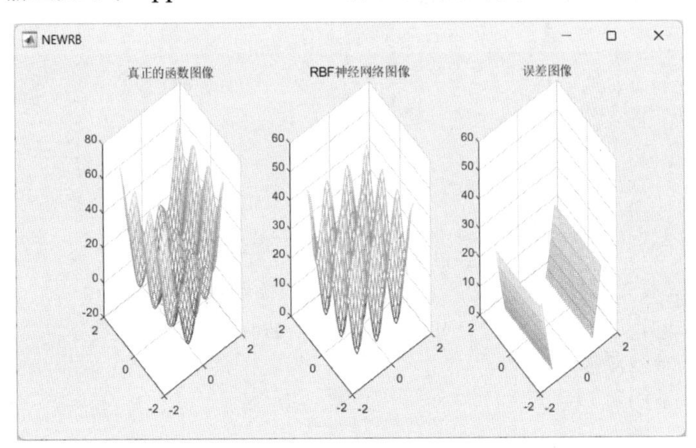

图 6-16　approximate RBF 神经网络拟合效果

```
NEWRB, neurons = 0, MSE = 103.386
NEWRB, neurons = 50, MSE = 4.66647
NEWRB, neurons = 100, MSE = 0.000729175
NEWRB, neurons = 150, MSE = 6.4811e-06
NEWRB, neurons = 200, MSE = 1.52879e-06
```

```
NEWRB, neurons = 250, MSE = 9.56834e-07
NEWRB, neurons = 300, MSE = 1.3385e-07
NEWRB, neurons = 350, MSE = 5.92427e-08
NEWRB, neurons = 400, MSE = 6.68313e-08
```

由图 6-15 及图 6-16 可知，神经网络的训练结果能较好地逼近该非线性函数 F，从图 6-15 中的误差图上看，神经网络的预测效果在数据边缘处的误差较大，在其他数值处的拟合效果很好。网络的输出和函数值之间的差值在隐藏层神经元的个数为 100 时已经接近 0，说明网络输出能非常好地逼近函数。

【例 6-10】用 PNN 完成如图 6-17 所示的两类模式的分类。

解析：将正方形规定为第 1 类模式，三角形规定为第 2 类模式。用 (p_1, p_2) 代表各模式样本的位置，形成相应的输入向量。

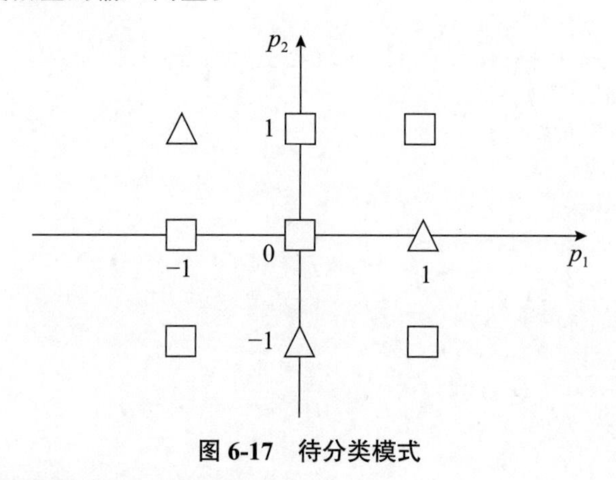

图 6-17　待分类模式

设计 PNN 的 MATLAB 程序代码如下：

```
>>clear all;
% 定义输入向量和目标向量
p=[0 0 0 1 1 1 -1 -1 -1;0 1 -1 0 1 -1 0 1 -1];
t=[1 1 2 2 1 1 1 2 1];
t=ind2vec(t);
% 设计 PNN
t1=clock;                    % 计时开始
net=newpnn(p,t,0.7);
datat=etime(clock,t1)     % 计算设计网络所用的时间
% 存储训练好的神经网络
save M6_10 net;
```

运行程序，输出网络设计时间如下：

```
datat =
    0.6330
```

实现 PNN 的 MATLAB 仿真程序如下：

```
>> clear all;
% 定义待测试样本输入向量
```

```
p=[0 0 0 1 1 1 -1 -1 -1;0 1 -1 0 1 -1 0 1 -1];
% 加载训练好的神经网络
load M6_10 net;
% 神经网络仿真，对待测试样本进行分类
y=sim(net,p);
yc=vec2ind(y)
```

运行程序，输出如下：

```
yc =
     1     1     2     2     1     1     1     2     1
```

从结果可以看出，PNN很好地完成了分类。读者如果有兴趣，可以尝试用不同的径向基扩展常数spread设计该网络，看看分类结果有什么不同。

第7章 反馈神经网络分析与应用

CHAPTER 7

反馈神经网络（Recurrent Network）也称为递归网络或回归网络，其输入包含有延迟的输入或者输出数据的反馈。这种系统的学习过程就是它的神经元状态的变化过程，最终会达到一个神经元状态不变的稳定态，也标志着学习过程结束。反馈网络的反馈形式很多，如输入延迟、单层输出反馈、神经元自反馈、两层之间互相反馈等。

典型的反馈神经网络有 Elman 网络、Hopfield 网络、CG 网络模型、盒中脑（BSB）模型和双向联想记忆（BAM）等，本章主要对 Elman 网络和 Hopfield 网络这两种网络进行介绍。

7.1 静态与反馈网络

反馈网络包括输入延迟和输出反馈两种类型，其他网络称为静态网络。下面通过一个例子来演示它们的区别。

【例 7-1】静态网络和反馈网络对同一个输入序列的不同响应。

```
>>clear all
% 输入的序列
p={0 0 0 1 1 1 0 0 0 0 0};
% 画出序列图
stem(cell2mat(p));
```

输入序列图如图 7-1 所示。接下来，创建一个静态网络，并且得出这个静态网络对该序列的响应。用下面的命令创建一个单层、单神经元、没有偏置值、权值为 2 的线性网络。

```
>>clear all;
% 创建一个单层的线性网络
net=newlin([-1 1],1);
% 偏置值为 0
net.biasConnect=0;
% 权值为 2
net.iw{1,1}=2;
```

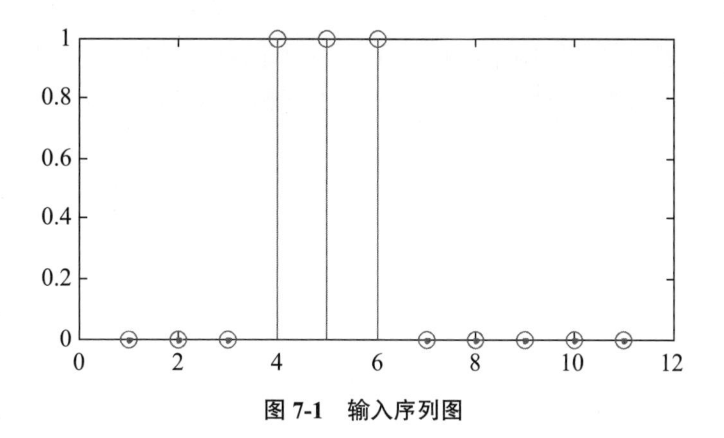

图 7-1 输入序列图

用上面创建的线性网络仿真输入序列，并画出序列图，如图 7-2 所示。

```
% 网络仿真
A=sim(net,p);
% 画出序列图
stem(cell2mat(A));
```

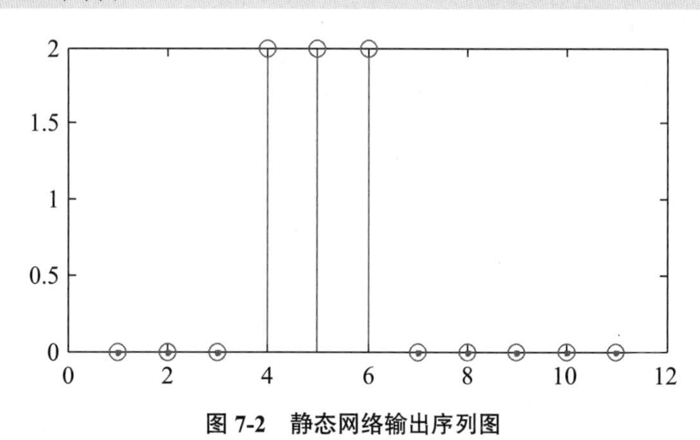

图 7-2 静态网络输出序列图

图 7-2 是静态线性网络对输入序列的仿真结果，从图中可以看出，静态网络的响应所持续的时间和输入序列一样，即静态网络在任意时间点的响应只依赖于同一时间点的输入。

接下来，创建一个反馈网络。这个反馈网络相当于一个输入有延迟的单层、单神经元的线性网络。

```
% 创建输入有延迟的反馈网络
net=newlin([-1 1],1,[0 1]);
% 偏置值为 0
net.biasConnect=0;
% 网络权值为 [1 1]
net.iw{1,1}=[1 1];
% 再一次用该网络仿真输入序列
A=sim(net,p);
stem(cell2mat(A));   % 效果如图 7-3 所示
```

从图 7-3 可以看出，反馈网络的响应在时间上延迟得比输入序列要长，因为反馈网络在任意时刻的响应不仅依赖于当前的输入，也依赖于以前的输入，所以它是有记忆效应的。

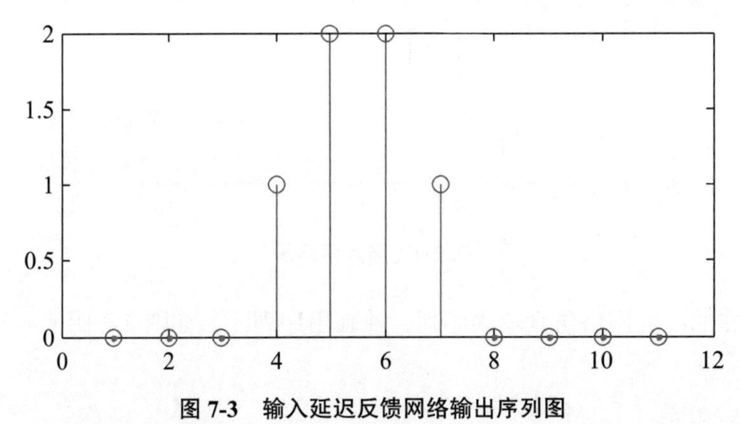

图 7-3　输入延迟反馈网络输出序列图

现在考虑一个输入中包括输出反馈的网络，即层反馈的网络。可以利用 MATLAB 提供的 newnarx 函数创建反馈网络。

```
%创建单层、单神经元、输出层延迟为 1 的层反馈网络
net=newnarx([-1 1],0,1,1 {'purelin'});
%偏置为 0，输出层权值为 0.5，输入层权值为 1
net.biasConnect=0;
net.lw{1}=0.5;
net.iw{1}=1;
%对输入序列仿真
A=sim(net,p);
stem(cell2mat(A))   %效果如图 7-4 所示
```

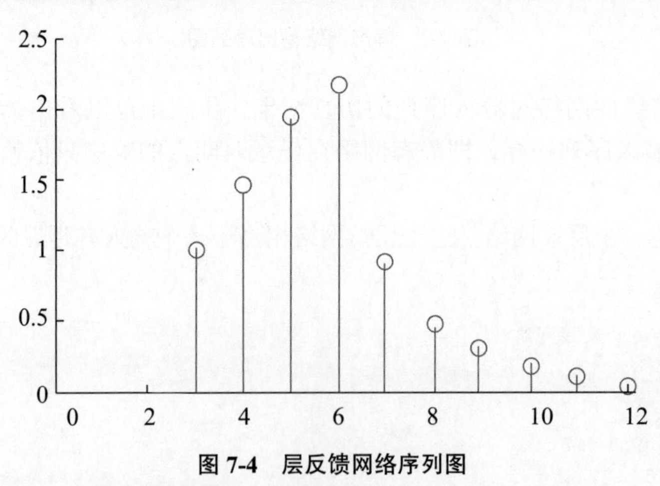

图 7-4　层反馈网络序列图

从图 7-4 可以看出，层反馈网络比输入延迟反馈网络有一个更长的输出响应，这是因为前者在时间上输出总是要晚于输入，所以输出有反馈的层反馈网络的输出响应延迟的时间比输入有延迟的反馈网络长。

7.2 Elman 神经网络

7.2.1 Elman 神经网络特点

Elman 神经网络是一种典型的动态递归神经网络，它是在 BP 网络基本结构的基础上，在隐藏层增加了一个承接层，作为一个延时算子，以达到记忆的目的，从而使系统具有适应时变特性的能力，增强了网络的全局稳定性，它比前馈型神经网络具有更强的计算能力，还可以用来解决快速寻优问题。

7.2.2 Elman 神经网络结构

Elman 神经网络一般分为 4 层：输入层、隐藏层、承接层、输出层。其输入层、隐藏层和输出层的连接类似于前向网络，输入层的单元仅起信号传输作用，输出层单元起线性加权作用。隐藏层单元的传递函数可采用线性或非线性函数，承接层又称为上下文层或状态层，它用来记忆隐藏层单元前一时刻的输出值并返回给输入，可以认为是一个一步延时算子。

隐藏层的输出通过承接层的延迟与存储，自连到隐藏层的输入，这种自连方式使其对历史数据具有敏感性，内部反馈网络的加入增加了网络本身处理动态信息的能力，从而达到动态建模的目的。Elman 网络结构如图 7-5 所示。

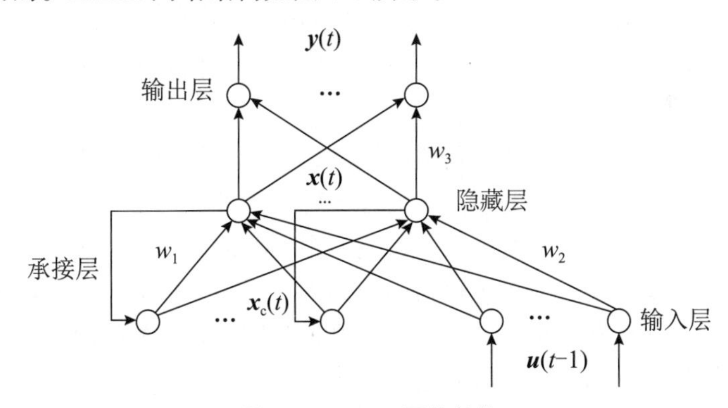

图 7-5　Elman 网络结构

7.2.3 Elman 神经网络的学习过程

Elman 神经网络的非线性状态空间表达式为

$$\boldsymbol{y}(k)=g(w_3\boldsymbol{x}(k))$$

$$\boldsymbol{x}(k)=f(w_1\boldsymbol{x}_{\mathrm{c}}(k)+w_2(\boldsymbol{u}(k-1)))$$

$$\boldsymbol{x}_k(k)=\boldsymbol{x}(k-1)$$

式中，$\boldsymbol{y}$ 表示 m 维输出节点向量；$\boldsymbol{x}$ 表示 n 维隐藏层节点单元向量；$\boldsymbol{u}$ 表示 r 维输入向量，$\boldsymbol{x}_{\mathrm{c}}$ 为 n 维反馈状态向量；w_1、w_2、w_3 分别表示隐藏层到输出层、输入层到隐藏层、承接层到隐藏层的连接权值；$g(\ )$ 为输出神经元的传递函数，是隐藏层输出的线性组合；$f(\ )$ 为隐藏层神经元的传递函数，常采用 S 函数。

Elman 网络也采用 BP 算法进行权值修正，学习指标函数采用误差平方和函数：

$$E(w)=\sum[y_k(w)-\tilde{y}_k(w)]^2$$

式中，$\tilde{y}_k(w)$ 为目标输出向量。

Elman 网络是典型的动态神经元网络，从理论上讲，Elman 网络隐藏层的神经元数目是任意选定的，随着问题复杂性不断提高，需要在隐藏层增加更多的神经元以提高网络的精度和速度。

Elman 网络能够内部反馈、存储和利用过去时刻的输出信息，既可以实现静态系统的建模，又可以实现动态系统的映射并直接反映系统的动态特性，在计算能力及网络稳定性方面都比 BP 神经网络更胜一筹。

但值得注意的是，Elman 网络算法采用梯度下降法，存在训练速度慢和容易陷入局部极小点的缺点，对神经网络的训练较难达到全局最优。

7.2.4 Elman 神经网络的应用

1. Elman 在电力负荷预测中的应用

电力负荷预测的核心问题是预测的技术问题，或者说是预测的数学模型。传统的数学模型是用现成的数学表达式进行描述，具有计算量小、速度快的优点，但同时存在很多缺陷和局限性，如不具备自学习、自适应能力，预测系统的鲁棒性没有保障等。特别是随着经济的发展，电力系统的结构日趋复杂，电力负荷变化的非线性、时变性和不确定性的特点更加明显，所以很难建立一个合适的数学模型来清晰地表达负荷和影响负荷的变量之间的关系。基于神经网络的非数学模型预测法，为弥补数学模型法的不足提供了新的思路。

利用人工神经网络对电力系统负荷进行预测，实际上是利用人工神经网络可以通过历史数据建模逼近任一非线性函数的特点。而在各种人工神经网络中，反馈神经网络由于具有输入延迟，故适合应用于电力系统负荷预测。根据负荷的数据，选定反馈神经网络的输入、输出节点，以此来反映电力系统负荷运行的内在规律，从而达到预测未来时段负荷的目的。因此，用人工神经网络对电力系统负荷进行预测，首要的问题是确定神经网络的输入、输出节点，使其能反映电力负荷的运行规律。

【例 7-2】一般来说，电力系统的高峰通常出现在每天的 9 ～ 19 时，本例只对每天上午的逐时负荷进行预测，即预测每天 9 ～ 11 时共 3 小时的负荷数据。电力系统负荷数据如表 7-1 所列，表中数据为真实数据，已经过归一化。

表 7-1 电力系统负荷数据

时间	负荷数据			时间	负荷数据		
2008.10.10	0.1291	0.4842	0.7976	2008.10.15	0.1719	0.6011	0.754
2008.10.11	0.1084	0.4579	0.8187	2008.10.16	0.1237	0.4425	0.8031
2008.10.12	0.1828	0.7977	0.743	2008.10.17	0.1721	0.6252	0.7626
2008.10.13	0.122	0.5468	0.8084	2008.10.18	0.1432	0.5845	0.7942
2008.10.14	0.113	0.3636	0.814				

利用前 8 天的数据作为网络的训练样本，每 3 天的负荷作为输入向量，第 4 天的负荷作为目标向量。这样可以得到 5 组训练样本。第 9 天的数据作为网络的测试样本，验证网

络能否合理预测出当前的负荷数据。

其实现的 MATLAB 代码如下：

```
>> clear all;
a=[0.1291 0.4842 0.7976;0.1084 0.4579 0.8187;0.1828 0.7977 0.743;...
    0.122 0.5468 0.8048;0.113 0.3636 0.814;0.1719 0.6011 0.754;...
    0.1237 0.4425 0.8031;0.1721 0.6152 0.7626;0.1432 0.5845 0.7942];
for i=1: 6
    p(i,:)=[a(i,:),a(i+1,:),a(i+2,:)];
end
%训练数据输入
p_train=p(1: 5,:);
%训练数据输出
t_train=a(4: 8,:);
%测试数据输入
p_test=p(6,:);
%测试数据输出
t_test=a(9,:);
%为适应网络结构做转置
p_train=p_train';
t_train=t_train';
p_test=p_test';
%网络的建立和训练
%利用循环，设置不同的隐藏层神经元个数
nn=[7 11 14 18];
for i=1: 4
    threshold=[0 1;0 1;0 1;0 1;0 1;0 1;0 1;0 1;0 1];
    %建立Elman神经网络，隐藏层为nn(i)个神经元
    net=newelm(threshold,[nn(i),3],{'tansig','purelin'});
    %设置网络训练参数
    net.trainparam.epochs=1000;
    net.trainparam.show=20;
    %初始化网络
    net=init(net);
    %Elman网络训练，训练过程如图7-6所示
    net=train(net,p_train,t_train);
    %预测数据
    y=sim(net,p_test);
    %计算误差
    error(i,:)=y'-t_test;
end
%通过作图，观察当隐藏层神经元个数不同时，网络的预测效果如图7-7所示
plot(1: 1: 3,error(1,:),'-ro');
hold on;
plot(1: 1: 3,error(2,:),'b: x');
hold on;
plot(1: 1: 3,error(3,:),'k-.s');
hold on;
```

```
plot(1: 1: 3,error(4,:),'c--d');
hold on;
title('Elman 预测误差图 ');
set(gca,'Xtick',[1: 3]);
legend('7','11','14','18');
xlabel(' 时间点 ');ylabel(' 误差 ');
hold off;
```

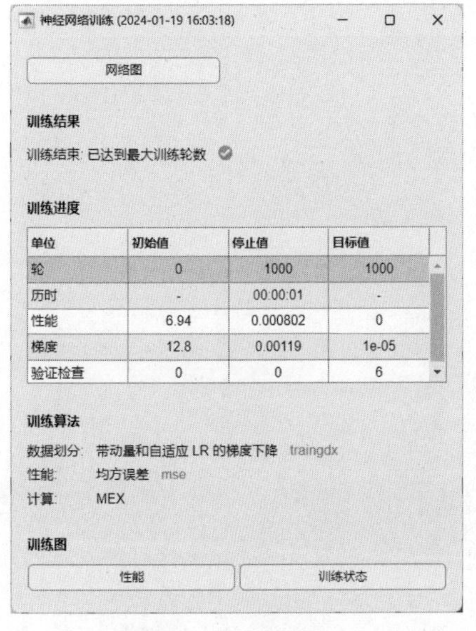

图 7-6 训练过程

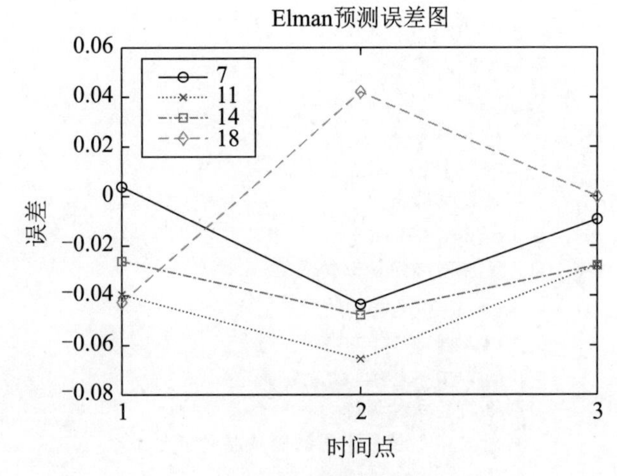

图 7-7 预测效果

如果想观察其训练状态，可单击图 7-6 中的“训练状态”按钮，即可显示其状态过程，如图 7-8 所示。

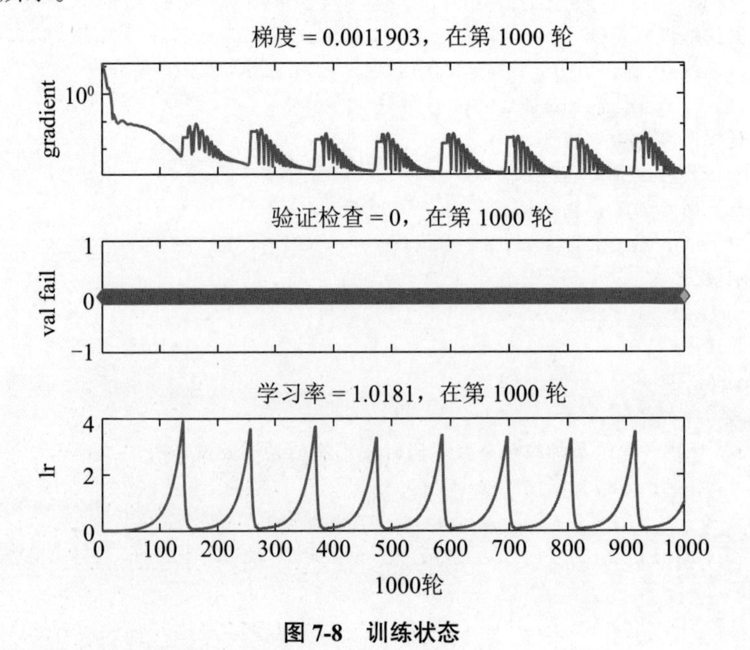

图 7-8 训练状态

由图 7-7 可以看出，网络预测误差还是比较小的，但是隐藏层神经元为 18 时出现了较大的误差，这可能是训练样本太小导致的。当隐藏层神经元为 14 时，网络的预测误差最小，也就是预测性能最好。因此，对于本例，隐藏层神经元的最佳数目应该为 14 个。

2. Elman 在股票预测中的应用

下面的实例针对股票市场这一复杂的非线性动力学系统，着重分析了递归神经网络（Elman）的股价预测模型，将历史数据作为网络的学习样本，找出股价趋势发展的内在规律，并通过仿真实验验证了 Elman 神经网络模型对股市的预测效果。

【例 7-3】本例用 Elman 神经网络预测股价，原始资料是某股票连续 280 天的股价表。采用前 140 期股价作为训练样本，其中每连续 5 天的价格作为训练输入，第 6 天的价格作为对应的期望输出。

```
>> clear all;              % 清除工作空间中的所有变量
% 加载数据
load stock1                % 股价的数据存储在 stock1.mat 文件中
plot(1: 280,stock1);       % 股票涨落情况如图 7-9 所示
xlabel(' 日期 ');ylabel(' 股价 ');
```

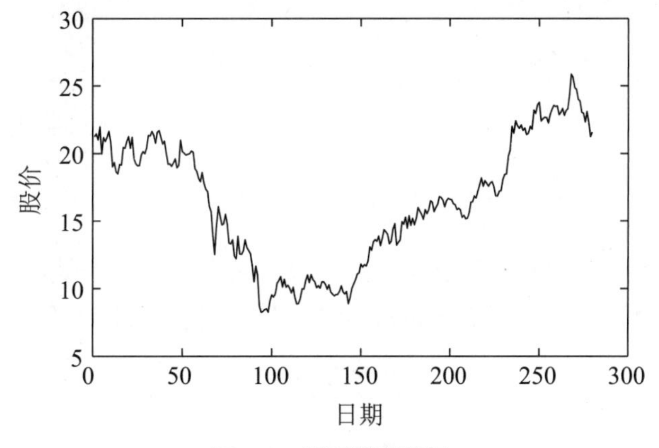

图 7-9　股票涨落情况

实例中采用 newelm 函数创建 Elman 网络，并设置迭代次数为 1000 次，为了取得较好的效果，训练前对数据做归一化处理，最后，用训练数据本身做测试。实现的脚本代码如下：

```
>> % 清理
clear all;
% 加载数据
load stock1
% 归一化处理
mi=min(stock1);
ma=max(stock1);
stock1=(stock1-mi)/(ma-mi);
% 划分训练数据与测试数据：前 140 个为训练样本，后 140 个为测试样本
traindata = stock1(1: 140);
% 训练
```

```
P=[];
for i=1: 140-5
    P=[P;traindata(i: i+4)];
end
P=P';
T=[traindata(6: 140)];                  % 期望输出
% 创建Elman网络
threshold=[0 1;0 1;0 1;0 1;0 1];
net=newelm(threshold,[0,1],[20,1],{'tansig','purelin'});
% 开始训练
net.trainParam.epochs=1000;             % 设置迭代次数
% 初始化
net=init(net);
net=train(net,P,T);
% 保存训练好的网络
save stock3 net
% 使用训练数据测试一次
y=sim(net,P);
error=y-T;
mse(error);
fprintf('error= %f\n', error);
T = T*(ma-mi) + mi;
y = y*(ma-mi) + mi;
plot(6: 140,T,'b-',6: 140,y,'r-');
title('使用原始数据测试');
legend('真实值','测试结果');
```

运行程序，输出如下，训练状态如图7-10所示，测试效果如图7-11所示。

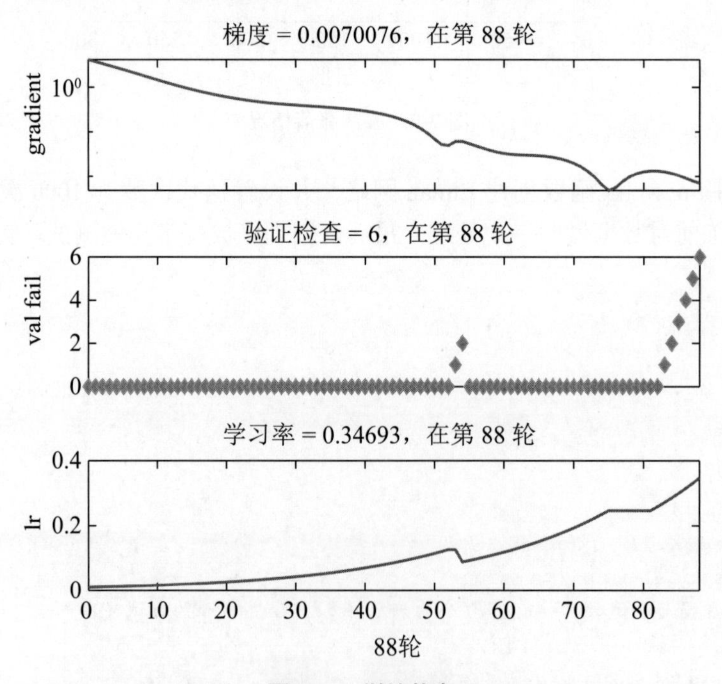

图7-10 训练状态

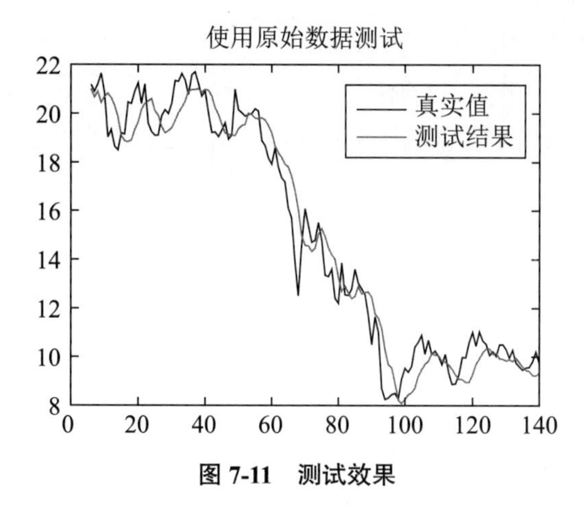

图 7-11　测试效果

```
error= -0.010017
error= -0.013438
error= -0.017591
error= -0.067870
...
error= -0.055206
error= -0.024412
```

此处的训练数据取自原始数据中的前 140 期，后 140 期则作为测试数据。训练好的网络保存在 stock3.mat 文件中，实现代码如下：

```
>> clear all;                % 清除工作空间变量
% 加载数据
load stock3                  % 前面保存的训练好的 Elman 网络
load stock1
% 归一化处理
mi=min(stock1);
ma=max(stock1);
testdata = stock1(141: 280);
testdata=(testdata-mi)/(ma-mi);
% 用后 140 期数据做测试
Pt=[];
for i=1: 135
    Pt=[Pt;testdata(i: i+4)];
end
Pt=Pt';
% 测试
Yt=sim(net,Pt);
% 根据归一化公式将预测数据还原成股票价格
YYt=Yt*(ma-mi)+mi;
% 目标数据 - 预测数据
figure
plot(146: 280, stock1(146: 280), 'r',146: 280, YYt, 'b');
legend(' 真实值 ', ' 测试结果 ');
```

```
title('股价预测测试');
```

运行程序，预测效果如图 7-12 所示。

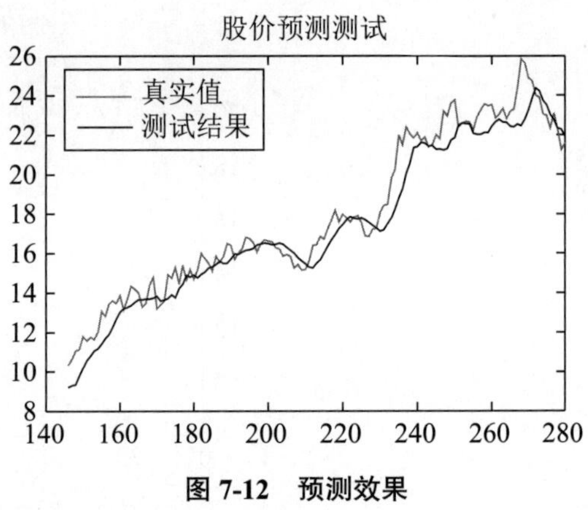

图 7-12　预测效果

也可以采用 elmannet 函数创建 Elman 网络，代码如下：

```
net=elmannet;
```

替换训练脚本中的语句：

```
net=newelm(threshold,[0,1],[20,1],{'tansig','purelin'});
```

训练过程如图 7-13 所示，训练数据本身的仿真结果和测试数据的仿真结果分别如图 7-14 和图 7-15 所示，整体的误差直方图如图 7-16 所示。

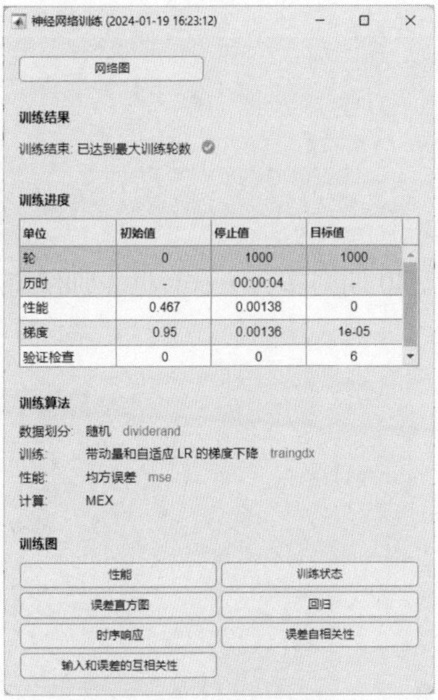

图 7-13　训练过程

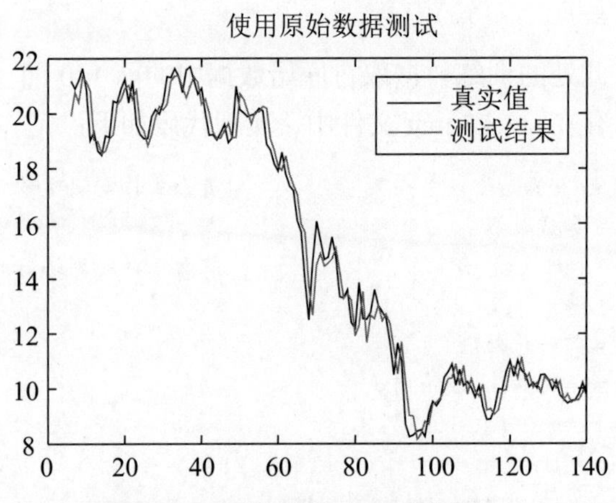

图 7-14　训练数据本身的仿真结果

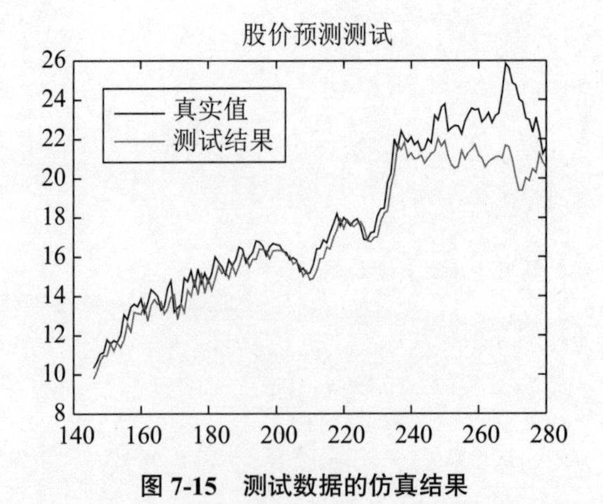

图 7-15　测试数据的仿真结果

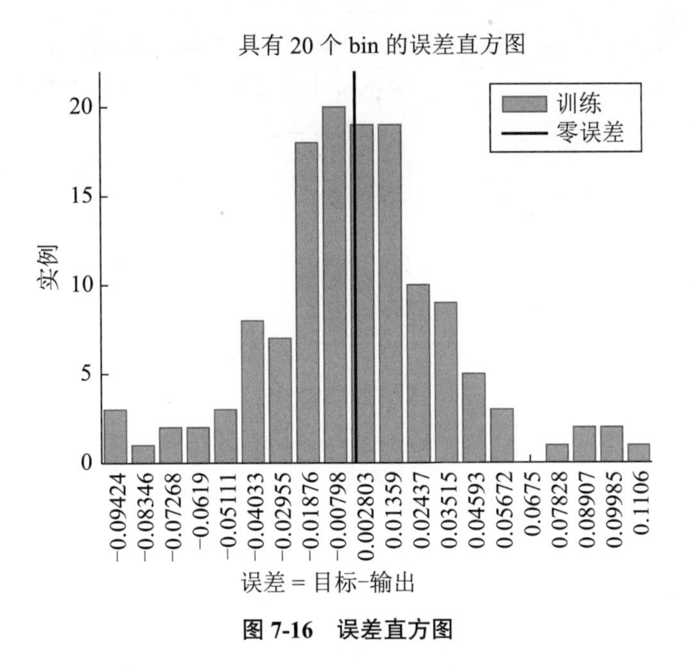

图 7-16 误差直方图

采用从 stock2.mat 文件导入的另一份股价数据进行测试，将测试脚本中的

```
load stock1
```

改为

```
load stock2
stock1=stock2';
```

测试效果也非常好，如图 7-17 所示。

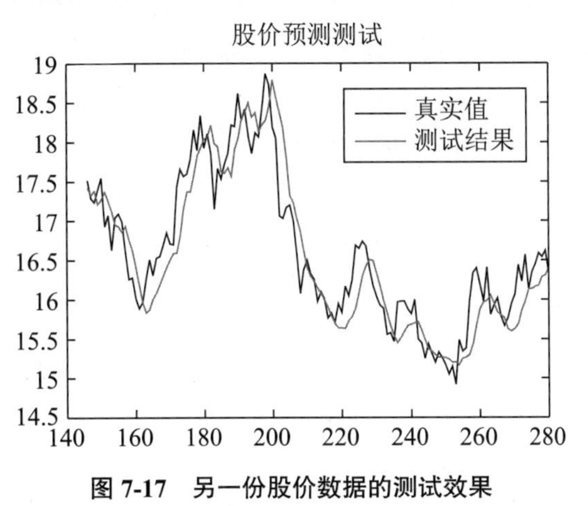

图 7-17 另一份股价数据的测试效果

7.3 离散 Hopfield 神经网络

Hopfield 神经网络是由美国物理学家 J.J Hopfield 于 1982 年首先提出的。Hopfield 是一种全连接型的神经网络，模拟生物神经网络的记忆机理。Hopfield 最早提出的网络是

二值神经网络，神经元的输出只取 1 和 0，所以也称为离散 Hopfield 神经网络（Discrete Hopfield Neural Network，DHNN）。在 DHNN 中，采用的神经元是二值神经元，因此所输出的离散值 1 和 0 分别表示神经元处于激活和抑制状态。

7.3.1 Hopfield 神经网络结构

DHNN 是一种单层的、输入 / 输出为二值的反馈网络。假设一个离散 Hopfield 网络由 3 个神经元组成，其结构如图 7-18 所示。

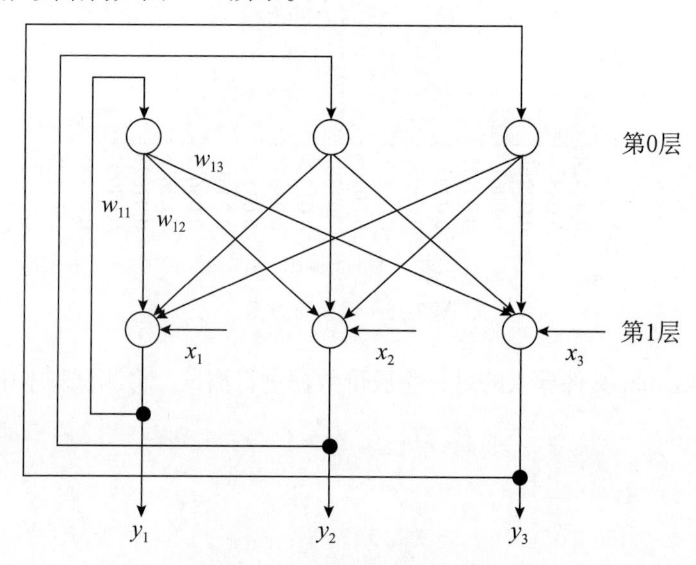

图 7-18 DHNN 网络结构

在图 7-18 中，第 0 层仅作为网络的输入，它不是实际的神经元，所以无计算功能；第 1 层是神经元，对输入信息和权系数乘积求累加和，并经非线性函数 f 处理后产生输出信息。f 是一个简单的阈值函数，如果神经元的输出信息大于阈值 0，那么神经元的输出取值为 1；小于阈值 0，则神经元的输出取值为 0。

二值神经元的计算公式为

$$u_j = \sum_j w_{ij} y_i + x_j$$

其中，x_j 为外部输入。

并且有

$$\begin{cases} y_i = 1, & u_i \geqslant 0 \\ y_i = 0, & u_i < 0 \end{cases}$$

一个 DHNN 的网络状态是输出神经元信息的集合，对于一个输出层是 n 个神经元的网络，其 t 时刻的状态为一个 n 维向量

$$\boldsymbol{Y}(t) = [y_1(t), y_2(t), \cdots, y_n(t)]^{\mathrm{T}}$$

因为 $y_i(t)(i=1,2,\cdots,n)$ 可以取值为 0 或 1，因此 n 维向量 $\boldsymbol{Y}(t)$ 有 2^n 种状态。

对于有三个神经元的 DHNN，它的输出层就是三位二进制数；每个三位二进制数就是一种网络状态，共有 $2^3=8$ 种网络状态，这些网络状态如图 7-19 所示。

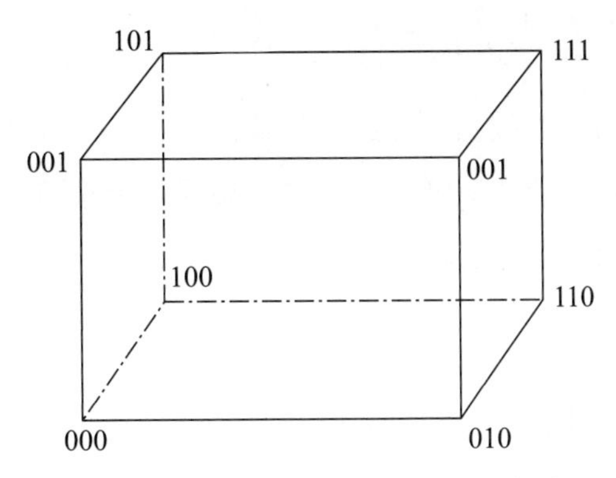

图 7-19　三个神经元 DHNN 的网络状态

在图 7-19 中，立方体的每个顶点表示一种网络状态。同理，对于 n 个神经元的输出层，有 2^n 种网络状态，也与一个 n 维超立方体的顶点相对应。

如果 Hopfield 网络是一个稳定网络，在网络的输入端加入一个输入向量，则网络的状态会产生变化，即从超立方体的一个顶点转向另一个顶点，并且最终稳定于一个特定的顶点。

对于一个由 n 个神经元组成的 DHNN，有 $n \times n$ 维权系数矩阵 $\boldsymbol{W}$

$$\boldsymbol{W}=\{w_{ij}\}, i=1,2,\cdots,n; j=1,2,\cdots,n$$

同时，有 n 维阈值向量 $\boldsymbol{\theta}$

$$\boldsymbol{\theta}=[\theta_1,\theta_2,\cdots,\theta_n]$$

一般而言，$\boldsymbol{W}$ 和 $\boldsymbol{\theta}$ 可以确定一个唯一的 DHNN。对于由 3 个神经元组成的 Hopfield 网络，也可以改用图 7-20 所示的图形表示，这两个图形的意义是一样的。

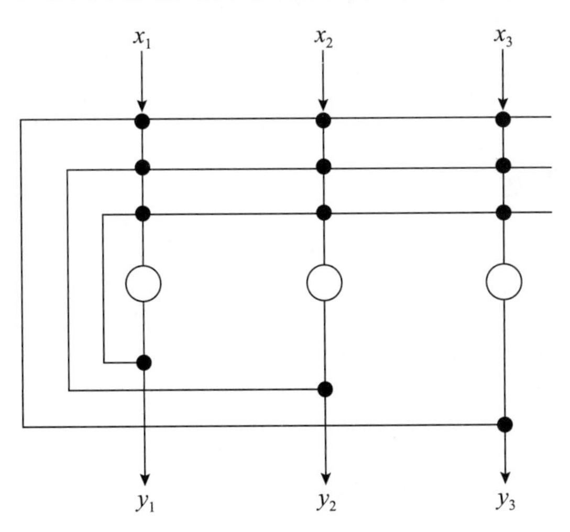

图 7-20　$\boldsymbol{W}$ 和 θ 确定的 DHNN 结构图

考虑 DHNN 的一般节点状态，用 $y_j(t)$ 表示第 j 个神经元，即节点 j 在 t 时刻的状态，则节点的下一时刻 $(t+1)$ 的状态为

$$y_j(t+1)=f[u_j(t)]=\begin{cases}1, & u_j \geqslant 0\\0, & u_j<0\end{cases}$$

$$u_j(t)=\sum_{i=n} w_{ij} y_j(t)+x_j-\theta_j$$

如果 w_{ij} 在 $i=j$ 时等于 0，则一个神经元的输出不会反馈到其输入端，这时的 DHNN 称为无自反馈网络；如果 w_{ij} 在 $i=j$ 时不等于 0，说明一个神经元的输出会反馈到其输入端，这时的 DHNN 称为自反馈网络。

7.3.2 网络的工作方式

DHNN 有以下两种不同的工作方式。

1. 串行（异步）方式

在任一时刻 t，只有某一个神经元 j 的状态发生变化，而其他 $n-1$ 个神经元的状态不变，即称为串行工作方式，并且有

$$y_j(t+1)=f\left[\sum_{i=1}^{n} w_{ij} y_i(t)+x_j-\theta_j\right]$$

$$y_i(t+1)=y_i(t),\quad i\neq j$$

在不考虑外部输入时，有

$$y_j(t+1)=f\left[\sum_{i=1}^{n} w_{ij} y_i(t)-\theta_j\right]$$

2. 并行（同步）方式

在任一时刻 t，所有神经元的状态都产生了变化，即称为并行工作方式，并且有

$$y_j(t+1)=f\left[\sum_{i=1}^{n} w_{ij} y_i(t)+x_j-\theta_j\right],\quad j=1,2,\cdots,n$$

在不考虑外部输入时，有

$$y_j(t+1)=f\left[\sum_{i=1}^{n} w_{ij} y_i(t)-\theta_j\right],\quad j=1,2,\cdots,n$$

7.3.3 网络的稳定

对于一个反馈网络来说，稳定性是一个重大的性能指标。假设一个 DHNN 的状态为

$$\boldsymbol{Y}(t)=[y_1(t),y_2(t),\cdots,y_n(t)]^{\mathrm{T}}$$

神经网络从 $t=0$ 开始，初始状态为 $\boldsymbol{Y}(0)$，经过有限时刻 t，对于任何 $\Delta t>0$，有

$$Y(t+\Delta t)=Y(t)$$

则认为网络是稳定的。串行方式下的稳定性称为串行稳定性；并行方式下的稳定性称为并行稳定性。若神经网络稳定，则其状态称为稳定状态。

从 DHNN 可以看出，它是一种多输入、含有阈值的二值非线性动态系统。在动态系统中，平衡稳定状态可以理解为系统某种形式的能量函数在系统运行过程中，其能量不断减少，最后处于最小值。

7.3.4 联想记忆

联想记忆功能是 DHNN 的一个重要功能，要实现联想记忆功能，反馈网络必须具有

以下两个基本条件。

（1）网络能收敛到稳定的平衡状态，并以其作为样本的记忆信息。

（2）具有回忆能力，能够从某一残缺的信息回忆起所属的完整的记忆信息。

DHNN 实现联想记忆的过程分为两个阶段：学习记忆阶段和联想回忆阶段。

（1）学习记忆阶段。

在学习记忆阶段，外界输入数据，系统自动调整网络的权值，最终用合适的权值使系统具有若干稳定状态，即吸收子。其吸收域半径定义为吸收子所能吸收的状态的最大距离。吸收域半径越大，说明联想能力越强。联想记忆网络的记忆容量定义为吸收子的数量。

（2）联想回忆阶段。

在联想回忆阶段，对于给定的输入模式，系统经过一定的演化过程，最终稳定收敛于某个吸引子。假设待识别的数据为向量 $\boldsymbol{u}=[u_1,u_2,\cdots,u_N]$，则系统将其设为初始状态，即

$$y_i(0)=u_i$$

网络中神经元的个数与输入向量长度相同。初始化完成后，根据下式反复迭代，直到神经元的状态不再发生变化为止，此时输出的吸引子就是对应于输入向量 $\boldsymbol{u}$ 进行联想的返回结果。

$$y_i(t+1)=\operatorname{sgn}\left[\sum_{j=1}^{n} w_{ij}x_j(x)\right]$$

t 时刻的输出等于 $t+1$ 时刻的输入。

Hopfield 神经网络具有联想记忆功能，利用这一功能，可以有效地进行数字识别。

【例 7-4】设计一个具有联想记忆功能的 Hopfield 网络，要求利用该网络在数字被噪声污染后仍能正确识别。

假设网络由 10 个初始稳态值 0 ～ 9 构成，即可以记忆 10 种数字。每个稳态由 10×10 的矩阵构成，该矩阵用于模拟数字点阵。所谓数字点阵，就是将数字划分成很多小方块，每个小方块都对应着一部分数字。这里将数字划分成一个 10×10 方阵，其中，有阴影部分的方块用 1 表示，空白的方块用 −1 表示，如图 7-21 所示。

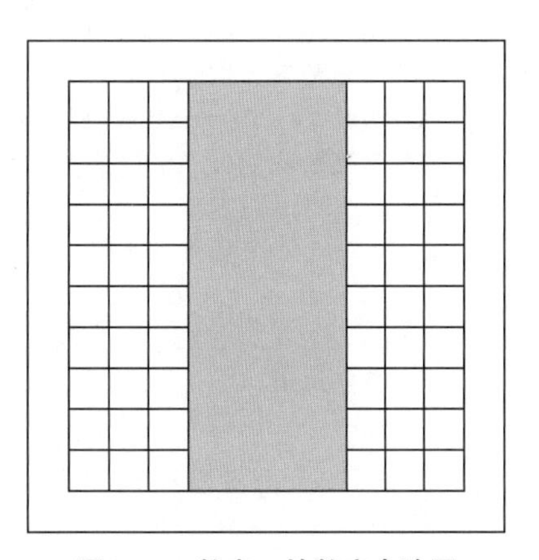

图 7-21　数字 1 的数字点阵图

设计 Hopfield 网络的流程图，如图 7-22 所示。

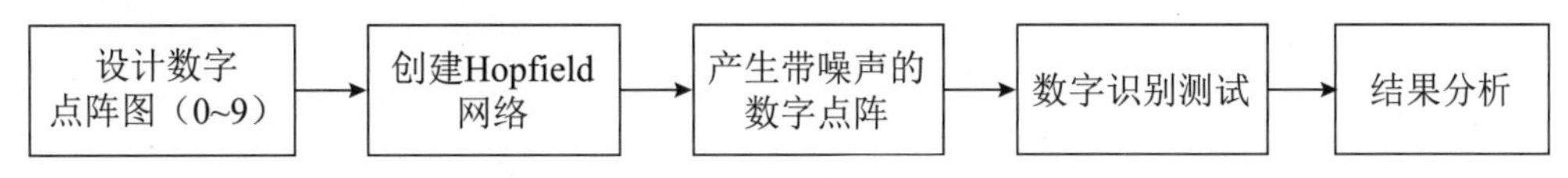

图 7-22　设计 Hopfield 网络的流程图

根据规则，有数字的部分用 1 表示，空白的部分用 −1 表示，可以得到数字 1、2 的点阵为

```
one=[-1 -1 -1 -1 1 1 -1 -1 -1 -1;...
    -1 -1 -1 -1 1 1 -1 -1 -1 -1;...
```

```
         -1 -1 -1 -1 1 1 -1 -1 -1 -1; ...
       -1 -1 -1 -1 1 1 -1 -1 -1 -1;...
       -1 -1 -1 -1 1 1 -1 -1 -1 -1;...
       -1 -1 -1 -1 1 1 -1 -1 -1 -1;...
       -1 -1 -1 -1 1 1 -1 -1 -1 -1; ...
       -1 -1 -1 -1 1 1 -1 -1 -1 -1;...
       -1 -1 -1 -1 1 1 -1 -1 -1 -1; ...
       -1 -1 -1 -1 1 1 -1 -1 -1 -1];
two=[-1 1 1 1 1 1 1 1 1 -1;...
         -1 1 1 1 1 1 1 1 1 -1;...
         -1 -1 -1 -1 -1 -1 -1 -1 1 1;...
        -1 -1 -1 -1 -1 -1 -1 -1 1 1;...
        -1 1 1 1 1 1 1 1 1 -1;...
        -1 1 1 1 1 1 1 1 1 -1;...
        -1 1 1 -1 -1 -1 -1 -1 -1 -1;...
       -1 1 1 -1 -1 -1 -1 -1 -1 -1;...
       -1 1 1 1 1 1 1 1 1 -1;...
      -1 1 1 1 1 1 1 1 1 -1];
```

使用 Hopfield 网络识别数字 1、2 的代码如下：

```
clear
%% 数据导入
load data1_1 array_one
load data2_2 array_two
%% 训练样本（目标向量）
T=[array_one;array_two]';
%% 创建网络
net=newhop(T);
%% 数字 1 和 2 的带噪声数字点阵（固定法）
load data1_noisy noisy_array_one
load data2_noisy noisy_array_two
%% 数字识别
%identify_one=sim(net,10,[],noisy_array_one');
noisy_one={(noisy_array_one)'};
identify_one=sim(net,{10,10},{},noisy_one);
identify_one{10}';
noisy_two={(noisy_array_two)'};
identify_two=sim(net,{10,10},{},noisy_two);
identify_two{10}';
%% 结果显示
Array_one=imresize(array_one,20);
subplot(3,2,1)
imshow(Array_one)
title('标准（数字 1）')
Array_two=imresize(array_two,20);
subplot(3,2,2)
imshow(Array_two)
title('标准（数字 2）')
```

```
subplot(3,2,3)
Noisy_array_one=imresize(noisy_array_one,20);
imshow(Noisy_array_one)
title('噪声（数字1）')
subplot(3,2,4)
Noisy_array_two=imresize(noisy_array_two,20);
imshow(Noisy_array_two)
title('噪声（数字2）')
subplot(3,2,5)
imshow(imresize(identify_one{10}',20))
title('识别（数字1）')
subplot(3,2,6)
imshow(imresize(identify_two{10}',20))
title('识别（数字2）')
```

运行程序，效果如图 7-23 所示。

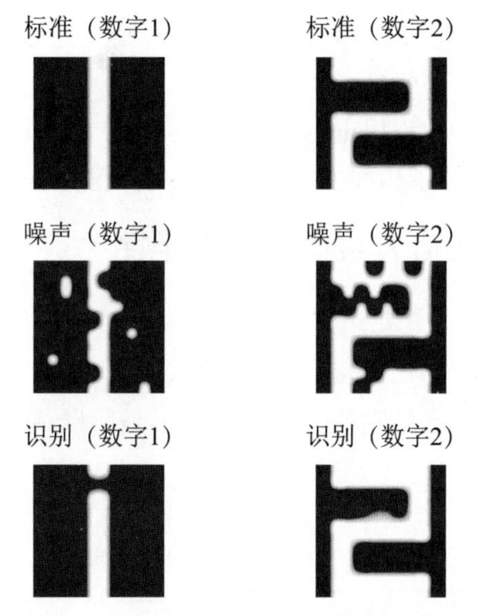

图 7-23 Hopfield 网络识别数字 1、2 的效果

从图 7-23 可以看出，尽管加入了噪声，Hopfield 网络还是能准确地识别数字。

7.3.5 Hebb 学习规则

Hebb 学习规则用来描述神经元的行为是如何影响神经元间的连接的，换句话说，如果相连接的两个神经元同时被激活，可以认为这两个神经元之间的关系比较近，因此可将这两个神经元间连接的权值增加；如果一个被激活、另一个被抑制，显然应该将二者间的权值减小。用公式表示为

$$\boldsymbol{W}_{ij}(t+1)=\boldsymbol{W}_{ij}(t)+\alpha x_i x_j$$

此式表明，神经元 x_i 和 x_j 的连接权值由二者的输出决定。

定义输入 x_i 为第 i 个神经元节点的值，$\boldsymbol{W}_{ij}$ 为第 i 个和第 j 个节点间的权值，则每个样本作为节点，初始化的权值 $\boldsymbol{W}_{ij}$ 定义为

$$\boldsymbol{W}_{ij}=x_i x_j$$

N个样本的权值经过N次更新为

$$\boldsymbol{W}_{ij}(N)=\sum_{n=1}^{N}x_i(n)x_j(n)$$

训练阶段是将所有样本的信息以权值求和的形式存储起来，因此最终的权值存储的是每个样本的记忆，而测试阶段是利用这些权值恢复记忆。训练阶段的权值更新就是利用了Hebb 学习规则。

在神经网络工具箱中，采用 Hebb 公式求解网络权矩阵变化的函数为 learnh 和 learnhd 函数，后者为带衰减学习速率的函数。函数的语法格式如下。

[dW,LS] = learnh(W,P,Z,N,A,T,E,gW,gA,D,LP,LS)

[dW,LS] = learnhd(W,P,Z,N,A,T,E,gW,gA,D,LP,LS)

对于简单的情况，LP.lr 可以选择 1；对于复杂的应用，可取 LP.lr=0.1 ～ 0.5，LP.dr=LP.lr/3。

7.4 连续 Hopfield 神经网络

连续 Hopfield 神经网络（Continuous Hopfield Neural Network，CHNN）的拓扑结构与 DHNN 的结构相同。这种拓扑结构和生物神经系统中大量存在的神经反馈回路是一致的。

7.4.1 连续 Hopfield 神经网络的稳定性

和 DHNN 一样，CHNN 的稳定条件也要求

$$w_{ij}=w_{ji}$$

CHNN 与 DHNN 的不同之处在于，其函数 g 不是阶跃函数，而是 S 形的连续函数。一般取

$$g(u)=\frac{1}{(1+\mathrm{e}^{u})}$$

CHNN 在时间上是连续的，所以网络中各神经元是处于同步方式工作的。对于一个神经细胞，即神经元j，其内部膜电位状态用U_j表示，细胞膜输入电容是C_j，细胞膜的传递电阻是R_j，输出电压是V_j，外部输入电流用I_j表示，则 CHNN 可用图 7-24 表示。

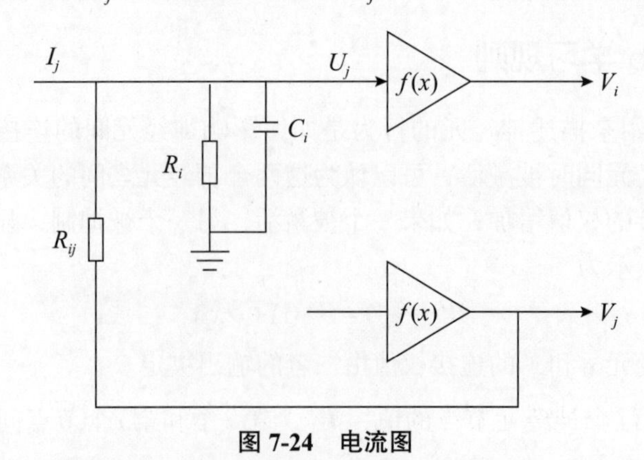

图 7-24 电流图

7.4.2　连续 Hopfield 神经网络的实现

连续 Hopfield 网络很适合求解 TSP（Traveling Salesman Problem，旅行商问题）问题。TSP 问题是一个十分有名的、难以求解的优化问题，其要求为：在 n 个城市的集合中，找出一条经过每个城市各一次，最终回到起点的最短路径。

【例 7-5】应用连续 Hopfield 网络求解 TSP 问题。

解析：已知城市 $A,B,C,D,\cdots$ 之间的距离为 $d_{AB},d_{BC},d_{CD},\cdots$，那么总的距离 $d=d_{AB}+d_{BC}+d_{CD}+\cdots$，对于这种动态规划问题，就是要去求 $\min(d)$ 的解。因为对于 n 个城市的全排列共有 n 种，而 TSP 并没有限定路径的方向，即为全组合，所以对于固定的城市数 n，其路径总数 $S_n=n!/2n(n\geqslant 4)$，例如当 n =4 时，S_n =3，即有以下 3 种方式。

方式 1：A → B → D → C → A

方式 2：A → B → C → D → A

方式 3：A → D → B → C → A

由斯特林（Stirlin）公式，路径总数可表达为

$$S_n=\frac{1}{2n}[\sqrt{2\pi n}\cdot \mathrm{e}^{n(\ln(n-1))}]$$

1. 模型映射

为了实现神经网络，必须首先找到过程的一个合适的表达方法。TSP 的解是若干城市的有序排列，任何一个城市在最终路径上的位置可用一个 n 维的 0、1 向量表示，对于所有 n 个城市，则需要一个 $n \times n$ 维矩阵。

为了解决 TSP 问题，必须构造这样一个网络：在网络运行时，其能量不断降低；在运行稳定后，网络输出能代表城市被访问的次序，即构成上述的关联矩阵。

2. 构造网络能量函数

网络能量的最小值对应于最佳（或次最佳）的路径距离。所以解决问题的关键，仍然是构造合适的能量函数。

对于一个 n 个城市的 TSP，需要 $n \times n$ 节点的 CHNN。假设每个神经元的输出记为 V_{xi}、V_{yj}，行下标 x 和 y 表示不同的城市名，列下标 i 和 j 表示城市在路径中所处的次序位置，通过 V_{xi}、V_{yj} 取 0 或 1，可以利用关联矩阵确定出各种访问路径。用 d_{xy} 表示两个不同城市间的距离，对于选定的任一 V_{xi}，和它相邻的另一个城市 y 的状态可以有 $V_{y(i+1)}$ 和 $V_{y(i-1)}$ 两种。那么目标函数 $f(V)$ 可选为

$$f(V)=\frac{D}{2}\sum_{x=1}^{N}\sum_{y=1}^{N}\sum_{i=1}^{N}d_{xy}V_{xi}V_{y(i+1)}$$

此处所选择的 $f(V)$ 表示的是对应于所经过的所有路径长度的总量，其数值为一次有效路径总长度的倍数，当路径为最佳时，$f(V)$ 达到最小值，它是输出的函数。

当 V_{xi} =0 时，有 $f(V)$ =0，此输出对 $f(V)$ 没有贡献；当 V_{xi} =1 时，则通过与 i 相邻位置的城市 $i+1$ 和 $i-1$ 的距离可以得到 $f(V)$，如在关联矩阵中 V_{D3} =1，那么与 i =3 相邻位置的两个城市分别为 V_{A2} 和 V_{B4}，此时在 $f(V)$ 中可得到 d_{AD} 和 d_{DB} 两个相加的量，依此类推，把旅行商走过的全部距离全加起来，即可得到 $f(V)$。

约束条件要保证关联矩阵的每一行每一列中只有一个值为 1，其他值均为 0，用两项表示为

$$g(V)=\frac{A}{2}\sum_{x=1}^{N}\left(\sum_{i=1}^{N}V_{xi}-1\right)^2+\frac{A}{2}\sum_{i=1}^{N}\left(\sum_{x=1}^{N}V_{xi}-1\right)^2$$

总的能量函数 E 为

$$\begin{aligned}E&=g(V)+f(V)\\&=\frac{A}{2}\sum_{x=1}^{N}\left(\sum_{i=1}^{N}V_{xi}-1\right)^2+\frac{A}{2}\sum_{i=1}^{N}\left(\sum_{x=1}^{N}V_{xi}-1\right)^2+\frac{D}{2}\sum_{x=1}^{N}\sum_{y=1}^{N}\sum_{i=1}^{N}d_{xy}V_{xi}V_{y(i+1)}\end{aligned}$$

实现能量函数的代码如下：

```
%% 计算能量函数
function E=energy(V,d)
global A D
n=size(V,1);
sum_x=sumsqr(sum(V,2)-1);
sum_i=sumsqr(sum(V,1)-1);
V_temp=V(:,2:n);
V_temp=[V_temp V(:,1)];
sum_d=d*V_temp;
sum_d=sum(sum(V.*sum_d));
E=0.5*(A*sum_x+A*sum_i+D*sum_d);
```

Hopfield 网络动态方程为

$$\frac{\mathrm{d}U_{xi}}{\mathrm{d}t}=-\frac{\partial E}{\partial V_{xi}}=-A\left(\sum_{i=1}^{N}V_{xi}-1\right)-A\left(\sum_{y=1}^{N}V_{yi}-1\right)-D\left(\sum_{y=1}^{N}d_{xy}V_{y(i+1)}\right)$$

实现动态方程的代码如下：

```
%% 计算 du
function du=diff_u(V,d)
global A D
n=size(V,1);
sum_x=repmat(sum(V,2)-1,1,n);
sum_i=repmat(sum(V,1)-1,n,1);
V_temp=V(:,2:n);
V_temp=[V_temp V(:,1)];
sum_d=d*V_temp;
du=-A*sum_x-A*sum_i-D*sum_d;
```

3. 初始化网络

用连续 Hopfield 网络求解 TSP 这样的约束优化问题时，系统参数的取值对求解过程有很大影响。霍普菲尔德和泰克经过实验认为，取初始值为 A =500、D =200 时，求解 10 个城市的 TSP 会得到良好的效果。

网络输入初始化选取为

$$U_{xi}(t)=U_0\ln(N-1)+\delta_{xi}\qquad x,i=1,2,\cdots,N;t=0$$

式中，$U_0=0.2$；N为城市个数10；δ_{xi}为位于（−1，1）区间的随机值。

在本次网络迭代过程中，采样时间设置为0.0005，迭代次数设置为5000。

4. 优化计算

当连续Hopfield网络的结构和参数确定后，迭代优化计算的过程就变得十分简单了。本例的实现代码如下：

```
clear all                % 清空环境变量
global A D               % 定义全局变量
%% 导入城市位置
load city_location
%% 计算相互城市间距离
distance=dist(citys,citys');
%% 初始化网络
N=size(citys,1);
A=200;
D=100;
U0=0.1;
step=0.0001;
delta=2*rand(N,N)-1;
U=U0*log(N-1)+delta;
V=(1+tansig(U/U0))/2;
iter_num=10000;
E=zeros(1,iter_num);
%% 寻优迭代
for k=1:iter_num
     % 动态方程计算
     dU=diff_u(V,distance);
     % 输入神经元状态更新
     U=U+dU*step;
     % 输出神经元状态更新
     V=(1+tansig(U/U0))/2;
     % 能量函数计算
     e=energy(V,distance);
     E(k)=e;
end
 %% 判断路径有效性
[rows,cols]=size(V);
V1=zeros(rows,cols);
[V_max,V_ind]=max(V);
for j=1:cols
     V1(V_ind(j),j)=1;
end
C=sum(V1,1);
R=sum(V1,2);
flag=isequal(C,ones(1,N)) & isequal(R',ones(1,N));
%% 结果显示
if flag==1
```

```
    %计算初始路径长度
    sort_rand=randperm(N);
    citys_rand=citys(sort_rand,:);
    Length_init=dist(citys_rand(1,:),citys_rand(end,:)');
    for i=2:size(citys_rand,1)
            Length_init=Length_init+dist(citys_rand(i-1,:),citys_
rand(i,:)');
    end
    %绘制初始路径
    figure(1)
     plot([citys_rand(:,1);citys_rand(1,1)],[citys_rand(:,2);citys_
rand(1,2)],'o-')
    for i=1:length(citys)
        text(citys(i,1),citys(i,2),['    ' num2str(i)])
    end
    text(citys_rand(1,1),citys_rand(1,2),['        起点' ])
    text(citys_rand(end,1),citys_rand(end,2),['        终点' ])
    title(['优化前路径(长度:' num2str(Length_init) ')'])
    axis([0 1 0 1])
    grid on
    xlabel('城市位置横坐标')
    ylabel('城市位置纵坐标')
    %计算最优路径长度
    [V1_max,V1_ind]=max(V1);
    citys_end=citys(V1_ind,:);
    Length_end=dist(citys_end(1,:),citys_end(end,:)');
    for i=2:size(citys_end,1)
        Length_end=Length_end+dist(citys_end(i-1,:),citys_end(i,:)');
    end
    disp('最优路径矩阵');V1
    %绘制最优路径
    figure(2)
    plot([citys_end(:,1);citys_end(1,1)],...
        [citys_end(:,2);citys_end(1,2)],'o-')
    for i=1:length(citys)
        text(citys(i,1),citys(i,2),['   ' num2str(i)])
    end
    text(citys_end(1,1),citys_end(1,2),['        起点' ])
    text(citys_end(end,1),citys_end(end,2),['        终点' ])
    title(['优化后路径(长度:' num2str(Length_end) ')'])
    axis([0 1 0 1])
    grid on
    xlabel('城市位置横坐标')
    ylabel('城市位置纵坐标')
    %绘制能量函数变化曲线
    figure(3)
    plot(1:iter_num,E);
    ylim([0 2000])
```

```
    title(['能量函数变化曲线（最优能量：' num2str(E(end)) ')']);
    xlabel('迭代次数');
    ylabel('能量函数');
else
    disp('寻优路径无效');
end
```

运行程序，随机产生的初始路径如图 7-25 所示。

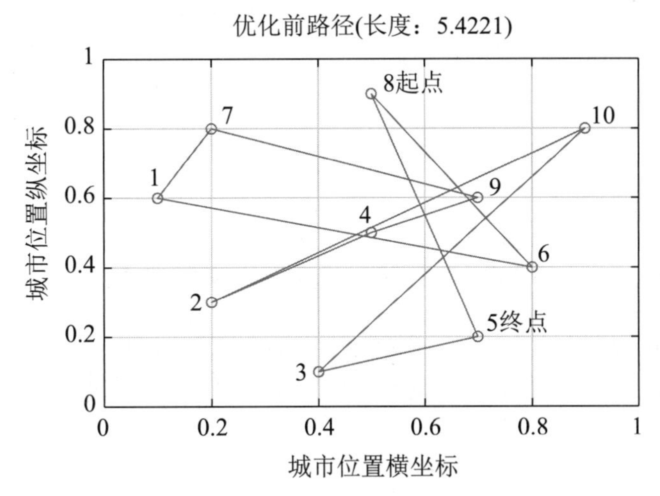

图 7-25 随机产生的初始路径

由图 7-25 可知，随机产生的路径为 8 → 6 → 1 → 7 → 9 → 4 → 2 → 10 → 3 → 5，其长度为 5.4221。

经过连续 Hopfield 网络优化后，查找到的优化路径如图 7-26 所示，优化路径具体为 4 → 9 → 6 → 5 → 3 → 2 → 1 → 7 → 8 → 10，其长度为 3.0383。

能量函数随机迭代过程变化的曲线，如图 7-27 所示。

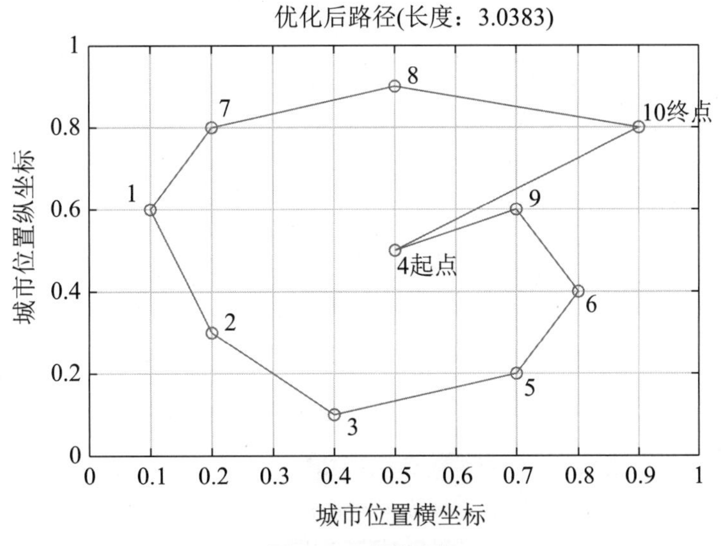

图 7-26 优化路径

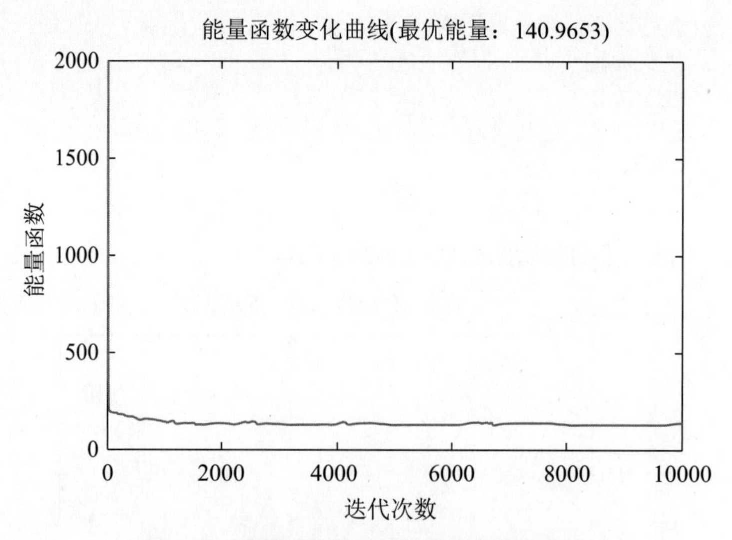

图 7-27　能量函数随机迭代过程变化的曲线

从图 7-27 中可以看出，网络的能量随迭代不断减少。当网络能量小到一定程度后，网络神经元的状态也趋于平衡点，此时对应的城市顺序即为待求的优化路径。

第 8 章 CHAPTER 8 竞争型神经网络分析与应用

竞争型神经网络是基于无监督学习（Unsupervised learning）方法的神经网络的一种重要类型，它经常作为基本的网络形式，构成其他一些具有自组织能力的网络，如自组织映射网络、自适应共振理论网络、学习向量量化网络等。

8.1 竞争型神经网络

竞争型神经网络的特点是能将输入数据中隐含的特征抽取出来，自动进行学习。网络通过自身训练，自动对输入模式进行分类。竞争型神经网络在结构上一般是由输入层和竞争层构成的两层网络。两层之间各神经元实现双向全连接，没有隐藏层，有时竞争层各神经元之间还存在横向连接。模式分类的竞争型网络结构如图 8-1 所示。

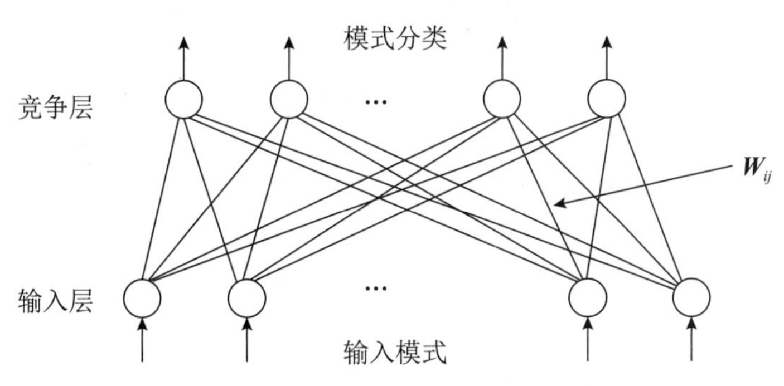

图 8-1 模式分类的竞争型网络结构

在竞争型神经网络中，输出层又被称为核心层。在一次计算中，只有一个输出神经元胜利，获胜的神经元标记为 1，其余神经元均标记为 0，即“胜者为王，败者为寇”。起始，输入层到核心层的权值是随机给定的，因此每个核心层神经元获胜的概率相同，但最后会有一个兴奋最强的神经元。兴奋最强的神经元“战胜”了其他神经元，在权值调制中其兴奋程度得到进一步加强，而其他神经元则保持不变。竞争神经网络通过这种竞争学习的方式获取训练样本的分布信息，每个训练样本都对应一个兴奋的核心层神经元，也就是对应一个类别，当有新样本输入时，就可以根据兴奋的神经元进行模式分类。

【例 8-1】演示竞争学习机制。

解析：竞争层中的神经元可通过学习来表示输入向量在输入空间中出现的不同区域。例如，P 是一组随机生成但聚类的测试数据点，下面代码绘制了这些数据点。

```
%竞争网络用于将这些点分成若干自然类
>> %输入向量X
bounds = [0 1; 0 1];      %聚类中心位于这些边界内
clusters = 8;             %簇数
points = 10;              %每个簇中的点数
std_dev = 0.05;           %每个簇的标准差
x = nngenc(bounds,clusters,points,std_dev);
%绘制向量X，如图 8-2 所示
plot(x(1,:),x(2,:),'+r');
title('输入向量');
xlabel('x(1)');
ylabel('x(2)');
```

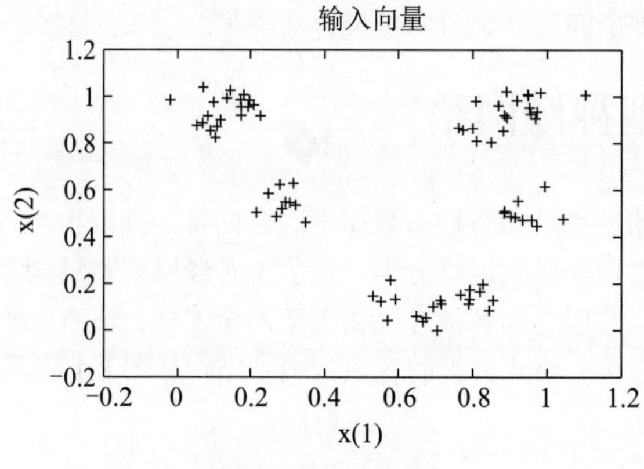

图 8-2　输入向量 X

可以配置网络输入，并绘制初始权值向量以查看其分类尝试过程。

```
>> net = competlayer(8,.1); %competlayer函数接收两个参数，即神经元数量和学
                            %习率
net = configure(net,x);
w = net.IW{1};
plot(x(1,:),x(2,:),'+r');
hold on;
%对权值向量(o)进行训练，使它们出现在输入向量(+)的聚类的中心，如图 8-3 所示
circles = plot(w(:,1),w(:,2),'ob');
```

下面的代码设置在停止之前需要训练的轮数，并训练此竞争层（可能需要几秒）。

```
>> net.trainParam.epochs = 7;
net = train(net,x);           %训练过程如图 8-4 所示
>> w = net.IW{1};
delete(circles);
plot(w(:,1),w(:,2),'ob');  %在同一图上绘制更新后的层权值，效果如图 8-5 所示
```

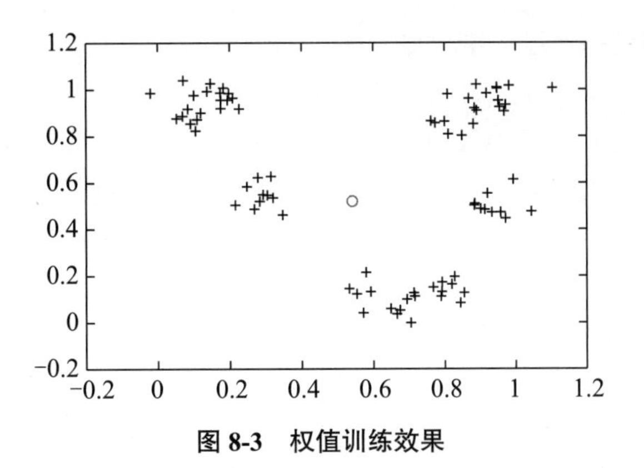

图 8-3　权值训练效果

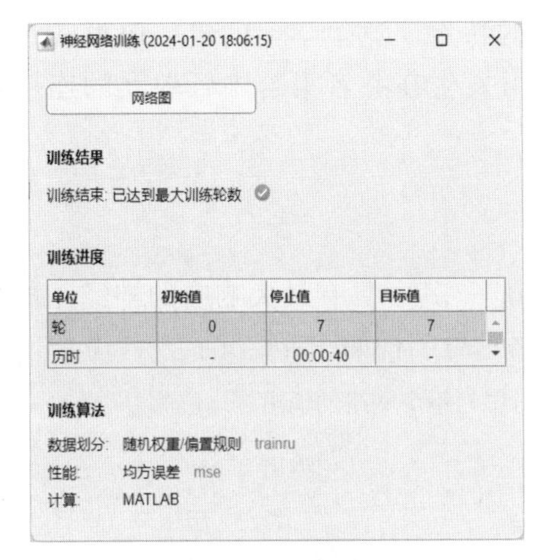

图 8-4　训练过程

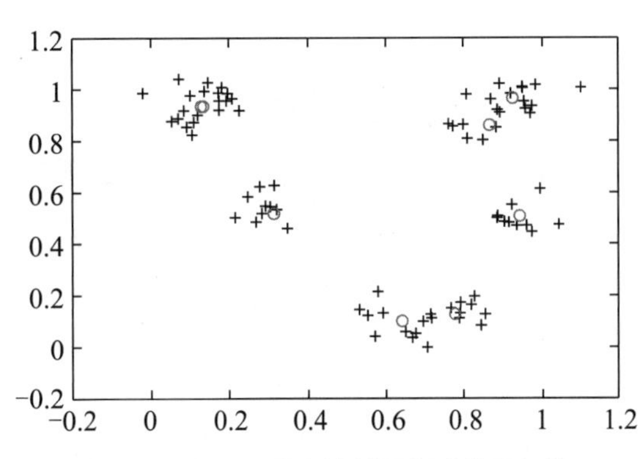

图 8-5　在同一图上绘制更新后的层权值

现在可以使用竞争层作为分类器，其中每个神经元都对应一个不同的类别。此处，将一个输入向量 X1 定义为 [0;0.2]。

```
>> x1 = [0; 0.2];
y = net(x1)
y =     % 输出 Y 指示哪个神经元正在响应，从而指示输入属于哪个类
      0
      1
      0
      0
      0
      0
      0
      0
```

8.2　自组织神经网络

自组织神经网络（Self Organization Neural Network，SONN）又称自组织竞争神经网络，通过自动寻找样本中的内在规律和本质属性，自组织、自适应地改变网络参数与结

构。通常自组织神经网络通过竞争学习实现。

8.2.1 自组织竞争学习

在学习方法上，自组织神经网络不是以网络的误差或能量函数的单调递减作为算法准则，而是依靠神经元之间的兴奋、协调、抑制、竞争的作用进行信息处理，指导网络的学习与工作。

竞争学习是自组织网络中最常用的一种学习策略。

竞争学习是人工神经网络的一种学习方式，指网络单元群体中所有单元相互竞争对外界刺激模式响应的权利。竞争取胜的单元的连接权值向着对这一刺激有利的方向变化，相对来说竞争取胜的单元抑制了竞争失败单元对刺激模式的响应。它属于自适应学习，使网络单元具有选择接收外界刺激模式的特性。竞争学习的更一般形式是不仅允许单个胜者出现，还允许多个胜者出现，学习发生在胜者集合中各单元的连接权值上。

8.2.2 自组织竞争学习规则

自组织竞争学习规则，即指网络对输入做出响应，其中具有最大响应的神经元被激活，该神经元获得修改权值的机会，自组织神经网络常见结构如图 8-6 所示。

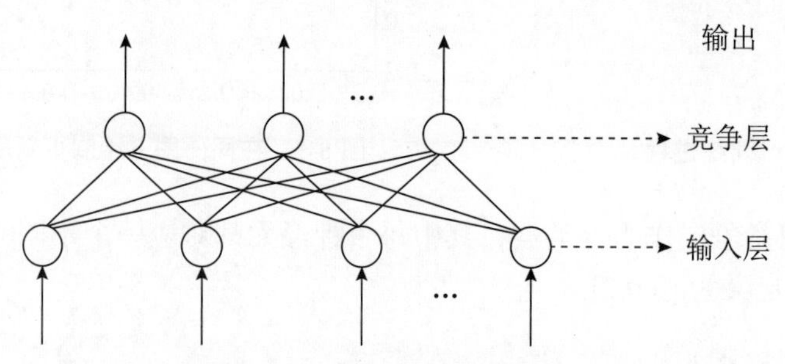

图 8-6 自组织神经网络常见结构

将网络的某一层设置为竞争层，对于输入 $\boldsymbol{X}$，竞争层的所有 p 个神经元均有输出响应，响应值最大的神经元在竞争中获胜，即

$$\boldsymbol{W}_m^{\mathrm{T}}\boldsymbol{X} = \max_{i=1}^{p} x_i(\boldsymbol{W}_i^{\mathrm{T}}\boldsymbol{X})$$

获胜的神经元才有权调整其权向量 $\boldsymbol{W}_m$，调整量为

$$\Delta\boldsymbol{W}_m = \alpha(\boldsymbol{X} - \boldsymbol{W}_m)$$

式中，$\alpha \in (0,1]$，随着学习而减小。

在竞争学习过程中，竞争层的各神经元所对应的权向量逐渐调整为输入样本空间的聚类中心。注意“( )”中的差不是网络误差（期望输出与实际输出的差值），而是输入 $\boldsymbol{X}$ 与权值的差值。

在实际应用中，通常会定义以获胜神经元为中心的邻域，所在邻域内的所有神经元都进行权值调整。

8.2.3　联想学习规则

格劳斯贝格（S.Grossberg）提出了两种类型的神经元模型：内星与外星，用于解释人类及动物的学习现象。内星可以被训练来识别向量；外星可以被训练来产生向量。

1. 内星学习规则

实现内星输入 / 输出转换的激活函数是硬限幅函数。可以通过内星及其学习规则来训练某一神经元节点只响应特定的输入向量 $\boldsymbol{P}$，它是借助于调节网络权向量 $\boldsymbol{W}$ 近似于输入向量 $\boldsymbol{P}$ 来实现的。

在图 8-7 所示的内星模型中，假设输入信号为 r 维向量，该向量与权值向量连接，输送到输出神经 Y 中。Y 采用硬限幅函数作为传递函数，使神经元的各输出限定为 0 或 1。

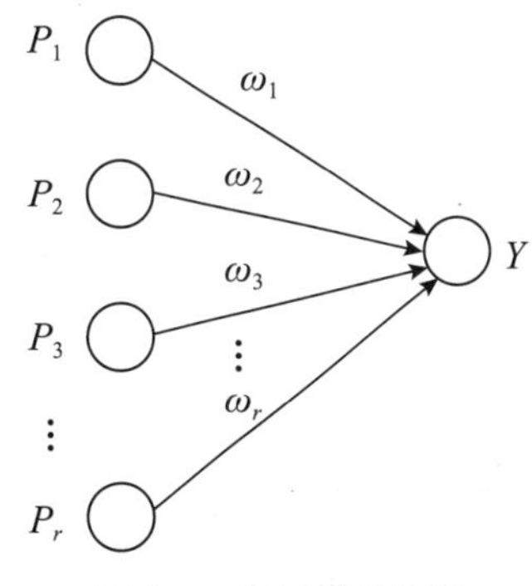

图 8-7　内星模型结构

内星模型训练的目的是使神经元 Y 只对某些特定的输入向量产生兴奋。这一点是通过连接权值的逐步调整达到的。假设学习率为 η，则权值根据下式进行调整：

$$\Delta\omega_{ij} = \eta(P_i - \omega_{ij})Y$$

式中，ω_{ij} 为连接权值；$\Delta\omega_{ij}$ 为权值修改量；P_i 为输入向量的第 i 个元素；Y 为输出神经元的值。由于传输函数为硬限幅函数（hardlim），因此 Y 取值必须为 0 或 1。当 $Y=0$ 时，权值不做调整；当 $Y=1$ 时，$\Delta\omega_{ij} = \eta(P_i - \omega_{ij})$。权值的修改量为输入样本与原权值的差值，在这种训练方式的作用下，连接权值会越来越“像”输入样本，最终 $P_i = \omega_{ij}$。

以上是输入为 P 时的训练过程。当有新的训练样本加入时，假设其为 P'，则网络的输出为

$$Y = \text{hardlim}(P'\omega) = \text{hardlim}(P'P)$$

硬限幅函数有一个临界点，当函数的输入大于该点时，输出为 1，否则输出为 0。假设该临界值为 ε，则当输入的新样本 P' 满足以下条件时，系统会在训练过程中调整权值向量：

$$P'P = \|P'\|\|P\|\cos\theta > \varepsilon$$

如果新样本 P' 不满足上述条件，则神经元输出为 0，连接权值不会得到更新。上式的几何意义非常明显：只有当输入的样本 P' 与权值 P 比较相似时，权值才会被更新。如果对内星模型输入多个样本进行训练，则最终得到的网络权值趋于各输入向量的平均值。

MATLAB 神经网络工具箱中内星学习规则的执行是用函数 learnis 来完成权向量的修正过程。函数的调用格式如下。

```
dW=learnis(W,P,A,lr)
W=W+dW
```

【例 8-2】设计内星网络进行以下向量的分类辨识。

```
P=[0.2 0.6; 0.4 0.5; 0.4 0.6; 0.8 0.7];
T=[1 0];
```

解析：内星是根据期望输出值，通过迫使网络在第一个输入向量出现时，输出为1，同时迫使网络在第二个输入向量出现时，输出为0，而使网络的权向量逼近期望输出为1的第一个输入向量。

先对网络进行初始化处理。

```
>> clear all;
P=[0.2 0.6;0.4 0.5;0.4 0.6;0.8 0.7];
T=[1 0];
[R,Q]=size(P);
[S,Q]=size(T);
W=zeros(S,R);
max_epoch=10;
lp.lr=0.2;
```

注意，权向量在此是进行零初始化，学习速率的选择也具有任意性，当输入向量较少时，学习速率可以选得大些以加快学习收敛速度。此外，因为实例所给的输入向量已是归一化后的值，所以不再做处理。

训练内星网络的程序如下：

```
>>for epoch=1:(max_epoch)
    for q=1:Q
        A=T(q);
        dW=learnis(W,P(:,q),[],[],A,[],[],[],[],[],lp,[]);
        W=W+dW;
    end
end
```

经过10次循环后，得到的权向量如下：

```
W =
    0.1785    0.3571    0.3571    0.7141
```

而当lr=0.5时，其结果如下：

```
W =
    0.1998    0.3996    0.3996    0.7992
```

由此可见，学习速率较低时，在相同循环次数下，其学习精度较低。但当输入向量较多时，较大的学习速率可能产生波动，所以要根据具体情况来确定参数值。

2. 外星学习规则

外星神经元模型如图8-8所示。

外星神经元模型的输入P只能取0或1，其输出神经元的传递函数为线性函数。如图8-8所示，对于一个输入的样本值（0或1），网络的输出是一个维数为r的向量。权值调整的规则根据下式进行：

$$\Delta\omega_{ij}=\eta(Y_i-\omega_{ij})P$$

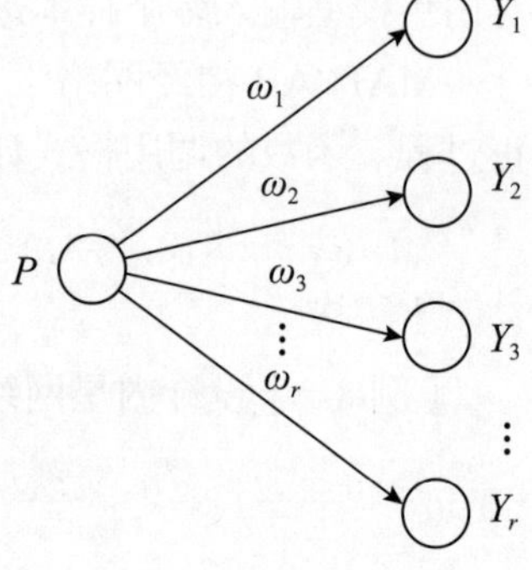

图8-8 外星神经元模型

式中，η为学习率；P为网络输入；Y_i为第i个神经元的期望输出。外星学习规则常被用于学习和回忆一个向量：当输入样本值P维持高值时，网络权值得到更新，且以η为步长越来越接近期望输出。训练完成后，网络权值等于期望输出，期望输出向量就被“记住”了。

MATLAB 工具箱中实现外星学习与设计的函数为 learnos，语法如下。

```
dW=learnos(W,A,P,lr)
W=W+dW
```

【例 8-3】给定两元素的输入向量以及与它们相关的四元素目标向量，设计一个外星网络实现有效向量的获得，外星没有偏差。

```
P=[0.2 0.6;0.4 0.5;0.4 0.6;0.8 0.7];
T=[1 0];
```

解析：该网络的每个目标向量强迫为网络的输出，而输入只有 0 或 1。网络训练的结果是使其权矩阵趋于所对应的输入为 1 时的目标向量。

同样的网络被零权值初始化。

```
clear all;
P=[0.2 0.6;0.4 0.5;0.4 0.6;0.8 0.7];
T=[1 0];
[R,Q]=size(P);
[S,Q]=size(T);
W=zeros(S,R);
max_epoch=10;
lp.lr=0.3;
```

根据外星学习规则进行训练。

```
for epoch=1:(max_epoch)
    for q=1:Q
        A=T(:,q);
        dW=learnis(W,P(:,q),[],[],A,[],[],[],[],[],lp,[]);
        W=W+dW;
    end
end
```

一旦训练完成，当外星工作时，对输入为 1 的向量，能够回忆起被记忆在网络中的第一个目标向量的近似值。

```
>> Ptest=[1];
>> A=purelin(W*Ptest)
A =
    0.1944     0.3887     0.3887     0.7774
```

由结果可见，此外星已被学习来回忆起第一个向量。事实上，它被学习来回忆例 8-1 中学习识别出的那个向量。即上述外星的权值非常接近例 8-1 中已被识别的向量。

内星与外星之间是对称的，对一组输入和目标来说，训练一个内星层，或将其输入与目标相对换来训练一个外星层，二者的结果是相同的，即它们之间的权矩阵的结果是相互转置的。

3. 科荷伦学习规则

科荷伦学习规则是由内星规则发展而来的。对于其值为0或1的内星输出，当只对输出为1的内星权矩阵进行修正，即学习规则只应用于输出为1的内星上时，将内星学习规则中的a_i取值1，则可导出科荷伦规则为

$$\Delta w_{ij} = \text{lr} \cdot (p_j - w_{ij})$$

科荷伦学习规则实际上是内星学习规则的一个特例，但它比采用内星规则进行网络设计要节省更多的学习，因而常常用来替代内星学习规则。

在MALAB工具箱中，在调节科荷伦学习规则函数learnk时，一般先寻找输出为1的行向量i，然后仅对与i相连的权矩阵进行修正。使用方法如下。

```
i=find(A==1);
dW=learnk(W,P,i,lr);
W=W+dW;
```

一般情况下，科荷伦学习规则比内星学习规则的训练速度提高1～2个数量级。

8.2.4 自组织神经网络的原理

分类是在类别知识等监督信号的指导下，将待识别的输入模式分配到各自的模式类中，无监督指导的分类称为聚类，聚类的目的是将相似的模式样本划归一类，而将不甚相似的分离开来，实现模式样本的类内相似性和类间分离性。

对于一组输入模式，由于没有任何先验知识，而只根据它们之间的相似程度分为若干类，因此相似性测量是输入模式的聚类依据。

1. 相似性测量

神经网络的输入模式用向量表示，比较两个不同模式的相似性可转化为比较两个向量的距离，因而可用模式向量间的距离作为聚类判据。传统模式识别中常用到的两种聚类判据是欧氏最小距离法和余弦法。下面分别进行介绍。

（1）欧氏最小距离法。

描述两个模式向量的一种常用方法是计算其欧氏最小距离，即

$$\|\boldsymbol{X} - X_i\| = \sqrt{(\boldsymbol{X} - X_i)^{\mathrm{T}}(\boldsymbol{X} - X_i)}$$

两个模式向量的欧氏距离越小，两个向量越接近，由此可认为这两个模式向量越相似，当两个模式向量完全相同时，其欧氏距离为零。如果对同一类内各个模式向量间的欧氏距离做出规定，如不允许超过某一最大值T，则最大欧氏距离T就成为一种聚类判据。从图8-9（a）可以看出，同类模式向量的距离小于T，异类模式向量的距离大于T。

（2）余弦法。

描述两个模式向量的另一种常用方法是计算其夹角的余弦，即

$$\cos\psi = \frac{\boldsymbol{X}^{\mathrm{T}} X_i}{\|\boldsymbol{X}\| \, \|X_i\|}$$

从图8-9（b）可以看出，两个模式向量越接近，其夹角越小，余弦越大。当两个模式向量方向完全相同时，其夹角余弦为1。如果对同一类内各个模式向量间的夹角做出规定，如不允许超过某一最大夹角ψ_{T}，则最大夹角ψ_{T}就成为一种聚类判据。同类模式向量

的夹角小于 ψ_T，异类模式向量的夹角大于 ψ_T。余弦法适合模式向量长度相同或模式特征只与向量方向相关的相似性测量。

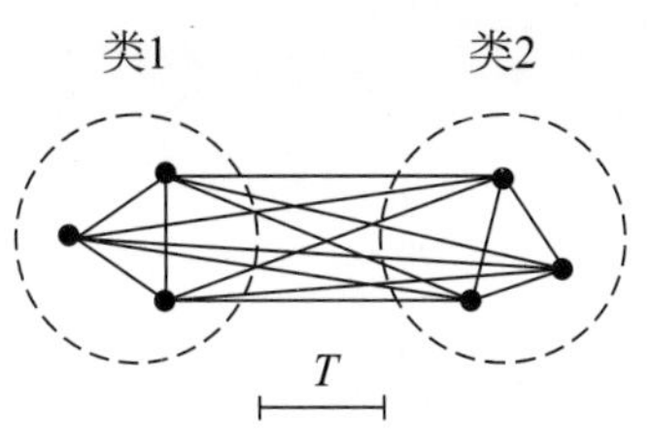

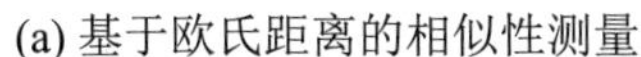

(a) 基于欧氏距离的相似性测量

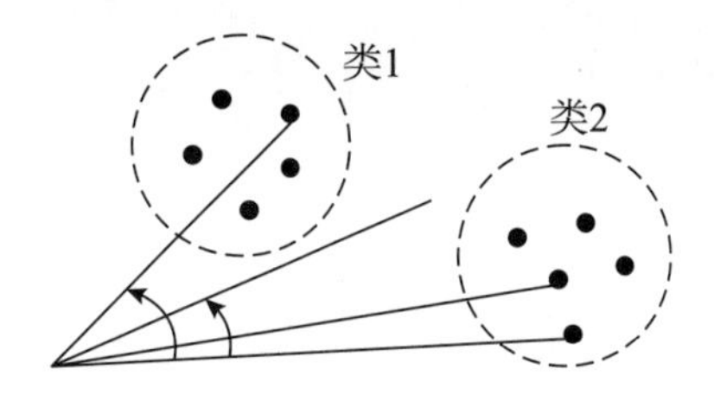

(b) 基于余弦法的相似性测量

图 8-9 聚类的相似性测量

2. 向量归一化

对自组织网络中的当前输入模式向量 $\boldsymbol{X}$、竞争层中各神经元对应的内星权向量 $\boldsymbol{W}_j$（$j=1,2,\cdots,m$），全部进行归一化处理，如图 8-10 所示，得到 $\hat{X}$ 和 $\hat{W}_j$：

$$\hat{X}=\frac{\boldsymbol{X}}{\|\boldsymbol{X}\|},\quad \hat{W}_j=\frac{\boldsymbol{W}_j}{\|\boldsymbol{W}_j\|}$$

8.2.5 自组织神经网络实现

下面通过一个实例来演示自组织神经网络在分类中的应用。

【例 8-4】设计竞争型神经网络来完成如图 8-11 所示的三类模式的分类。

$$\boldsymbol{p}_1=\begin{bmatrix}-0.1961\\0.9806\end{bmatrix},\ \boldsymbol{p}_2=\begin{bmatrix}0.1961\\0.9806\end{bmatrix},\ \boldsymbol{p}_3=\begin{bmatrix}0.9806\\0.1961\end{bmatrix}$$

$$\boldsymbol{p}_4=\begin{bmatrix}0.9806\\-0.1961\end{bmatrix},\ \boldsymbol{p}_5=\begin{bmatrix}-0.5812\\-0.8137\end{bmatrix},\ \boldsymbol{p}_6=\begin{bmatrix}-0.8137\\-0.5812\end{bmatrix}$$

解析：图 8-11 中的三类模式从它们在二维平面上的位置特征来看，具有明显的分类特征，可以采用竞争型神经网络来完成其分类。

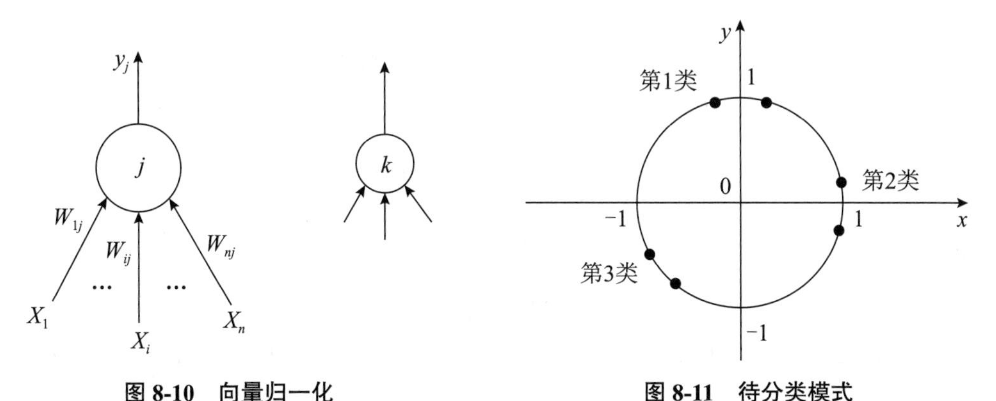

图 8-10 向量归一化 **图 8-11 待分类模式**

本例实现的 MATLAB 程序如下：

```
>>clear all
```

```
%定义输入向量
P=[-0.1961 0.1961 0.9806 0.9806 -0.5812 -0.8137;
    0.9806 0.9806 0.1961 -0.1961 -0.8137 -0.5812];
%创建竞争型网络
net=newc([-1 1;-1 1],3);
%训练神经网络
net=train(net,P);
%定义待测试样本输入向量
p=[-0.1961 0.1961 0.9806 0.9806 -0.5812 -0.8137;
    0.9806 0.9806 0.1961 -0.1961 -0.8137 -0.5812];
%网络仿真
y=sim(net,p);
%输出仿真结果
yc=vec2ind(y)
```

仿真结果如下：

```
yc =
     2     2     1     1     3     3
```

从结果可以看出，设计的竞争型网络很好地完成了分类。

8.3 自组织特征映射网络

自组织特征映射（Self-Organizing Feature Mapping，SOFM）学习根据输入向量在输入空间中的分组方式对输入向量进行分类。它们与竞争层的不同之处在于，自组织映射中的相邻神经元会学习识别输入空间的相邻部分。因此，自组织映射会同时学习训练时所基于的输入向量的分布（如竞争层所做的一样）和拓扑。SOFM 常见结构如图 8-12 所示。

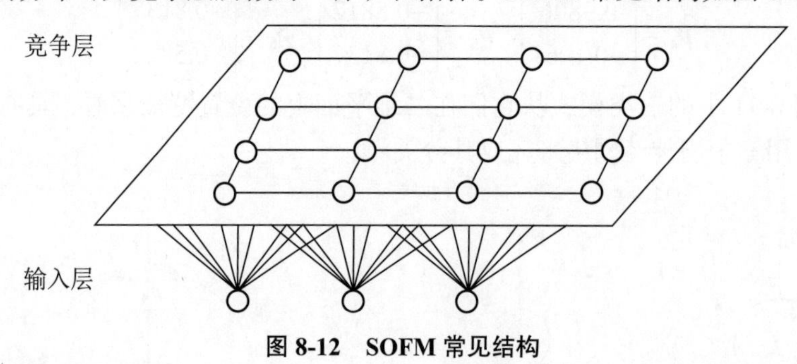

图 8-12 SOFM 常见结构

8.3.1 拓扑结构

由图 8-12 可以看出，自组织特征映射神经网络结构也是两层——输入层和竞争层。与基本的竞争型网络的不同之处是，其竞争层可以由一维或二维网络矩阵方式组成，且权值修正的策略也不同。

（1）一维网络结构与基本的竞争型学习网络相同。

（2）二维网络结构如图 8-12 所示，网络上层有 s 个输出节点，按二维形式排成一个节点矩阵，输入节点处于下方，有 r 个向量，即 r 个节点，所有输入节点到所有输出节点之间都有权值连接，而且在二维平面上的输出节点相互间也可能是局部连接的。

假定网络输入为$X \in R^n$，输出神经元i与输入单元的连接权值为$W_i \in R^n$，则输出神经元i的输出为

$$o_i = W_i X$$

网络实际具有相应的输出单元k，该神经元确定是通过“赢者通吃”的竞争机制得到的，其输出为

$$o_k = \max_i \{o_i\}$$

以上两式可修正为

$$o_i = \sigma\left(\varphi_i + \sum_{t \in S_t} r_k o_t\right), \quad \varphi_i = \sum_{j=1}^{m} w_{ij} x_j, \quad o_k = \max_i \{o_i\} - \varepsilon$$

式中，w_{ij}为输出神经元i和输入神经元j之间的连接权值；x_j为输入神经元j的输出；ε为一个很小的正数；r_k为系数，它与权值及横向连接有关；S_t为与处理单元t相关的处理单元集合；o_k称为浮动阈值函数；$\sigma(t)$为非线性函数，即

$$\sigma(t) = \begin{cases} 0, & t < 0 \\ \sigma(t), & 0 \leqslant t \leqslant A \\ A, & t > A \end{cases}$$

8.3.2 SOM 权值调整

SOM 权值调整算法类似于胜者为王算法，主要区别在于调整权向量和抑制的方式不同。胜者为王算法中只有获胜的唯一的神经元得到了调整向量的机会，其他神经元则被抑制。Kohonen 算法对邻近神经元的影响是由中心到边缘逐渐变弱的，即邻近区域的神经元都有机会调整权向量，不过调整的程度不同，其通过激活函数实现。常见的调整函数有以下几种。

（1）墨西哥草帽函数：获胜节点有最大的权值调整量，邻近的节点有稍小的调整量，离获胜节点距离越大，权值调整量越小，直到某一距离d_0时，权值调整量为 0；当距离再远一些时，权值调整量稍负，更远又回到 0，如图 8-13（a）所示。

（2）大礼帽函数：它是墨西哥草帽函数的一种简化，如图 8-13（b）所示。

（3）厨师帽函数：它是大礼帽函数的一种简化，如图 8-13（c）所示。

以获胜神经元为中心设定一个邻域半径R，该半径固定的范围称为优胜邻域。在 SOM 网学习方法中，优胜邻域内的所有神经元，均按其离开获胜神经元距离的远近，不同程度地调整权值。优胜邻域开始定得较大，但其大小随着训练次数的增加不断收缩，最终收缩到半径为 0。

8.3.3 Kohonen 算法步骤

Kohonen 算法的具体实现步骤如下。

（1）对各参数进行初始化，包括：

- 对输出层各权向量$\boldsymbol{W}_j$赋值，赋一些小的随机数。
- 对输出层各权向量进行归一化处理，得到$\hat{\boldsymbol{W}}_j$。

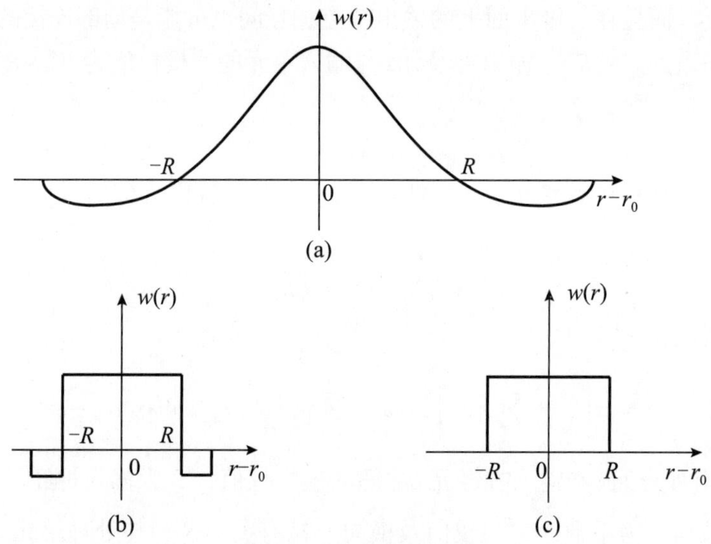

图 8-13 权值调整函数

- 建立初始优胜邻域 $N_j^*(0)$。
- 对学习率 η 进行赋值。

（2）从训练集输入数据，并进行归一化处理，得到 $\hat{X}_p, p \in \{1,2,\cdots,P\}$。

（3）根据输入，得到当前获胜的神经元。计算 $\hat{W}_j$ 与 $\hat{X}_p$ 的点积，找到点积最大的神经元，即为获胜神经元。

（4）以优胜邻域为中心确定 t 时刻的权值调整域。一般情况下，初始邻域 $N_j^*(0)$ 较大，训练过程中 $N_j^*(0)$ 随训练时间逐渐收缩。

（5）调整优胜邻域中的所有神经元的权值，调整公式为

$$w_{ij}(t+1) = w_{ij}(t) + \eta(t,N)[x_i^P - w_{ij}(t)]$$

式中，$\eta(t,N)$ 表示训练时间 t 和 N 的函数。N 为邻域内第 j 个神经元与获胜神经元 j^* 之间的距离。$\eta(t,N)$ 与 t 和 N 均成反比，即随时间越来越小，并且 j 神经元离获胜的 j^* 神经元越远，权值变化越小。

（6）通常根据学习率 η 是否衰减到某个事先约定的阈值判断是否结束算法。

8.3.4 自组织映射网络的实现

本小节演示一维、二维自组织映射网络的实现。

1. 一维自组织映射

一维层中的神经元可通过学习表示输入向量在输入空间中出现的不同区域。此外，邻近的神经元可学习对相似的输入进行响应，从而该层可学习所呈现的输入空间的拓扑。

【例 8-5】创建位于单位圆上的 100 个数据点。

```
% 竞争网络将用于将这些点分成若干自然类，效果如图 8-14 所示
>> angles = 0: 0.5*pi/99: 0.5*pi;
X = [sin(angles); cos(angles)];
```

```
plot(X(1,:),X(2,:),'ro')
>> % 映射将是由 10 个神经元组成的一维层
net = selforgmap(10);
```

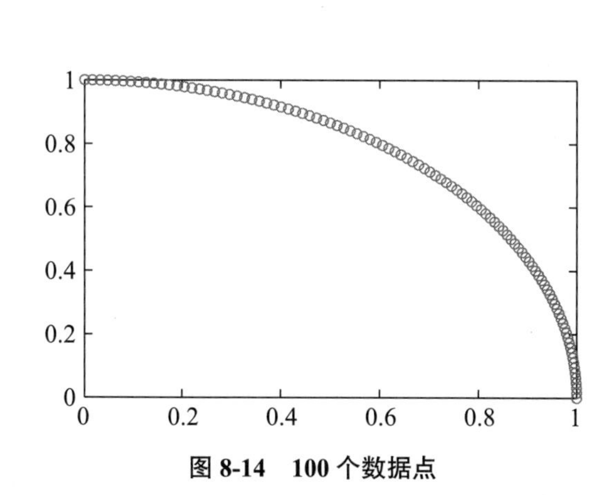

图 8-14　100 个数据点

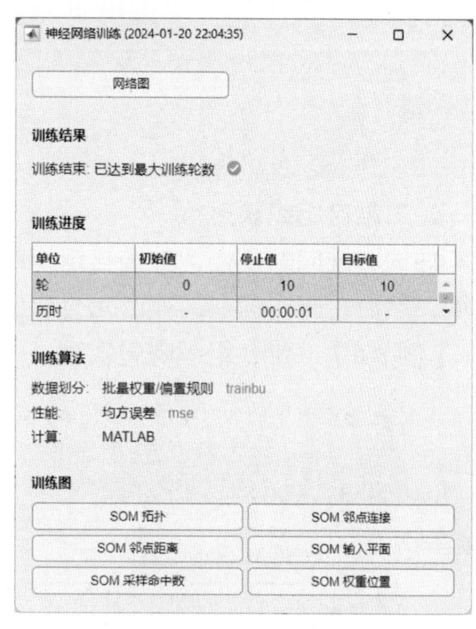

图 8-15　训练过程

```
>> % 指定网络将接受 10 轮训练，并使用 train( ) 基于输入数据对网络进行训练，训练过程如
   % 图 8-15 所示
net.trainParam.epochs = 10;
net = train(net,X);
```

单击图 8-15 中的“SOM 拓扑”按钮，可查看其对应的拓扑图，如图 8-16 所示。

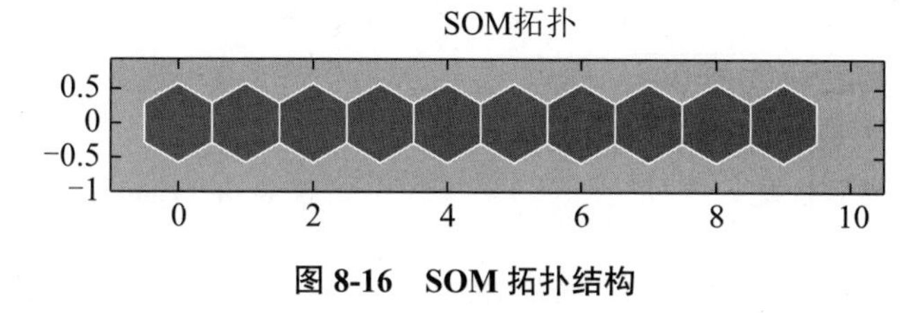

图 8-16　SOM 拓扑结构

现在使用 plotsompos( ) 绘制经过训练的网络的权重位置。

```
>> plotsompos(net)    % 效果如图 8-17 所示，红点是神经元的权重向量，蓝线连接在距离 1
                      % 内的每对红点
```

提示：通过单击图 8-16 中的“SOM 权重位置”按钮也可查看。

该映射现在可用于对输入进行分类，例如 [1;0]。神经元 1 或 0 的输出应该为 1，因为上述输入向量位于所呈现的输入空间的同一端。第一对数字表示神经元，单个数字表示其输出。

```
>> x = [1;0];
a = net(x)
a =
     0
     0
```

```
    0
    0
    0
    0
    0
    0
    0
    1
```

2. 二维自组织映射

如同一维问题一样，二维自组织映射也是学习表示输入向量在输入空间中出现的不同区域，然而在此实例中，神经元会形成二维网格，而不是一条线。

【例 8-6】二维自组织映射实现。

```
% 对一个矩形中的1000 个二元素向量进行分类，效果如图 8-18 所示
>> X = rands(2,1000);
plot(X(1,:),X(2,:),'+r')
```

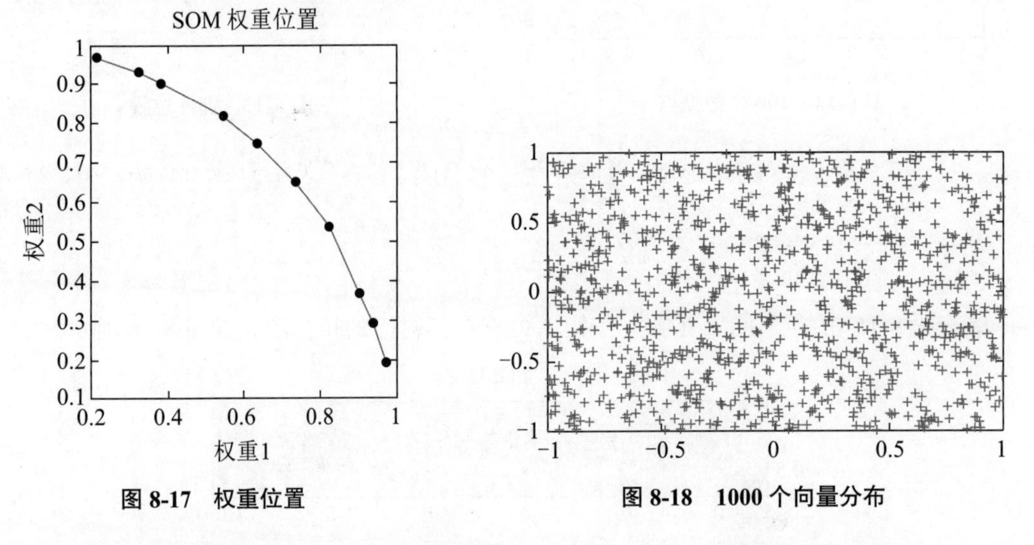

图 8-17 权重位置　　图 8-18 1000 个向量分布

希望每个神经元对矩形的不同区域做出响应，相邻神经元对相邻区域做出响应。将网络配置为匹配输入的维度，此步骤是必需的，因为要绘制初始权重。通常情况下，训练时会自动进行配置。

```
>> net = selforgmap([5 6]); % 使用 5×6 神经元层对上述向量进行分类
net = configure(net,X);
```

可以通过使用 plotsompos 可视化刚创建的网络。

```
>> plotsompos(net)                % 效果如图 8-19 所示
```

图 8-19 的每个神经元在其两个权重的位置用红点表示。最初，所有神经元的权重都相同，位于向量的中间，因此只出现一个点。

现在基于 1000 个向量对映射进行一轮训练，并重新绘制网络权重。在训练后，注意神经元层已开始自组织，每个神经元现在界定输入空间的不同区域，并且相邻（连接的）

神经元对相邻区域做出响应。

```
>> net.trainParam.epochs = 1;         % 设置训练次数
net = train(net,X);                   % 重新训练一次
>> plotsompos(net)                    % 重新绘制权重位置，如图 8-20 所示
```

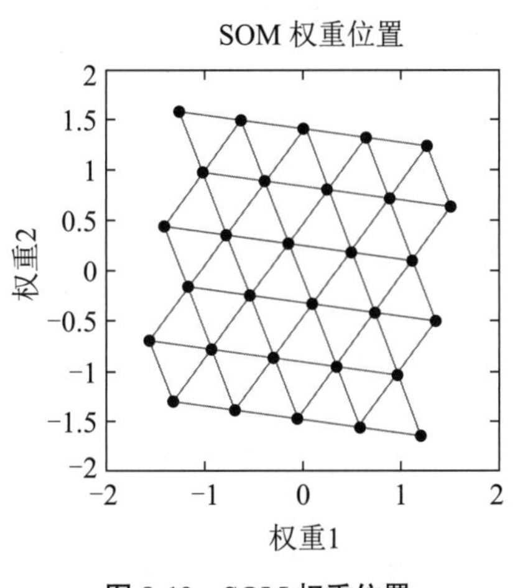

图 8-19　SOM 权重位置

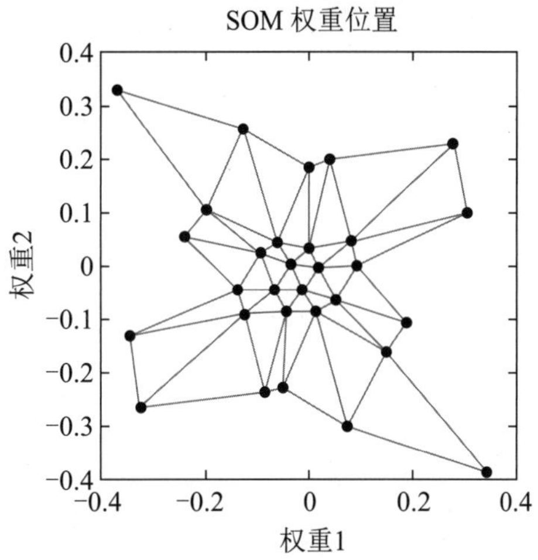

图 8-20　重新训练后的权重位置

可以通过将向量输入网络并观察哪个神经元有响应来对向量进行分类。

```
>> x = [0.5;0.3];
y = net(x)    % 由"1"表示的神经元有响应，因此 x 属于该类
y =
      0
      0
      0
      0
      1
      0
      0
...
      0
      0
```

8.4　使用自组织映射对数据进行聚类

对数据进行聚类是神经网络的另一个绝佳应用。此过程涉及按相似性对数据进行分组。假设要根据花瓣长度、花瓣宽度、萼片长度和萼片宽度对花卉类型进行聚类现在有 150 个样本，并且有它们的上述 4 个测量值。

【例 8-7】使用神经网络聚类训练浅层神经网络对数据进行聚类。

（1）使用 nctool 打开神经网络聚类。

```
>> nctool          % 效果如图 8-21 所示
```

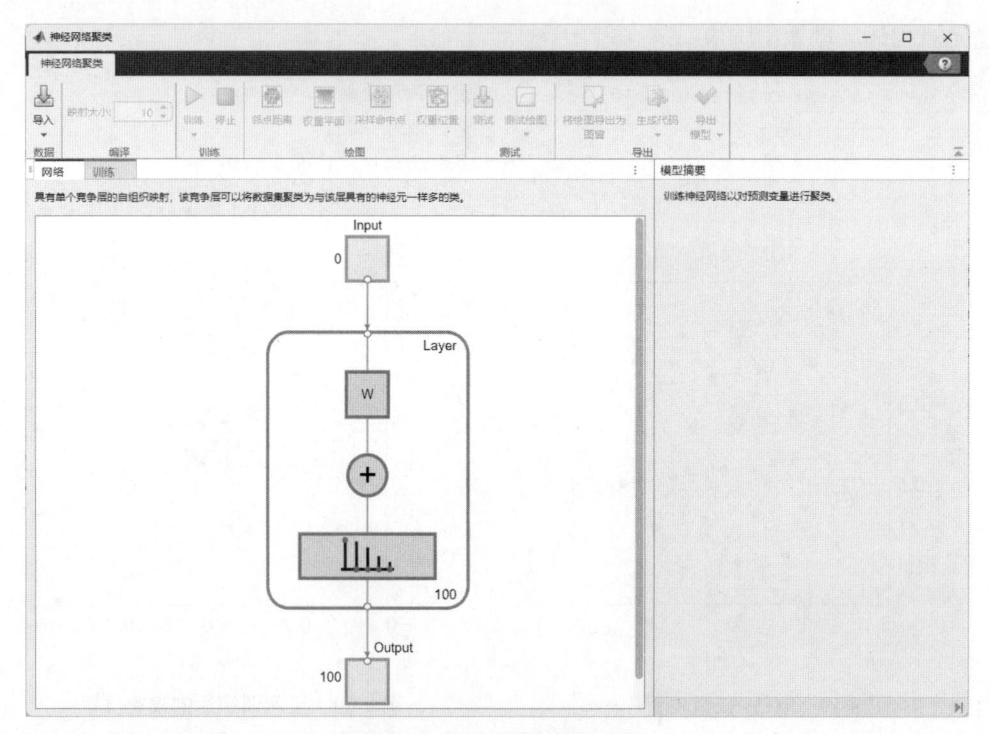

图 8-21　神经网络聚类界面

（2）选择数据。

要导入实例鸢尾花聚类数据，可选择“导入”→“导入鸢尾花数据集”，如图 8-22 所示。如果从文件或工作区导入自己的数据，则必须指定预测变量，以及观测值是位于行中还是列中。

提示：神经网络聚类提供了实例数据来帮助训练神经网络。

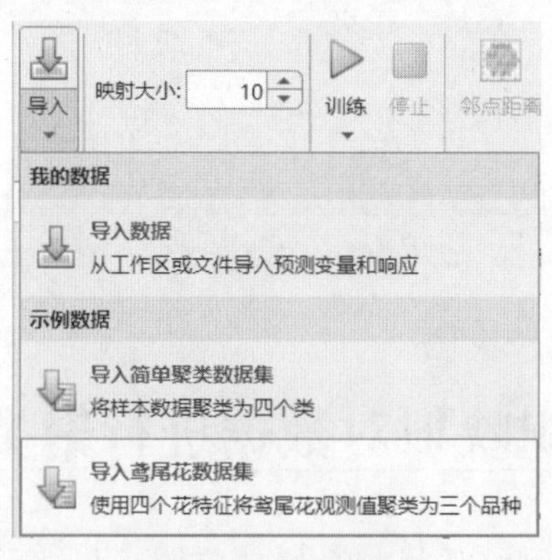

图 8-22　导入数据

有关导入数据的信息显示在“模型摘要”中，如图 8-23 所示。此数据集包含 150 个观测值，每个观测值有 4 个特征。

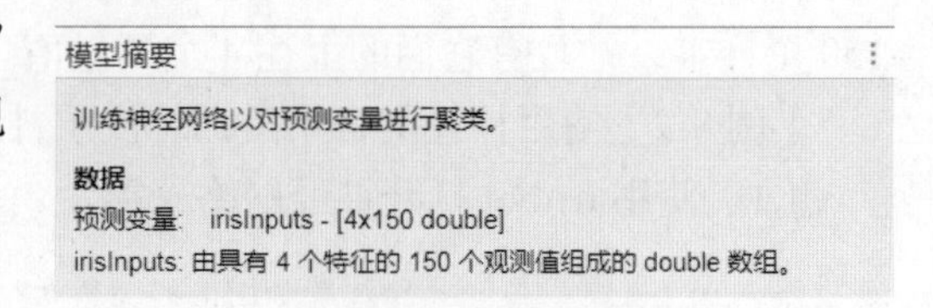

图 8-23　模型摘要

（3）创建网络。

对于聚类问题，自组织特征映射（SOM）

是最常用的网络。此网络的一个层的神经元以网格形式组织。自组织映射学习基于相似性对数据进行聚类。

要创建网络，需先指定映射大小，对应网格中的行数和列数。对于此实例，将映射大小设置为 10，对应 10 行 10 列的网格。神经元的总数等于网格中的点数，在实例中，映射有 100 个神经元。可以在网格中看到网络架构，如图 8-21 所示。

（4）训练网络。

要训练网络，需单击训练按钮，效果如图 8-24 所示。在训练窗格中，可以看到训练进度。训练会一直持续，直到满足其中一个停止条件。在实例中，训练会一直持续，直到达到最大训练轮数。

训练结果

训练结束: 已达到最大训练轮数

训练进度

单位	初始值	停止值	目标值
轮	0	200	200
历时	-	00:00:00	-

图 8-24　训练网络

（5）分析结果。

要分析训练结果，需要生成绘图。对于 SOM 训练，与每个神经元关联的权重向量都会朝着成为输入向量簇中心的方向移动。此外，拓扑中彼此相邻的神经元也应在输入空间中相互靠近，因此可以在网络拓扑的两个维度中可视化高维输入空间。默认的 SOM 拓扑是六边形的。

要绘制 SOM 采样命中数，可在“绘图”部分中单击“采样命中数”，如图 8-25 所示，会得到图 8-26 所示的拓扑的神经元位置，并指示每个神经元（簇中心）有多少观测值相关联。该拓扑是一个 10 × 10 网格，因此有 100 个神经元。与任一神经元关联的最大命中数为 5。因此，该簇中有 5 个输入向量。

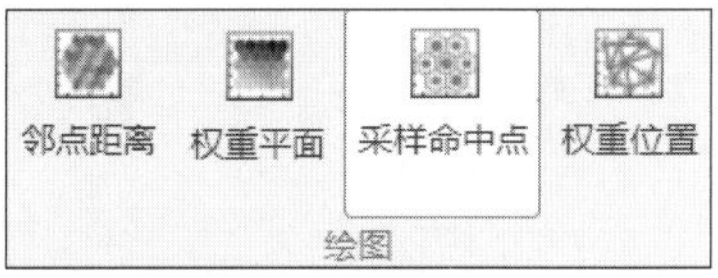

邻点距离　权重平面　采样命中点　权重位置

绘图

图 8-25　绘图

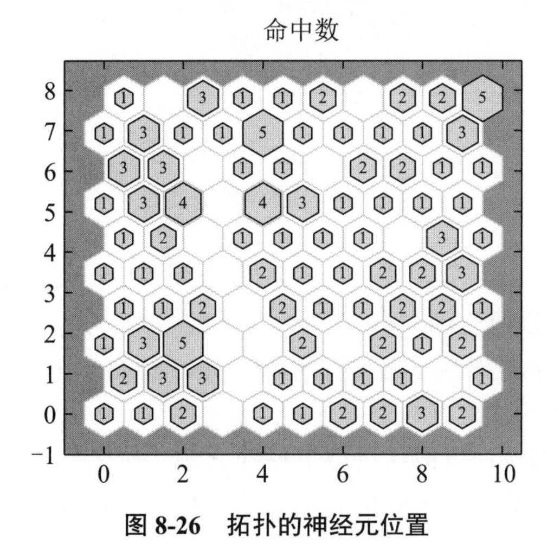

图 8-26　拓扑的神经元位置

在“绘图”部分中单击“权重平面”，会得到图 8-27 所示的显示输入特征的每个元素的权重平面（实例中为 4 个）。该图显示将每个输入连接到每个神经元的权重，颜色越暗，表示权重越大。如果两个特征的连接模式非常相似，则可以假设这两个特征高度相关。

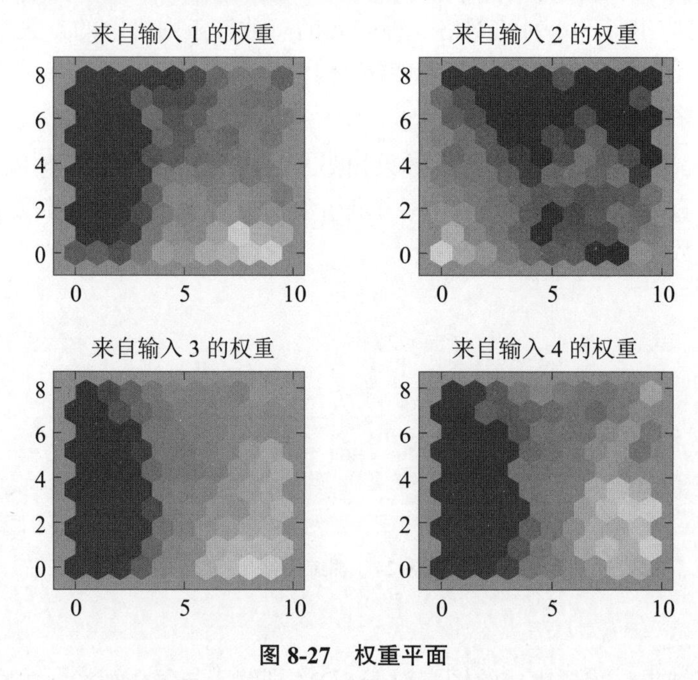

图 8-27　权重平面

在“绘图”部分中单击“权重位置”，会得到图 8-28 所示的 SOM 权重位置。

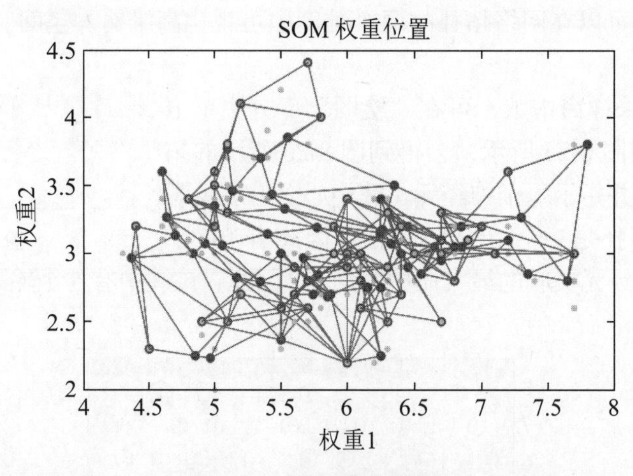

图 8-28　SOM 权重位置

在“绘图”部分中单击“邻点距离”，会得到图 8-29 所示的 SOM 邻点距离，图中蓝色六边形表示神经元。红线连接相邻的神经元。包含红线的区域中的颜色指示神经元之间的距离。颜色越深，表示距离越远；颜色越浅，表示距离越近。有一条深色带穿过该图，SOM 网络看上去已将花卉聚类成两个不同的组。

如果对网络性能不满意，可以执行以下操作之一。

- 重新训练网络。每次训练都会采用不同网络初始权重和偏置，并且在重新训练后可以产生改进的网络。

- 通过增大映射大小来增大神经元的数量。
- 使用更大的训练数据集。

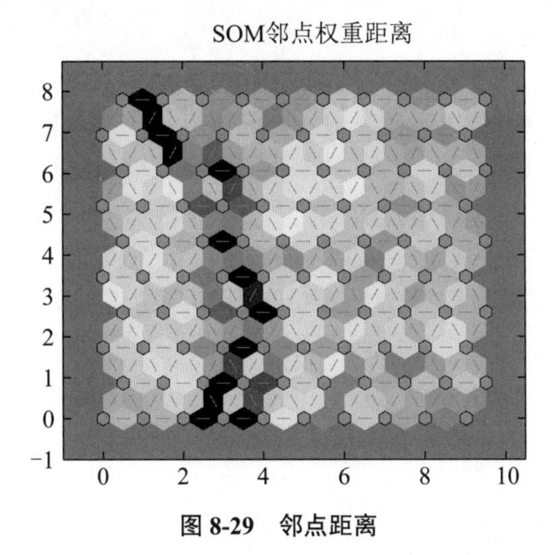

图 8-29　邻点距离

此外，还可以评估基于附加测试集的网络性能。要加载附加测试数据来评估网络，需在“测试”部分中单击“测试”，会生成图来分析附加测试结果。

（6）生成代码。

选择“生成代码”→“生成简单的训练脚本”以创建 MATLAB 代码，从命令行重现前面的步骤。如果要了解使用工具箱的命令行功能自定义训练过程，则创建 MATLAB 代码会很有帮助。在使用命令行函数对数据进行聚类的过程中，可以更详细地研究生成的脚本。

```
x = irisInputs;

% 创建 SOM 网络
dimension1 = 10;
dimension2 = 10;
net = selforgmap([dimension1 dimension2]);

% 练网络
[net,tr] = train(net,x);
% 测试网络
y = net(x);
% 网络可视化
view(net)
figure, plotsomtop(net)
```

8.5　学习向量量化神经网络

学习向量量化神经网络（Learning Vector Quantization，LVQ）在竞争型神经网络的基础上，由 Kohonen 提出其核心为将竞争学习与有监督学习相结合，学习过程中通过监督信号对输入样本的分配类别进行规定，其克服了自组织网络采用无监督学习算法带来的缺乏分类信息的弱点。

8.5.1 量化的定义

在数字信号处理领域，量化是指将信号的连续取值（或大量可能的离散取值）近似为有限多个（或较少）离散值的过程，简单来说就是将连续值进行离散化。向量量化是对标量量化的扩展，更适用于高维数据。

通常情况下，向量量化的思路是：在高维空间，把它分成多个不同的区域，对每个区域指定一个中心向量，此处可以类比于聚类问题中的聚类中心。当输入数据映射到这个区域中时，可以用中心向量与中心的距离代表这个数据。最终结果就形成了以中心向量为中心的集合，这就是 LVQ 的中心思想。

8.5.2 LVQ 神经网络

LVQ 能将高维数据映射到二维输入平面上，如图 8-30 所示。前面介绍的 SOFM 算法是类似的向量量化算法，能用少量的聚类中心表示原始数据。但 SOFM 的各相邻聚类中心对应的向量具有某种相似的特征，而一般向量量化的中心不具备这种特点。

LVQ 网络由输入层、竞争层和输出层 3 层组成，输入层与竞争层间为完全连接，每个输出层神经元与竞争层神经元的不同组相连接。竞争层和输出层神经元之间的连接权值固定为 1。在网络训练过程中，输入层和竞争层神经元间的权值会被修改。

LVQ 神经网络的结构如图 8-31 所示。

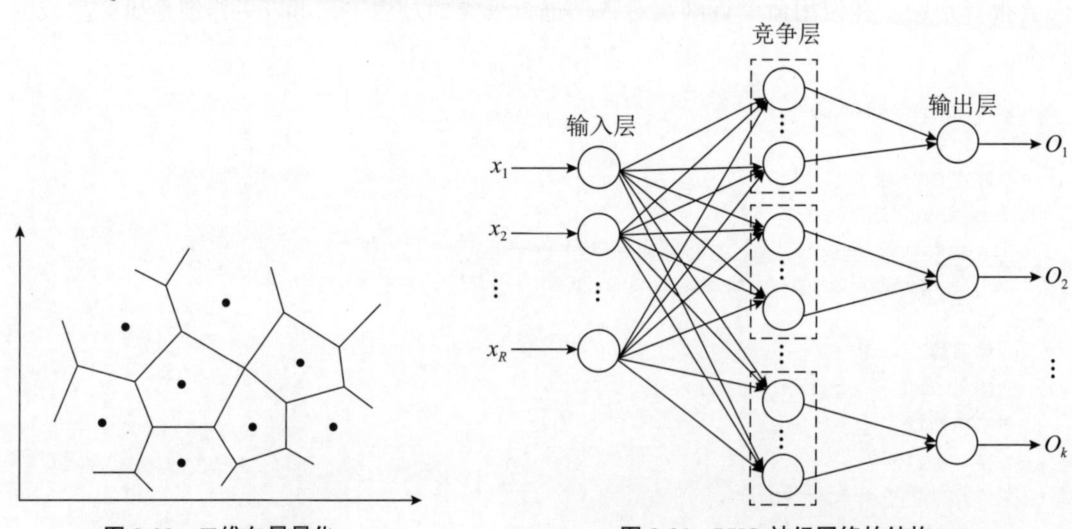

图 8-30 二维向量量化

图 8-31 LVQ 神经网络的结构

当某个输入模式被输入网络时，最接近输入模式的竞争神经元因获得激发而赢得竞争，因而允许它产生一个“1”，而其他竞争层神经元都被迫产生“0”。与包含获胜神经元的竞争层神经元组相连接的输出神经元也发出“1”，而其他输出神经元均发出“0”。

8.5.3　LVQ 网络算法

LVQ 算法具体步骤如下。

（1）网络初始化。

输入层到竞争层的权值设为 $\boldsymbol{W}^{(1)}=(w_1^{(1)},w_2^{(1)},\cdots,w_m^{(1)})^{\mathrm{T}}$，给 $\boldsymbol{W}^{(1)}$ 赋初始值，确定初始学习速率 η 和训练次数 T。

（2）输入样本向量。

将输入向量 $\boldsymbol{X}=(x_1,x_2,\cdots,x_n)^{\mathrm{T}}$ 送入输入层。

（3）寻找获胜神经元。

找到和输入变量最接近的权重对应的神经元，即为获胜神经元，记作 j^*，其满足以下条件：

$$\left\|\boldsymbol{X}-\boldsymbol{W}_{j^*}^{(1)}\right\|=\min_{j}\left\|\boldsymbol{X}-\boldsymbol{W}_{j}^{(1)}\right\|$$

（4）权重调整。

得到获胜神经元后，判断其分类与预期分类是否正确（即监督信号是否和期望结果一致），并根据判断结果调整权重。

- 如果一致（即分类正确），向靠近输入样本方向调整权重，按以下公式进行：

$$\boldsymbol{W}_{j^*}^{(1)}(t+1)=\boldsymbol{W}_{j^*}^{(1)}(t)+\eta(t)\left[\boldsymbol{X}-\boldsymbol{W}_{j^*}^{(1)}\right]$$

- 如果不一致（即分类错误），向背离输入样本的方向调整权重，按以下公式进行：

$$\boldsymbol{W}_{j^*}^{(1)}(t+1)=\boldsymbol{W}_{j^*}^{(1)}(t)-\eta(t)\left[\boldsymbol{X}-\boldsymbol{W}_{j^*}^{(1)}\right]$$

（5）更新学习速度。

更新学习速度的公式为

$$\eta(t)=\eta(0)\left(1-\frac{t}{T}\right)$$

（6）判断是否满足预先设定的最大迭代次数，满足则算法结束，否则返回步骤（2），进入下一轮学习。

实际上，可以将 LVQ 算法分成以下两部分。

（1）寻找获胜神经元。其实寻找获胜神经单元的过程就是在找中心向量，通过不断地训练（寻找），中心向量会越来越明确，即竞争层中组与组之间的区分会越来越明显，最终就会形成固定的几组（可以类比成聚类）。

（2）通过监督学习算法进行权重调整。这个过程通过比较输入样本与权重，不断地更新权重和学习率等参数。

这两部分结合，能够达到很好的分类效果。

8.5.4　LVQ 网络的实现

下面通过一个实例来演示 LVQ 的实现。

【例 8-8】设计 LVQ 网络，根据给定目标对输入向量进行分类。

```
%令 x 为 10 个二元素样本输入向量，c 为这些向量所属的类。这些类可以通过 ind2vec 变换为
%用作目标 t 的向量
```

```
>> x = [-3 -2 -2  0  0  0  0 +2 +2 +3;
       0 +1 -1 +2 +1 -1 -2 +1 -1  0];
c = [1 1 1 2 2 2 2 1 1 1];
t = ind2vec(c);
%绘制这些数据点
>> colormap(hsv);
plotvec(x,c)  %红色 = 第 1 类，青色 = 第 2 类，效果如图 8-32 所示
title('输入向量');
xlabel('x(1)');
ylabel('x(2)');
```

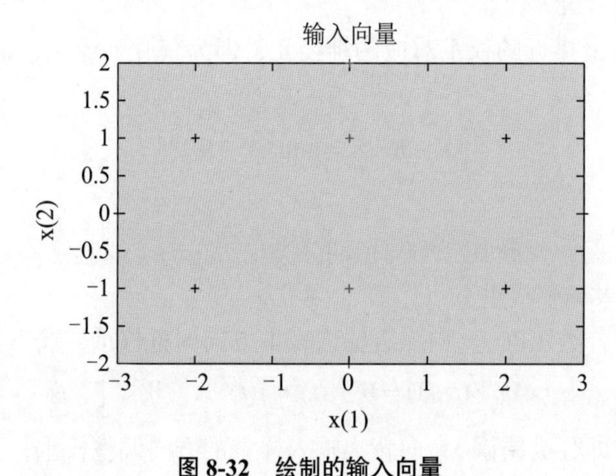

图 8-32　绘制的输入向量

LVQ 网络表示具有隐藏神经元的向量聚类，并将这些聚类与输出神经元组合在一起以形成期望的类。

在以下代码中，lvqnet 创建了一个具有 4 个隐藏神经元的 LVQ 层，学习速率为 0.1。然后针对输入 x 和目标 t 配置网络。

```
>> net = lvqnet(4,0.1);
net = configure(net,x,t);
```

提示：配置通常不是必要步骤，因为 train( ) 会自动完成配置。

```
%按如下方式绘制竞争神经元权重向量
>> hold on
w1 = net.IW{1};
plot(w1(1,1),w1(1,2),'ow')  %效果如图 8-33 所示
title('输入/权重向量');
xlabel('x(1), w(1)');
ylabel('x(2), w(2)');
```

想要训练网络，首先要改写默认的训练轮数，然后再训练网络。训练完成后，重新绘制输入向量“+”和竞争神经元的权重向量“o”。红色 = 第 1 类，青色 = 第 2 类。

```
>> net.trainParam.epochs=150;
net=train(net,x,t);                %训练过程如图 8-34 所示
view(net);                         %效果如图 8-35 所示
```

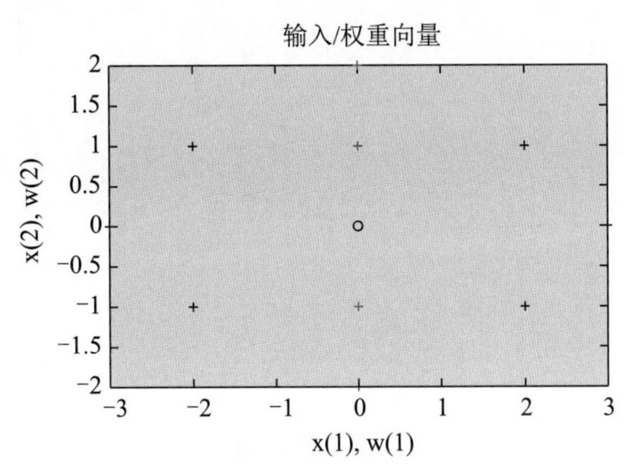

图 8-33　输入 / 权重向量

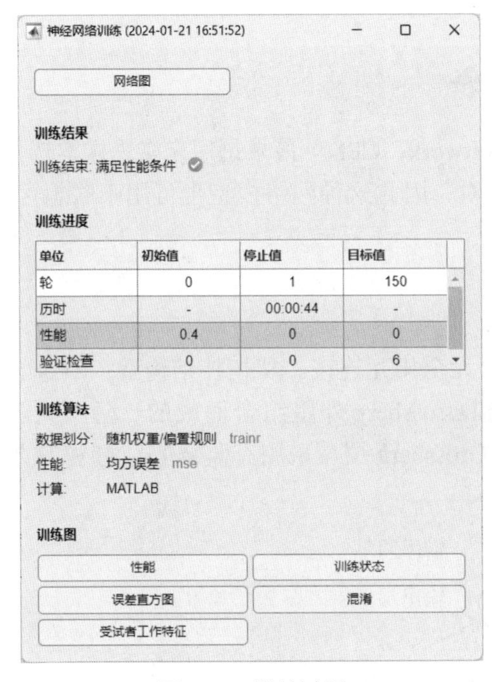

图 8-34　训练过程

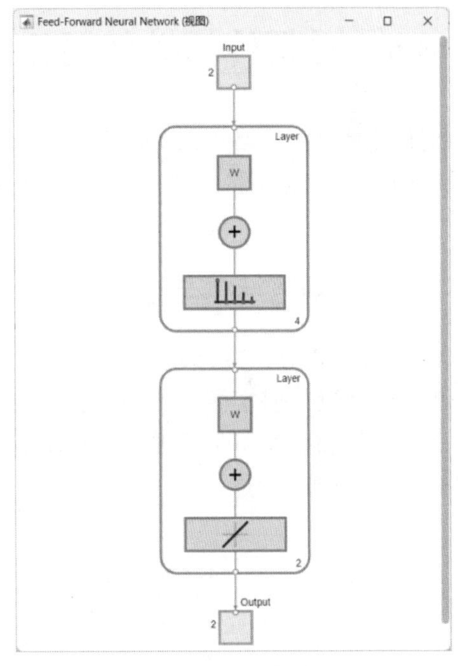

图 8-35　网络图

```
>> cla;
plotvec(x,c);   % 训练网络后的分类效果如图 8-36 所示
hold on;
plotvec(net.IW{1}',vec2ind(net.LW{2}),'o');
```

最后使用 LVQ 网络作为分类器，其中每个神经元都对应于一个不同的类别。提交输入向量 [0.2;1]。红色 = 第 1 类，青色 = 第 2 类。

```
>> x1 = [0.2; 1];
y1 = vec2ind(net(x1))
y1 =
     2
```

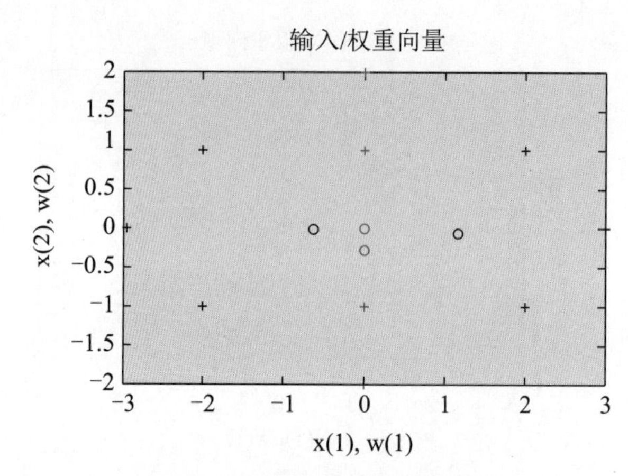

图 8-36　训练网络后的分类效果

8.6　对偶传播神经网络

对偶传播神经网络（Counter Propagation Network，CPN）最早是用来实现样本选择匹配系统的。CPN 能存储二进制或模拟值的模式对，因此这种网络模型也可用于联想存储、模式分类、函数逼近、统计分析和数据压缩等。

8.6.1　网络结构与运行原理

CPN 结构如图 8-37 所示，各层之间的神经元全相互连接。从拓扑结构看，CPN 与三层 BP 网络相近，但实际上 CPN 是由自组织和 Grossberg 外星组合而成的。隐藏为隐藏层，采用无监督的竞争学习规则，而输出层为 Grossberg 层，采用有监督信号的 W-H 规则或 Grossberg 规则学习。

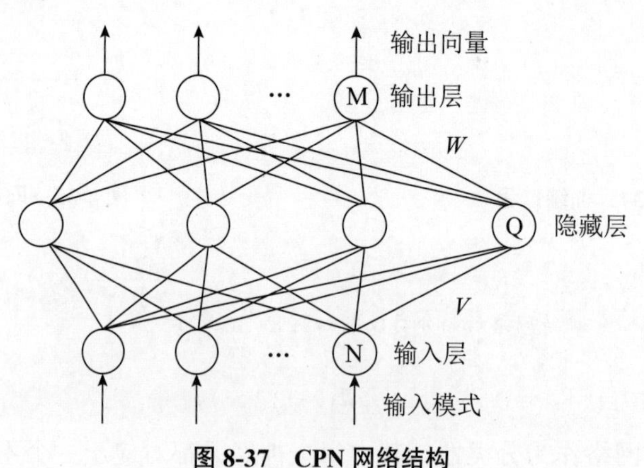

图 8-37　CPN 网络结构

网络各层按两种学习规则训练后，运行阶段首先向网络送入输入变量，隐藏层对这些输入进行竞争计算，获胜者成为当前输入模式类的代表，同时该神经元成为如图 8-38（a）所示的活跃神经元，输出值为 1，而其余神经元处于非活跃状态，输出值为 0。竞争获胜的隐藏神经元激活输出层神经元，使其产生如图 8-38（b）所示的输出模式。由于竞争失败的神经元输出为 0，不参与输出层的整合，因此输出就由竞争获胜的神经元的外星权重确定。

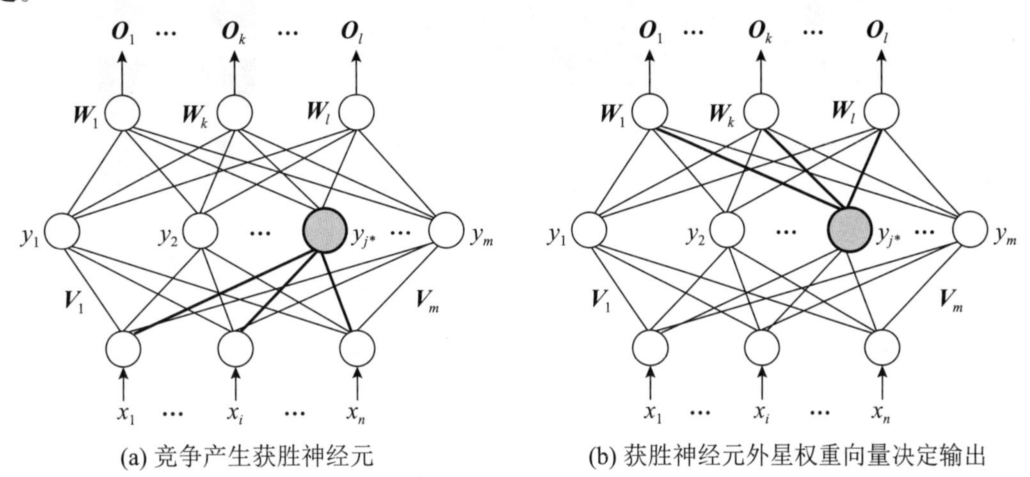

(a) 竞争产生获胜神经元　　(b) 获胜神经元外星权重向量决定输出

图 8-38　竞争神经元

8.6.2　学习算法

网络学习分为以下两个阶段。

第一阶段，是竞争学习算法对隐藏层神经元的内星权重向量进行训练。

第二阶段，是外星学习算法对隐藏层的神经元的外星权重向量进行训练。

下面对外星权重向量的训练步骤进行介绍。

（1）输入一个模式以及对应的期望输入，计算网络隐节点净输入，隐节点的内星权重向量采用上一阶段中的训练结果。

（2）确定获胜神经元使其输出为 1。

（3）调整隐藏层到输出层的外星权重向量，调整规则为

$$W_{j^*}(t+1)=W_{j^*}(t)+\beta(t)[d-O(t)]$$

式中，β 为外星规则学习速率，是随时间下降的退火函数；$O(t)$ 为输出层神经元的输出值。

由以上规则可知，只有获胜神经元的外星权向量得到调整，调整的目的是使外星权重向量不断靠近并等于期望输出，从而将该输出编码到外星权向量中。

8.6.3　改进 CPN

从双获胜神经元 CPN 和双向 CPN 两方面对 CPN 进行改进。

1. 双获胜神经元 CPN

在完成训练后的运行阶段允许隐藏层有两个神经元同时竞争获得胜利，这两个获胜神经元均取值为 1，其他神经元则取值为 0，于是有两个获胜神经元同时影响网络输出。图 8-39 给出了一个实例，表明 CPN 能对复合输入模式包含的所有训练样本对应的输出进行线性叠加，这种能力对于图像的叠加等应用十分适合。

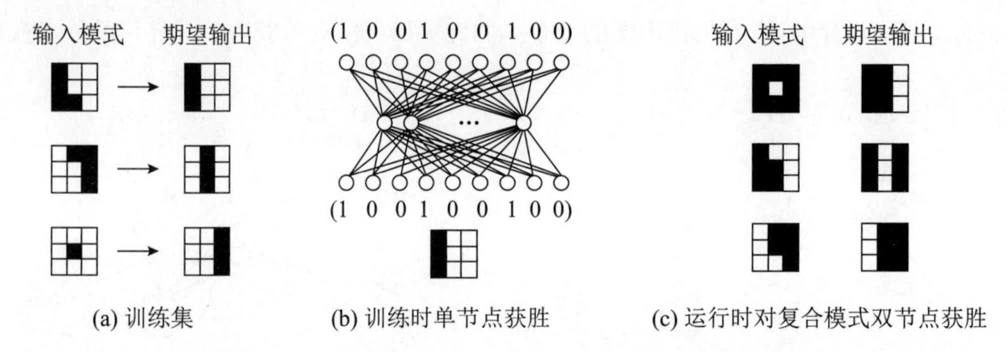

图 8-39 CPN 网络对复合输入模式包含对应输出的线性叠加

2. 双向 CPN

双向 CPN 是将 CPN 的输入层和输出层各自分为两组，如图 8-40 所示。双向 CPN 的优点是可以同时学习两个函数，例如，$Y = f(X)$ 与 $X' = f(Y)$。

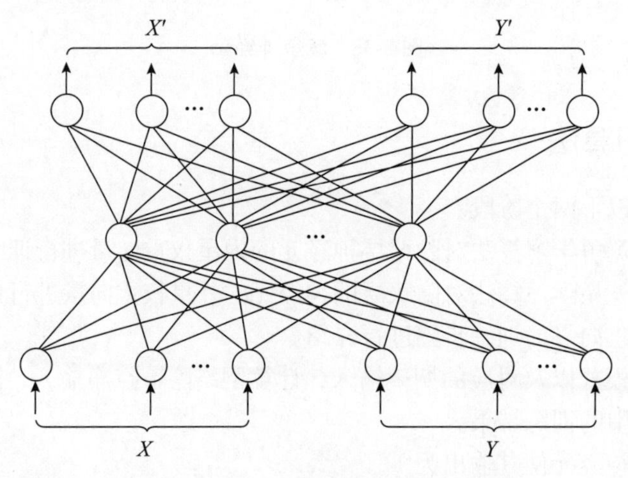

图 8-40 CPN 网络同时学习两个函数

当两个函数互逆时，有 $X = X',\ Y = Y'$，可用双向 CPN 进行数据压缩与解压缩，可将其中一个函数 f 作为压缩函数，将其逆函数 g 作为解压缩函数。

实质上，双向 CPN 并不要求两个互逆函数是解析表达的，更一般的情况是 f 和 g 是互逆的映射关系，从而可利用双向 CPN 实现互联性。

8.6.4 CPN 实现

下面举一个与日常生活相关的例子来说明 CPN 的应用。

【例 8-9】创建一个 CPN，在已知一个人本星期应该完成的工作量和此人当时的思想情绪状态的情况下，对此人星期日下午的活动安排提出建议。

按照一般情况，将工作量分为 3 个档次，即没有、有一些和很多，所对应的量化值分别为 0、0.5 和 1；把思想情绪也分为 3 个水平，即低、一般和高，所对应的量化值分别为 0、0.5 和 1。可选择的活动有 5 个，即在家里看画报、去购物、去散步、与朋友一起吃饭和工作。工作量和思想情绪状态一共有 6 种组合，这 6 种组合分别对应各自的最佳活动选择。网络训练样本模式如表 8-1 所示。

表 8-1　网络训练样本模式

工　作　量	思　想　情　绪	活　动　安　排	目　标　输　出
没有 0	低 0	看画报	10000
有一些 0.5	低 0	看画报	10000
没有 0	一般 0.5	购物	01000
很多 1	高 1	散步	00100
有一些 0.5	高 1	吃饭	00010
很多 1	一般 0.5	工作	00001

把这组训练样本提供给网络进行充分学习后，网络就具有了一种“内插”功能，即当网络输入一对在（0，1）区间中反映工作量和情绪的量化值后，网络会自动根据原有的记忆，找出对应这对量化值的最佳活动选择，以输出模式的形式提供给用户作为决策参数。

实际上，不光 CPN 具有这种“内插”功能，BP 网络、SOM 网络也具有这种功能。从模式识别的角度上讲，这些网络具有对输入模式进行分类的功能。

可惜的是，功能如此强大的 CPN，神经网络工具箱中竟然没有支持它的函数。但是，可根据前面给出的 CPN 的学习及训练算法过程，利用 MATLAB 强大的数学计算功能，实现解决该问题的 CPN。

根据要求，该网络的输入层应该有 2 个神经元，输出层应该有 5 个神经元。为了更加准确地解决问题，将竞争层神经元设置为 18 个。星期日下午活动安排决策 CPN 结构如图 8-41 所示。

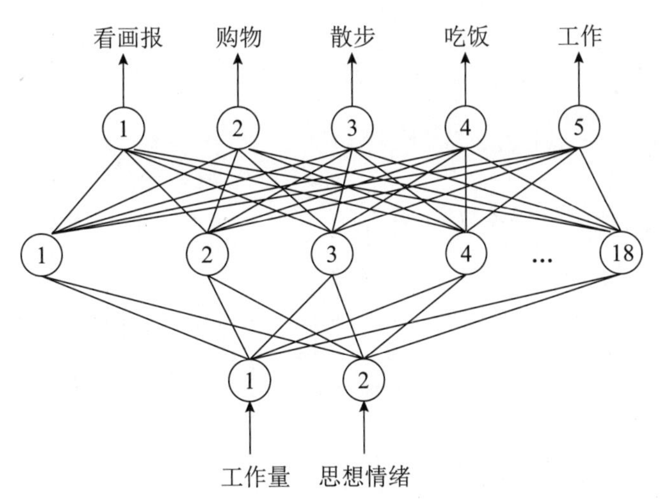

图 8-41　星期日下午活动安排决策 CPN 结构

其实现的 MATLAB 代码如下：

```
>> clear all;
%初始化正向权值w和反向权值v
w=rands(18,2)/2+0.5;
v=rands(5,18)/2+0.5;
%输入向量P和目标向量T
P=[0 0;0.5 0.5;0 0.5;1 1;0.5 1;1 0.5];
T=[1 0 0 0 0;1 0 0 0 0;0 1 0 0 0;0 0 1 0 0;0 0 0 1 0;0 0 0 0 1];
T_out=T;
```

```
%设定学习步数为1000次
epoch=1000;
%归一化输入向量P
for i=1: 6
    if P(i,:)==[0 0];
        P(i,:)=P(i,:);
    else
        P(i,:)=P(i,:)/norm(P(i,:));
    end
end
%开始训练
while epoch>0
    for j=1: 6
        %归一化正向权值w
        for i=1: 8
            w(i,:)=w(i,:)/norm(w(i,:));
            s(i)=P(j,:)*w(i,:)';
        end
        %求输出为最大的神经元，即获胜神经元
        temp=max(s);
        for i=1: 8
            if temp==s(i)
                count=i;
            end
            %将所有竞争层神经元的输出置为0
            for i=1: 8
                s(i)=0;
            end
            %将获胜神经元的输出置为1
            s(count)=1;
            %权值调整
            w(count,:)=w(count,:)+0.1*[P(j,:)-w(count,:)];
            w(count,:)=w(count,:)/norm(w(count,:));
            v(:,count)=v(:,count)+0.1*(T(j,:)'-T_out(j,:)');
            %计算网络输出
            T_out(j,:)=v(:,count)';
        end
        %训练次数递减
        epoch=epoch-1;
    end
    %训练结束
end
T_out
    %网络回想，其输入模式为Pc
    Pc=[0.5 1;1 1];
    %初始化Pc
    for i=1: 2
        if Pc(i,:)==[0 0]
```

```
            Pc(i,:)=Pc(i,:);
        else
            Pc(i,:)=Pc(i,:)/norm(Pc(i,:));
        end
    end
    %网络输出
    Outc=[0 0 0 0 0;0 0 0 0 0];
    for j=1: 2
        for i=1: 18
            sc(i)=Pc(j,:)*w(j,:)';
        end
        tempc=max(sc);
        for i=1: 18
            if tempc==sc(i)
                countp=i;
            end
            sc(i)=0;
        end
        sc(countp)=1;
        Outc(j,:)=v(:,countp)';
    end
    %回想结束
    Outc
```

运行程序，输出如下：

```
T_out =
   1.0e+05 *
    1.7018    1.8341   -0.5091    0.2541   -1.4068
   -0.0737   -0.0795    0.0220   -0.0111    0.0609
   -0.0337   -0.0364    0.0101   -0.0051    0.0279
   -0.0155   -0.0167    0.0046   -0.0023    0.0128
   -0.0071   -0.0076    0.0021   -0.0011    0.0059
   -0.0032   -0.0035    0.0010   -0.0005    0.0027
Outc =
    0.9106    0.1818    0.2638    0.1455    0.1361
    0.9106    0.1818    0.2638    0.1455    0.1361
```

由输出结果可见，经过1000次训练后，网络的实际输出和目标输出是一致的，这说明训练过程是有效的。

Outc是网络回想的输出，实际上也即是网络测试的结果，在此给出了两种特定的组合状态，即（0.5,1）和（1,1），这两种组合分别对应吃饭和去散步，可见网络给出了正确的建议。

8.7 自适应共振理论网络

自适应共振理论（Adaptive Resonance Theory，ART）网络于1976年提出，经过多年的研究和不断发展，ART网络已有3种形式：ART Ⅰ型处理双极型或二进制信号；ART Ⅱ

型是 ART Ⅰ的扩展形式，用于处理连续型模拟信号；ART Ⅲ型是分级搜索模型，兼容前两种结构的功能并将两层神经网络扩大为任意多层神经元网络。由于 ART Ⅲ型在神经元的运行模型中纳入了生物神经元的生物电化学反应机制，因而具备了很强的功能和可扩展能力。

8.7.1 ART Ⅰ型网络

对 ART Ⅰ型神经网络的三元素——神经元模型、网络结构以及学习算法进行介绍。

1. 网络结构

ART Ⅰ型网络结构如图 8-42 所示。

ART Ⅰ型网络结构由两层神经元构成两个子系统，分别为比较层 C 和识别层 R，包含 3 种控制信号：复位信号 R，逻辑控制信号 G_1 和 G_2。

2. *C* 层结构

C 层结构如图 8-43 所示。

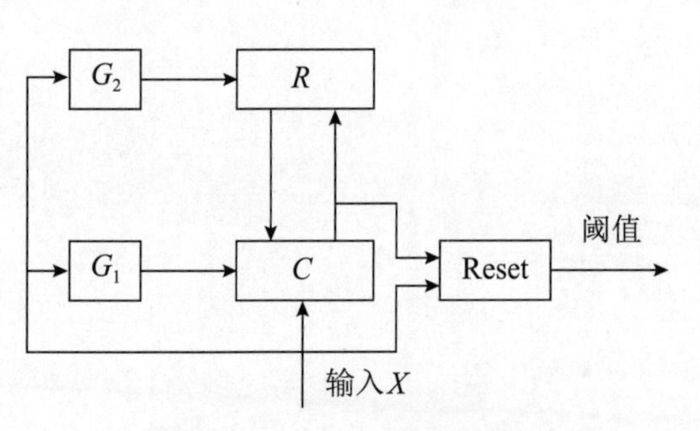

图 8-42 ART Ⅰ型网络结构

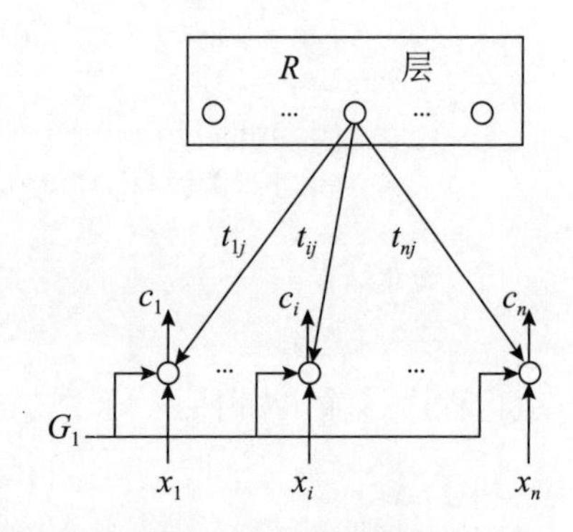

图 8-43 *C* 层结构

该层有 n 个神经元，每个神经元接收来自 3 方面的信号：外界输入信号、R 层获胜神经元的外星权重向量的返回信号和控制信号 G_1。C 层神经元的输出是根据 2/3 的多数表决原则产生的，输出值与三个信号中的多数信号值相同。

网络开始运行时，$G_1=1$，识别层尚未产生竞争获胜神经元，因此反馈信号为 0。由 2/3 规则，C 层输出应取决于输入信号，即 $C=X$。当网络识别层出现反馈回送信号时，$G_1=0$，由 2/3 规则，C 层输出取决于输入信号与反馈信号的比较结果，如果 $x_i=t_{ij}$，则 $c_i=x_i$，否则 $c_i=0$。

3. *R* 层结构

R 层结构如图 8-44 所示。

R 层功能相当于前馈竞争网络，R 层有 m 个神经元，代表 m 个输入模式类，m 可以动态增长，以设立新的模式类。C 层的输出向量 $\boldsymbol{C}$ 沿着 R 层神经元的内星权向量到达 R 层神经元，经过竞争在产生获胜神经元处指示本次输入模式的所属类别。获胜神经元输出为 1，其余为 0。R 层每个神经元都对应两个权重向量，一个是将 C 层前馈信号汇聚到 R 层的内星权重向量，另一个是将 R 层反馈信号散发到 R 层的外星权重向量。

4. 控制信号

信号 G_2 检测输入模式 X 是否为 0，它等于 X 各分量的逻辑或，如果 x_i 全为 0，则

$G_2=0$，否则 $G_2=1$。R 层输出向量各分量的逻辑或为 R_0，则信号 $G_1=G_2$（R_0 的非）。当 R 层输出向量的各分量全为 0 而输入向量 X 不是 0 向量时，G_1 为 1，否则 G_1 为 0。G_1 的作用是使比较层能够区分运行的不同阶段，网络开始运行阶段 G_1 的作用是使 C 层对输入信号直接输出，之后 G_1 的作用是使 C 层行使比较功能，此时 c_i 为 x_i 和 t_{ij} 的比较信号，两者同时为 1，则 c_i 为 1，否则为 0。Reset 信号的作用是使 R 层竞争获胜神经元无效，如果根据某种事先设定的测量标准，T_j 与 X 未达到设定的相似度，表明两者未充分接近，则系统发出 Reset 信号，使竞争获胜神经元无效。

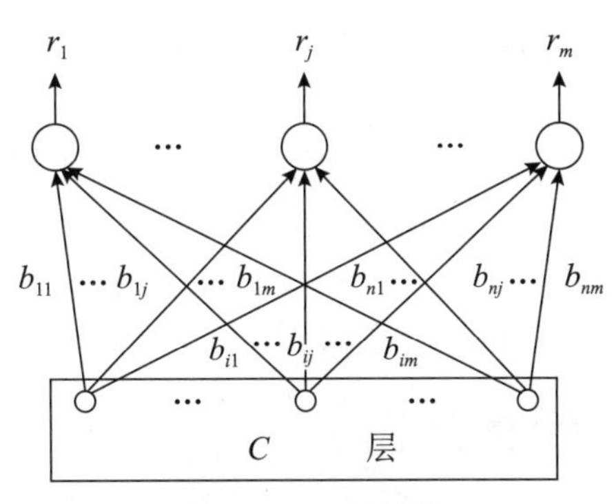

图 8-44　R 层结构

8.7.2　ART Ⅰ型网络学习过程

ART Ⅰ型网络的学习过程可以归纳如下。

（1）初始化。令 $t_{ij}(0)=1$，$w_{ij}(0)=\dfrac{1}{N+1}$，$i=1,2,\cdots,N$，$j=1,2,\cdots,M$。

（2）将输入模式 $\boldsymbol{A}_k=\left(a_1^k,a_2^k,\cdots,a_N^k\right)$ 提供给网络的输入层。

（3）计算输出层各个神经元的输入加权和。

$$s_j=\sum_{i=1}^{N}w_{ij}a_i^k,\quad j=1,2,\cdots,M$$

（4）选择输入模式的最佳分类结果。

$$s_g=\max_{j=1,2,\cdots,M}s_j$$

令神经元 g 的输出为 t。

（5）计算以下 3 个公式，并进行判断：

$$\left|\boldsymbol{A}_k\right|=\sum_{i=1}^{N}a_i^k$$

$$\left|\boldsymbol{T}_g\cdot\boldsymbol{A}_k\right|=\sum_{i=1}^{N}t_{gi}a_i^k$$

$$\frac{\left|\boldsymbol{T}_g\cdot\boldsymbol{A}_k\right|}{\left|\boldsymbol{A}_k\right|}>\rho$$

如果最后一个公式成立，则转入步骤（7），否则转入步骤（6）。

（6）取消识别结果，将输出层神经元 g 的输出值复位为 0，并将这一神经元排除在下次识别的范围之外，返回步骤（4）。当所有已利用过的神经元都无法满足步骤（5）中的最后一个式子时，则选择一个新的神经元作为分类结果，并进入步骤（7）。

（7）接收识别结果，并按照以下公式调整连接权值：

$$w_{ig}(t+1)=\frac{t_{gi}(t)a_i}{0.5+\sum_{i=1}^{N}t_{gi}(t)a_i}$$

$$t_{gi}(t+1)=t_{gi}(t)a_i$$

其中，$i=1,2,\cdots,N$。

（8）将步骤（6）中复位的所有神经元重新加入识别范围中，返回步骤（2）对下一个模式进行识别。

尽管 ART Ⅰ型网络具有许多其他网络所没有的优点，但是由于它仅以输出层中某个神经元代表分类结果，而不是像 Hopfield 网络那样把分类结果分散在各个神经元上来表示，所以一旦输出层中某个输出神经元损坏，则会导致该神经元所代表类别的模式信息全部消失。这是 ART Ⅰ型网络一个很大的缺陷。

8.7.3 ART Ⅰ型网络的应用

本小节通过一个简单的例子来演示利用 MATLAB 实现 ART Ⅰ型网络的过程。

【例 8-10】如图 8-45 所示，设 ART Ⅰ型网络有 5 个输入神经元和 20 个输出神经元。现有两组输入模式 $\boldsymbol{A}_1=(1,1,0,0,0)$ 和 $\boldsymbol{A}_2=(1,0,0,0,1)$，要求利用这两组模式来训练网络。根据 8.7.2 节中的训练过程，该网络的训练步骤为下面几步。

（1）初始化。令 $w_{ij}=1/(n+1)=1/6$，$t_{ji}=1$，其中 $i=1,2,\cdots,5$，$j=1,2,\cdots,20$。

（2）将输入模式 $\boldsymbol{A}_1$ 提供给网络的输入层。

（3）求获胜的神经元。因为在网络的初始状态下，所有的前馈连接权 w_{ij} 均取相等的权值 $1/6$，所以各输入神经元均具有相同的输入加权和 s_j。这时可取任一个神经元作为 $\boldsymbol{A}_1$ 的分类代表，如第 1 个，令其输出值为 1。

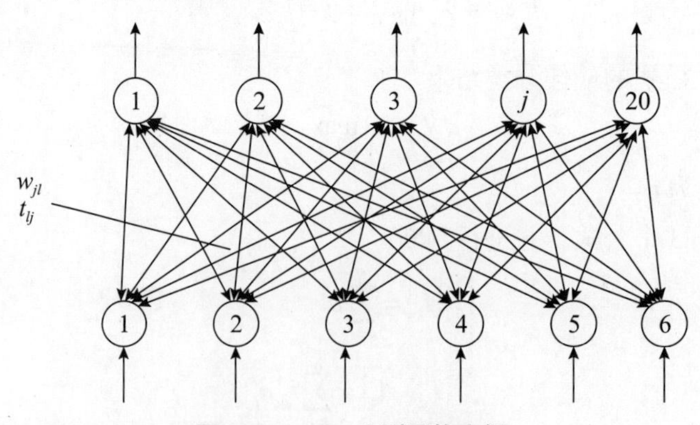

图 8-45 ART Ⅰ型网络实例

（4）计算下式：

$$|\boldsymbol{A}_1|=\sum_{i=1}^{5}a_i=2\text{，}|\boldsymbol{T}_1\boldsymbol{A}_1|=\sum_{i=1}^{5}t_{1i}a_i=2$$

（5）计算 $\frac{|\boldsymbol{T}_1\boldsymbol{A}_1|}{|\boldsymbol{A}_1|}=1>0.8$，接收这次识别结果。

（6）调整权值。

$$\boldsymbol{W}_1=(w_{11},w_{12},w_{13},w_{14},w_{15})=(0.4,0.4,0,0,0)$$
$$\boldsymbol{T}_1=(t_{11},t_{21},t_{31},t_{41},t_{51})=(1,1,0,0,0)$$

至此，$\boldsymbol{A}_1$ 已经被记忆在网络中了。

（7）将输入模式 $\boldsymbol{A}_2$ 提供给网络的输入层。

（8）求获胜神经元，$s_1=0.4$，$s_2=1/6$，$s_3=\cdots=s_{20}=1/6$，由于 $s_1>s_2=s_3=\cdots=s_{20}$，所以取神经元 1 作为获胜神经元，但这显然与 $\boldsymbol{A}_1$ 的识别结果相矛盾。又因为

$$\frac{|\boldsymbol{T}_2\boldsymbol{A}_2|}{|\boldsymbol{A}_2|}=\frac{1}{2}<0.8$$

所以拒绝这次识别结果，重新进行识别。由于 $s_2=s_3=\cdots=s_{20}=1/6$，故可从中任选一个神经元作为 $\boldsymbol{A}_2$ 的分类结果，如神经元 20。

（9）调整权值。

$$\boldsymbol{W}_2=(w_{21},w_{22},w_{23},w_{24},w_{25})=(0.4,0,0,0,0.4)$$
$$\boldsymbol{T}_2=(t_{12},t_{22},t_{32},t_{42},t_{52})=(1,0,0,0,1)$$

至此，$\boldsymbol{A}_2$ 也记忆在网络中了。

实现的 MATLAB 代码如下：

```
>> clear all;
%竞争层的输出
R=rands(20);
%正向权值 W 和反向权值 T
W=rands(20,5);
T=rands(20,5);
%警戒参数
RR=0.8;
%两组模式 A1 和 A2
A1=[1 1 0 0 0];
A2=[1 0 0 0 1];
%初始化
for i=1: 20
    for j=1: 5
        W(i,j)=1/6;
        T(i,j)=1;
    end
end
%判定是否接受识别结果
normalA1=norm(A1,1);
normalTA1=T(1,:)*A1';
count=1;
if normalTA1/normalA1>RR
   R(count)=1;
```

```
end
%权值调整
W(1,:)=[0.4 0.4 0 0 0];
T(1,:)=[1 1 0 0 0];
%寻找可以记忆 A2 的神经元
for k=1: 20
    s(k)=W(k,:)*A2';
    if s(k)==max(s)
        count=k;
    end
end
%如果和 A1 的神经元重复，继续寻找
if R(count)==1
    newcount=count+1
end
for i=1: (count-1)
    p(i)=s(i);
end
for i=count: 19
    p(i)=s(i+1);
end
for k=newcount: 20
    if s(k)==max(p)
        count=k;
    end
end
%确定找到的神经元序号 count，并令其对应的输出为 1
R(count)=1;
%权值调整
W(count,:)=[0.4,0,0,0,0.4];
T(count,:)=[1,0,0,0,1];
R'
```

运行程序，输出如下：

```
ans =
  列 1 至 7
    1.0000    0.1594    0.0997   -0.7101    0.7061    0.2441   -0.2981
 列 8 至 14
   0.0265   -0.1964   -0.8481   -0.5202   -0.7534   -0.6322   -0.5201
  列 15 至 20
    -0.1655   -0.9007    0.8054    0.8896   -0.0183    1.0000
```

可见，第 1 个和第 20 个神经元的输出均为 1，表示它们记忆了输入模式。

第 9 章 CHAPTER 9 神经网络的Simulink应用

Simlink 是 MATLAB 最重要的组件之一，也被称为 MATLAB 的系统动态仿真工具箱。利用这个工具箱，可以对系统进行建模、仿真和综合分析等操作。Simulink 神经网络仿真模型库是 Simulink 模块库的重要组成部分。

9.1 Simulink 神经网络模块

在 MATLAB 工作空间中建立的网络，也能够用函数 gensim( ) 生成一个相应的 Simulink 网络模块。

9.1.1 神经网络模块

在 MATLAB 的主工作界面单击按钮，即可进入 SIMULINK 工作界面，如图 9-1 所示。

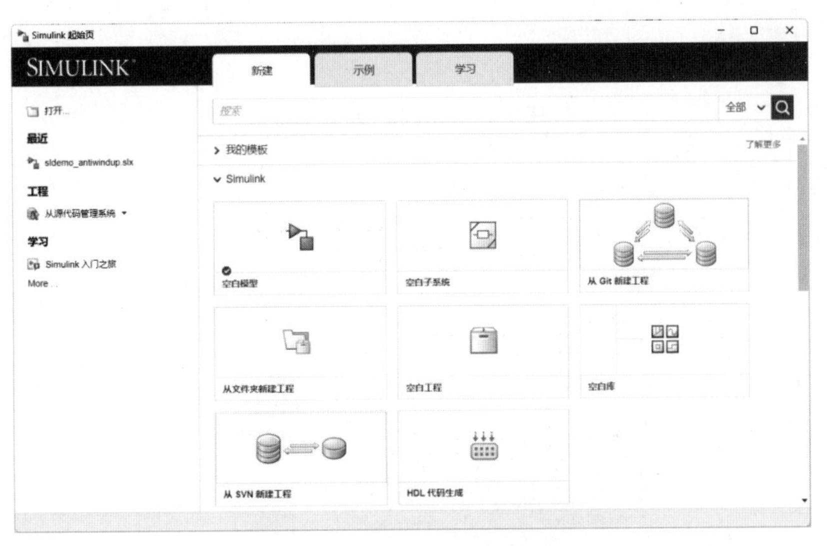

图 9-1 SIMULINK 工作界面

在图 9-1 中，单击“空白模型”即可进入 Simulink 编辑界面，如图 9-2 所示。

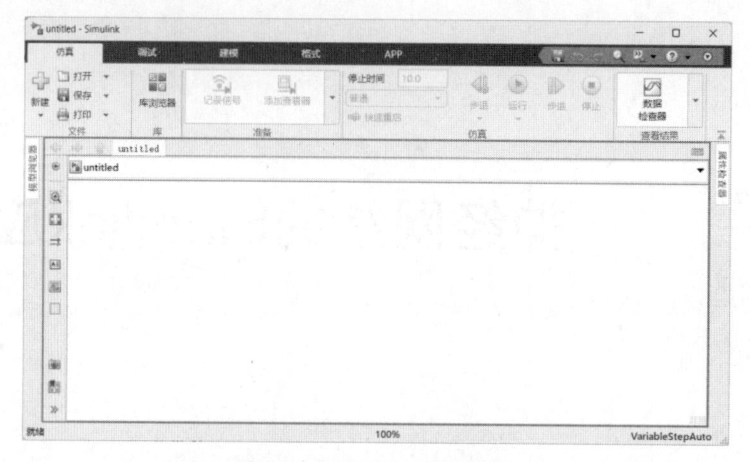

图 9-2 Simulink 编辑界面

单击编辑界面的“库浏览器”按钮，即可打开如图 9-3 所示的 Simulink 库浏览器。

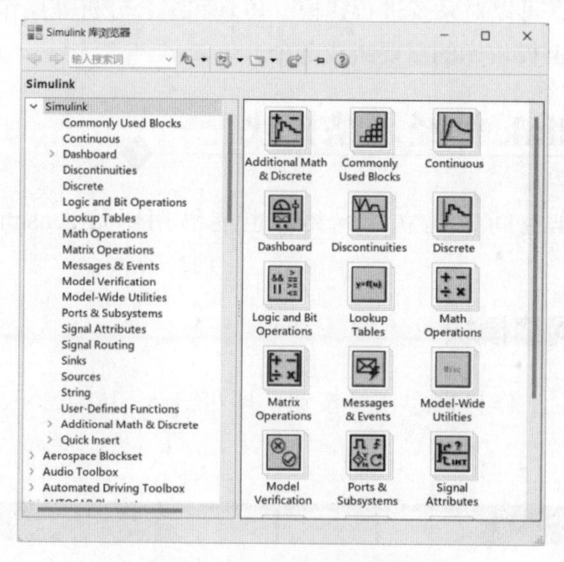

图 9-3 Simulink 库浏览器

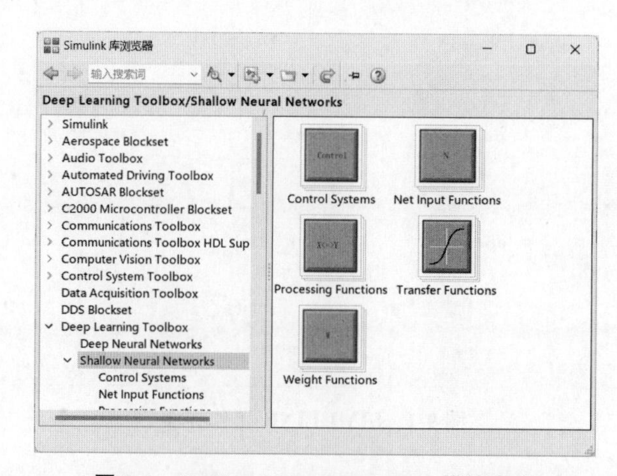

图 9-4 Shallow Neural Networks 模块库集

在 Simulink 库浏览器的 Deep Learning Toolbox 的 Shallow Neural Networks 模块集中包含 5 个模块库，如图 9-4 所示，用鼠标双击各个模块库的图标，便可打开相应的模块库。

1. Control Systems（控制系统模块库）

用鼠标双击 Control Systems 模块库的图标，便可打开如图 9-5 所示的控制系统模块库窗口，控制系统模块库中包含 3 个控制器和 1 个示波器。

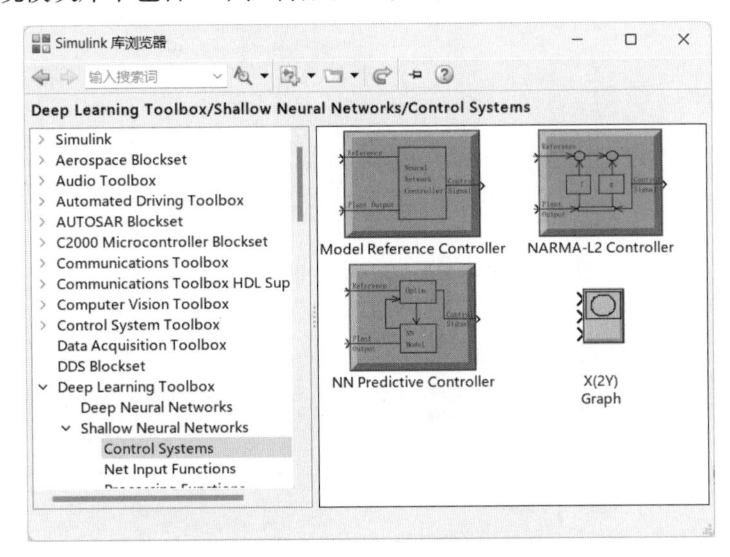

图 9-5　Control Systems 窗口

其中，Model Reference Controller（模型参考控制器）的设置窗口如图 9-6 所示。

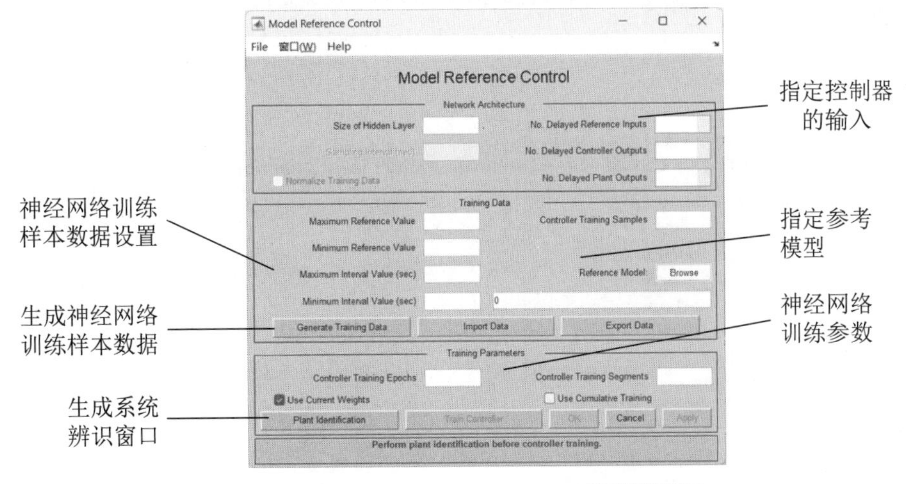

图 9-6　Model Reference Controller 的设置窗口

NARMA-L2 Controller（反馈线性化控制器）的设置窗口如图 9-7 所示。

NN Predictive Controller（神经网络模型预测控制）的设置窗口如图 9-8 所示。

2. Net Input Functions（网络输入模块库）

用鼠标双击 Net Input Functions 模块库的图标，即可打开如图 9-9 所示的网络输入模块库窗口。

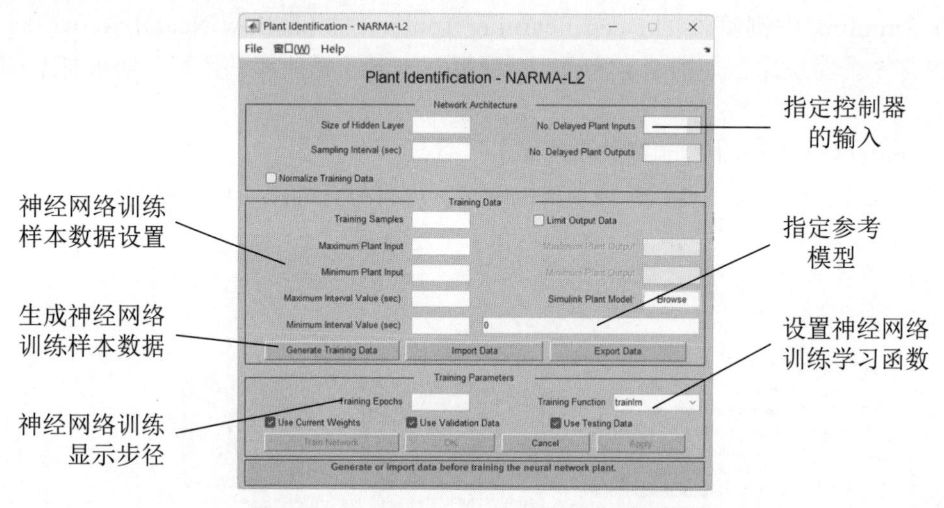

图 9-7　NARMA-L2 Controller 的设置窗口

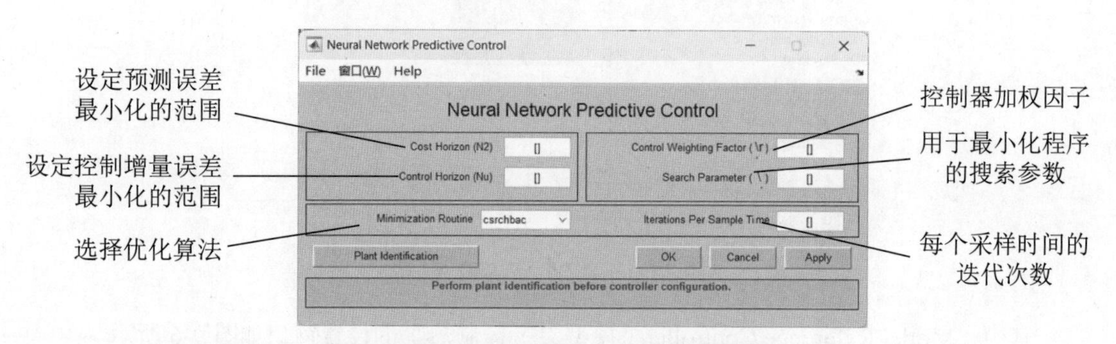

图 9-8　NN Predictive Controller 的设置窗口

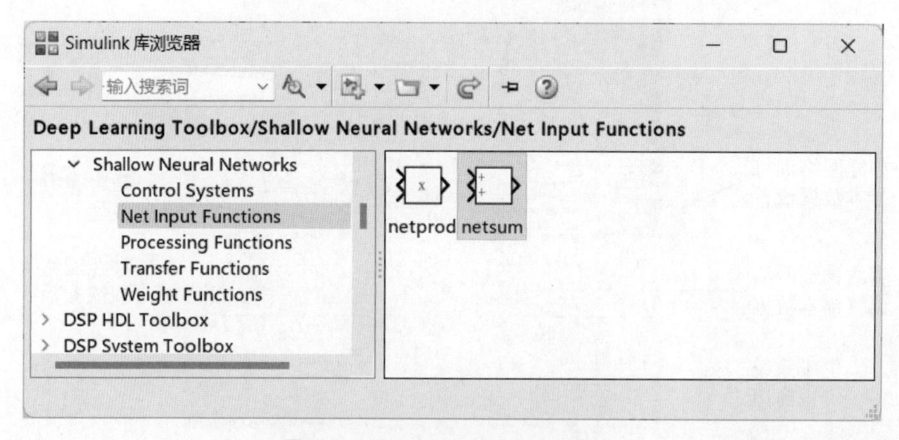

图 9-9　Net Input Functions 窗口

网络输入模块库中的每个模块都能够接收任意数目的加权输入向量、加权的层输出向量以及偏置向量，并且返回一个网络输入向量。

3. Processing Functions（过程函数模块库）

用鼠标单击 Processing Functions 模块库的图标，即可打开如图 9-10 所示的过程函数模块库窗口。

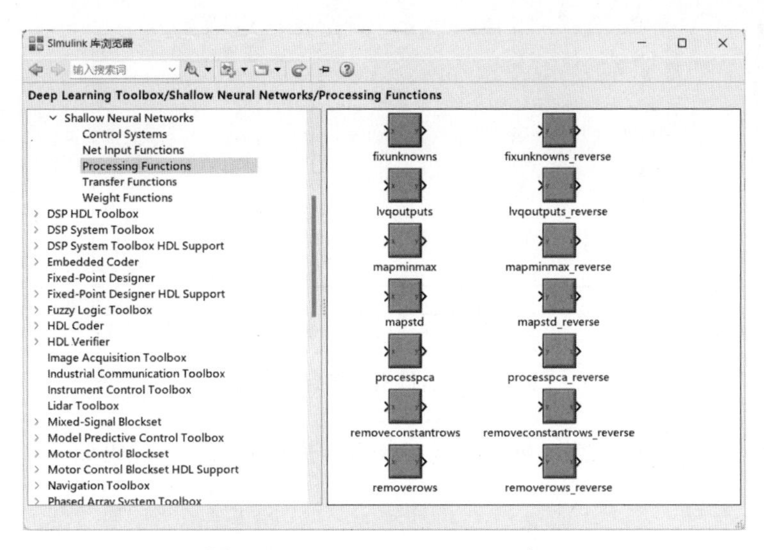

图 9-10　Processing Functions 窗口

4. Transfer Functions（传输函数模块库）

用鼠标单击 Transfer Functions 模块库的图标，即可打开如图 9-11 所示的传输函数模块库窗口。

在图 9-11 所示窗口中，神经网络建模用得最多的模块是 hardlims、purelin 和 tansig。下面举例说明这 3 个模块的应用。

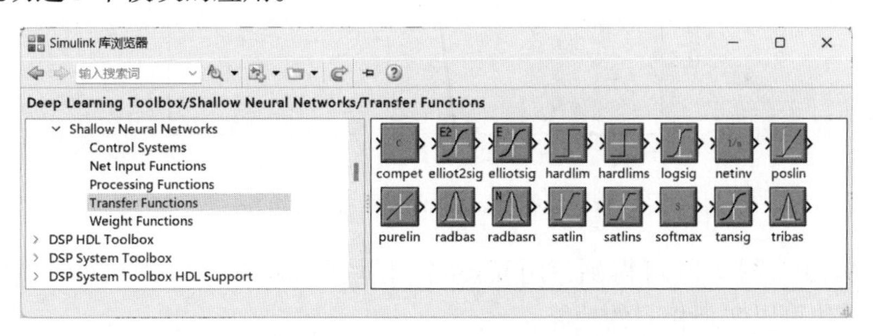

图 9-11　Transfer Functions 窗口

【例 9-1】用 Transfer Functions 中的 hardlims、purelin 和 tansig 模块搭建模型，根据指定的输入变量，得到输出图像。同时，在 MATLAB 中通过编程实现上述模型的功能。

已知输入变量 ***n***=[−6 −5 −4 −3 −2 −1 0 1 2 3 4 5 6]。

（1）利用 hardlims 模块建立的模型如图 9-12 所示。

运行模型得到的曲线如图 9-13 所示，从图中可以看出，当输入小于 6 时，输出为 −1；当输入大于 6 时，输出为 1。

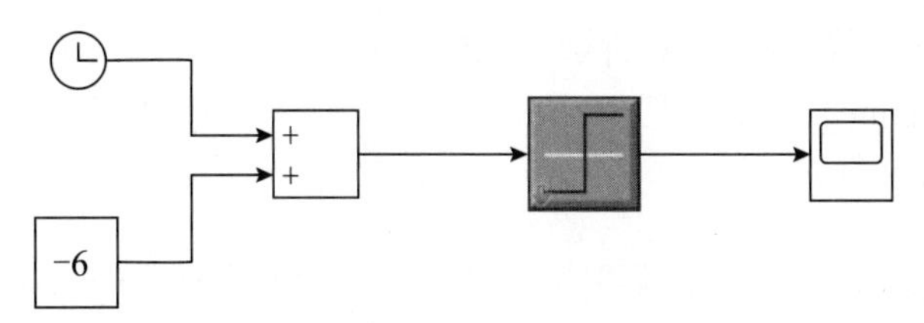

图 9-12　利用 hardlims 模块建立的模型

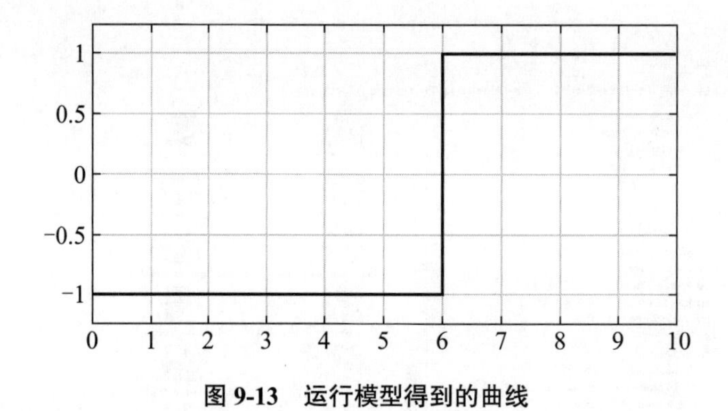

图 9-13　运行模型得到的曲线

除了搭建模型，通过函数也可以实现 hardlims 模块的功能，代码如下：

```
>> clear all;
>> n=-6: 5;
>> a=hardlims（n）;
>> plot（n, a）              % 效果如图 9-14 所示
```

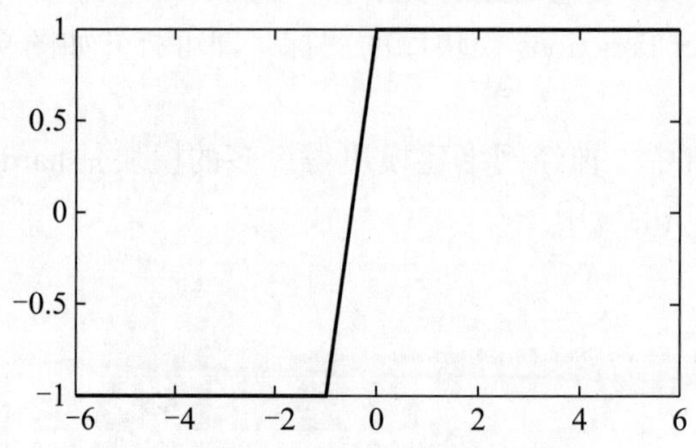

图 9-14　运行 hardlims( ) 函数得到的曲线

对比图 9-13 与图 9-14 可得到，用 hardlims 模块和 hardlims( ) 函数得到的结果是一致的，函数和模块可以实现相同的功能。

（2）利用 purelin 模块建立的模型如图 9-15 所示。

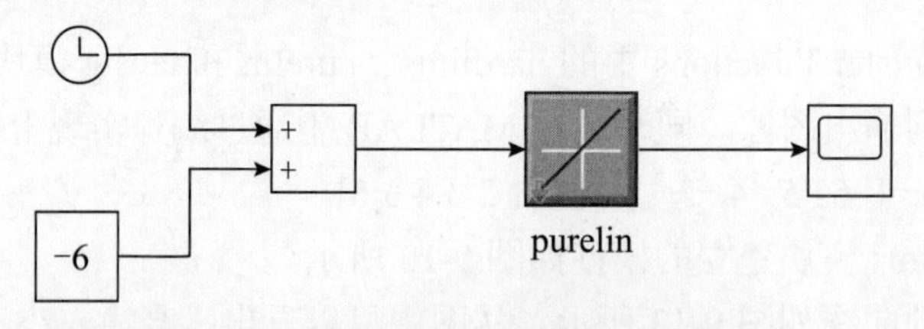

图 9-15　利用 purelin 模块建立的模型

运行模型得到的曲线如图 9-16 所示。从图 9-16 中可以看出，输入与输出值一致。

还可以利用 purelin( ) 函数实现 purelin 模块的功能，代码如下：

```
clear all;
n=-6: 6;
a=purelin(n);
plot(n,a)                   % 效果与图 9-16 一致
```

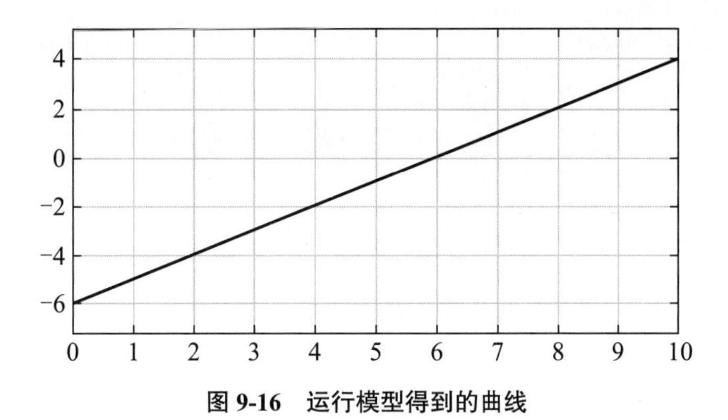

图 9-16　运行模型得到的曲线

（3）利用 tansig 模块建立的模型如图 9-17 所示。

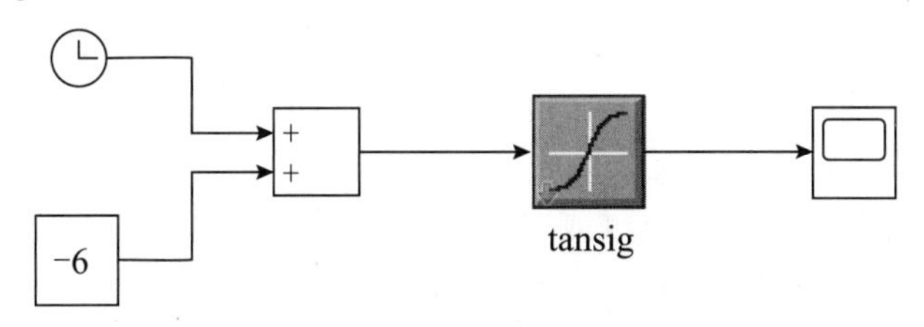

图 9-17　利用 tansig 模块建立的模型

运行模型得到的曲线如图 9-18 所示。从图中可以看出，输入与输出值一致。

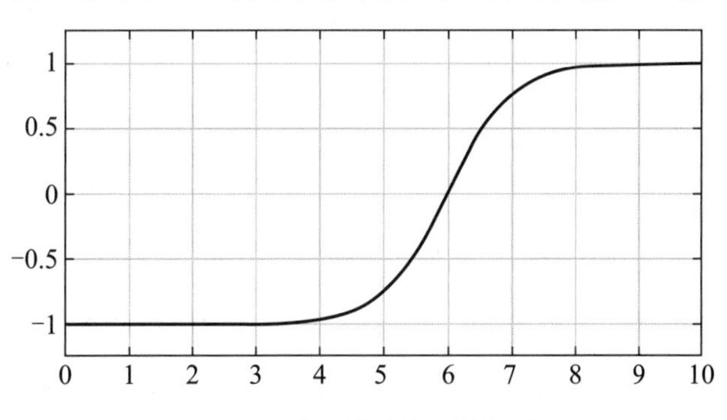

图 9-18　运行模型得到的曲线

还可利用 tansig 函数实现 tansig 模块的功能，代码如下：

```
clear all;
n=-6: 6;
a=tansig(n);
plot(n,a)   %效果与图 9-18 一致
```

5. Weight Functions（权重模块库）

双击 Weight Functions 模块库的图标，即可打开如图 9-19 所示的权重模块库窗口。权重模块库中的每个模块都以一个神经元权重向量作为输入，并将其与一个输入向量（或是某一层的输出向量）进行运算，得到神经元的加权输入值。

这些模块需要的权重向量必须定义为列向量，这是因为 Simulink 中的信号可以为列向量，但是不能为矩阵或行向量。

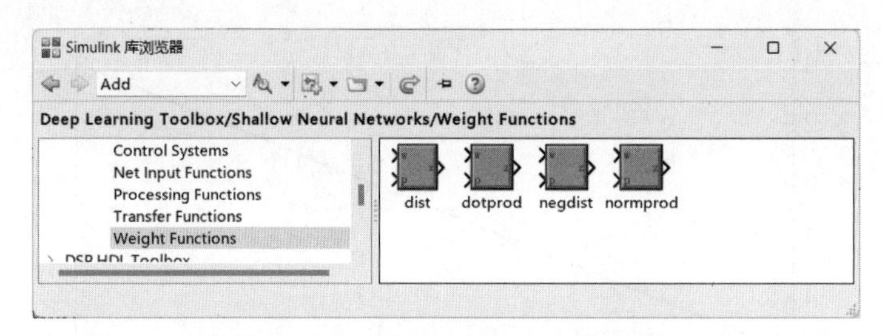

图 9-19 Weight Functions 模块库

9.1.2 模块的生成

在 MATLAB 工作空间中，利用 gensim( ) 函数能够为一个神经网络生成其模块化描述，从而可在 Simulink 中对其进行仿真。gensim( ) 函数的语法格式如下。

gensim(net,st)：参数 net 指定了 MATLAB 工作空间中需要生成模块化描述的网络，参数 st 指定了采样时间，它通常情况下为一个正数。

提示：如果网络没有与输入权重或层中权重相关的延迟，则指定 st 参数为 -1，那么 gensim( ) 函数将生成一个连续采样的网络。

【例 9-2】设计一个神经网络，并生成其模块化描述。定义网络的输入为 x=[1 2 3 4 5]，相应的目标为 t=[1 3 5 7 9]。

实现的代码如下：

```
>> clear all;
x=[1 2 3 4 5];
t=[1 3 5 7 9];
net=feedforwardnet(10);
net=train(net,x,t);
gensim(net)
```

神经网络训练窗口如图 9-20 所示。

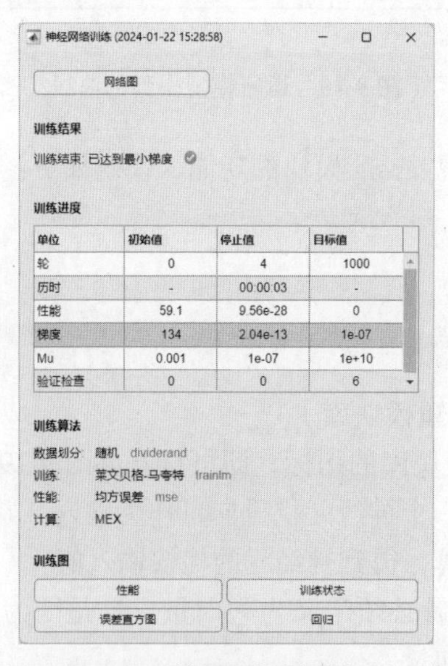

图 9-20 神经网络训练窗口

在 MATLAB 中输入 net，可以得到生成的神经网络信息，如下所示。

```
>> net
net =
    Neural Network
              name: 'Feed-Forward Neural Network'
          userdata: (your custom info)
    dimensions:
         numInputs: 1
         numLayers: 2
        numOutputs: 1
    numInputDelays: 0
    numLayerDelays: 0
 numFeedbackDelays: 0
 numWeightElements: 31
        sampleTime: 1
    connections:
       biasConnect: [1; 1]
      inputConnect: [1; 0]
      layerConnect: [0 0; 1 0]
     outputConnect: [0 1]
    subobjects:
             input: Equivalent to inputs{1}
            output: Equivalent to outputs{2}
            inputs: {1x1 cell array of 1 input}
            layers: {2x1 cell array of 2 layers}
           outputs: {1x2 cell array of 1 output}
            biases: {2x1 cell array of 2 biases}
      inputWeights: {2x1 cell array of 1 weight}
      layerWeights: {2x2 cell array of 1 weight}
    functions:
          adaptFcn: 'adaptwb'
        adaptParam: (none)
          derivFcn: 'defaultderiv'
         divideFcn: 'dividerand'
       divideParam: .trainRatio, .valRatio, .testRatio
        divideMode: 'sample'
           initFcn: 'initlay'
        performFcn: 'mse'
      performParam: .regularization, .normalization
          plotFcns: {'plotperform', 'plottrainstate', 'ploterrhist',
                    'plotregression'}
        plotParams: {1x4 cell array of 4 params}
          trainFcn: 'trainlm'
        trainParam: .showWindow, .showCommandLine, .show, .epochs,
                    .time, .goal, .min_grad, .max_fail, .mu, .mu_dec,
                    .mu_inc, .mu_max
    weight and bias values:
```

```
                IW: {2x1 cell} containing 1 input weight matrix
                LW: {2x2 cell} containing 1 layer weight matrix
                 b: {2x1 cell} containing 2 bias vectors
    methods:
             adapt: Learn while in continuous use
         configure: Configure inputs & outputs
            gensim: Generate Simulink model
              init: Initialize weights & biases
           perform: Calculate performance
               sim: Evaluate network outputs given inputs
             train: Train network with examples
              view: View diagram
       unconfigure: Unconfigure inputs & outputs
    evaluate:       outputs = net(inputs)
```

得到建立的模型如图 9-21 所示。

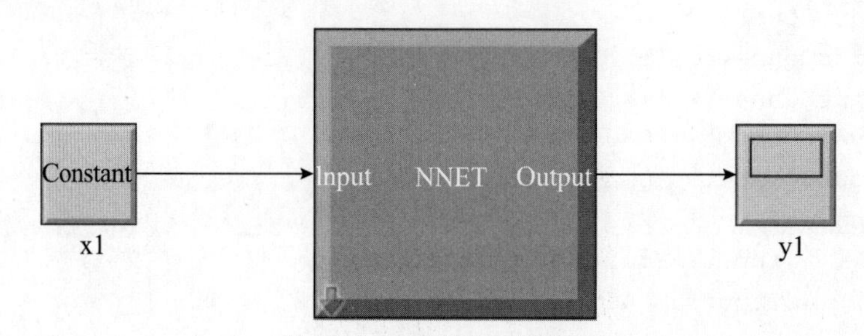

图 9-21 建立的模型

通过 sim 函数，可以得到网络仿真结果，代码如下：

```
>> y=sim(net,x)                    %得到仿真结果
y =
    1.0000    4.7384    5.0000   13.6191    9.0000
```

实例中的目标函数为 t=[1 3 5 7 9]，比较 t 和 y 值，说明建立的神经网络基本满足需要。

为了确定建立的 Simulink 模型是否满足目标，建立如图 9-22 所示的验证模型。

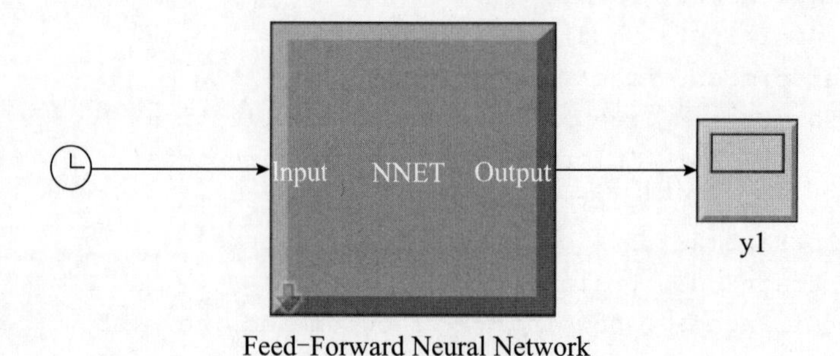

图 9-22 验证模型

得到输出变量 y1 的曲线如图 9-23 所示。

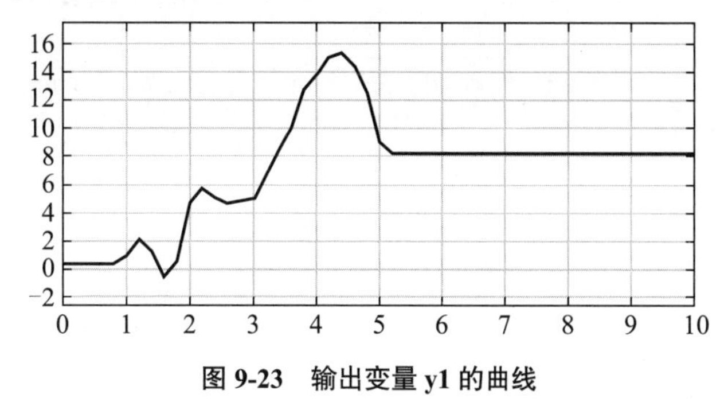

图 9-23　输出变量 y1 的曲线

9.2　基于 Simulink 的神经网络的控制系统

神经网络在系统辨识和动态系统控制中已经得到了非常成功的应用。神经网络具有全局逼近能力，因此其在非线性系统建模和非线性控制器的实现等方面的应用比较普遍。

本节介绍神经网络工具箱的控制系统模块中，利用 Simulink 实现的比较普遍的 3 种神经网络结构，它们常用于预测和控制。这 3 种神经网络结构如下。

- 神经网络模型预测控制（NN Predictive Controller）。
- 反馈线性化控制（NARMA-L2 Controller）。
- 模型参考控制（Model Reference Controller）。

使用神经网络进行控制时，通常有两个步骤：系统辨识和控制设计。

在系统辨识阶段，主要任务是对需要控制的系统建立神经网络模型；在控制设计阶段，主要使用神经网络模型来设计（训练）控制器。

对于模型预测控制，系统模型用于预测系统未来的行为，并且找到最优的算法，用于选择输入，以优化未来的性能。

对于 NARMA-L2（反馈线性化）控制，控制器仅仅是将系统模型进行重整。

对于模型参考控制，控制器是一个神经网络，它被训练用于控制系统，使系统跟踪一个参考模型，这个神经网络系统模型在控制器训练中起辅助作用。

9.2.1　神经网络模型预测控制

神经网络预测控制器是使用非线性神经网络模型来预测未来模型性能。控制器计算控制输入，而控制输入在未来一段指定的时间内将最优化模型性能。模型预测第一步是要建立神经网络模型（系统辨识）；第二步，使用控制器来预测未来神经网络性能。

1. 系统辨识

模型预测的第一步就是训练神经网络来表示网络的动态机制。模型输出与神经网络输出之间的预测误差，用来作为神经网络的训练信号，该过程如图 9-24 所示。

神经网络模型利用当前输入和当前输出预测网络未来输出值。神经网络模型结构如图 9-25 所示，该网络可以批量在线训练。

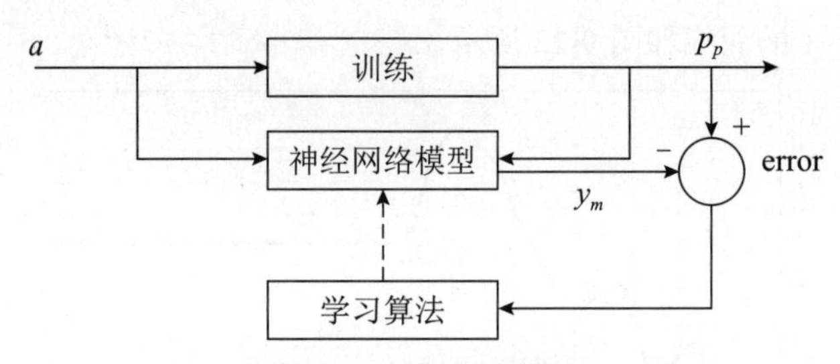

图 9-24　训练神经网络

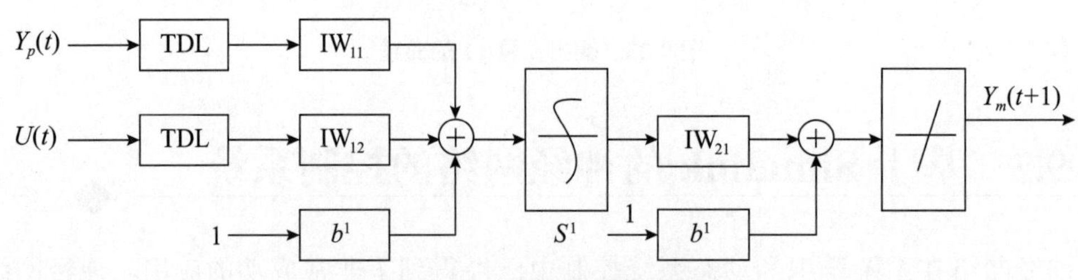

图 9-25　神经网络模型结构

2. 模型预测

模型预测方法是基于水平后退的方法，神经网络模型在指定时间内预测模型响应。预测使用数字最优化程序来确定控制信号，最优化的性能准则函数如下：

$$J=\sum_{j=1}^{N_2}[y_r(t+j)-y_m(t+j)]^2+\rho\sum_{j=1}^{N_u}[u(t+j-1)-u(t+j-2)]^2$$

式中，N_2为预测时域长度；N_u为控制时域长度；$u(t)$为控制信号；y_r为期望响应；y_m为网络模型响应；ρ为控制量加权系数。

图 9-26 描述了模型预测控制的过程。控制器由神经网络模型和最优化方块组成，最优化方块确定u（通过最小化J），最优u值作为神经网络模型的输入，控制器方块可用 Simulink 实现。

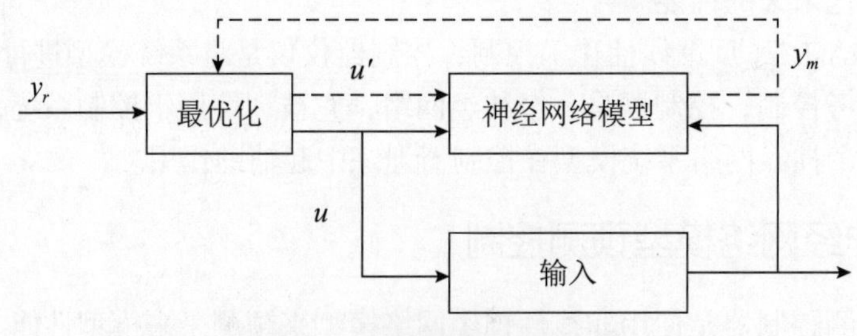

图 9-26　模型预测控制的过程

在 MATLAB 神经网络工具箱中，实现神经网络预测控制器使用了一个非线性系统模型，用于预测系统未来的性能。

接着这个控制器将计算控制输入，用于在某个未来的时间区间里优化系统的性能。进行模型预测控制首先要建立系统的模型，然后使用控制器来预测未来的性能。

下面结合 MATLAB 神经网络工具箱中提供的一个演示实例，介绍 Simulink 中的实现过程。

（1）问题描述。

要讨论的问题基于一个搅拌器（CSTR），如图 9-27 所示。

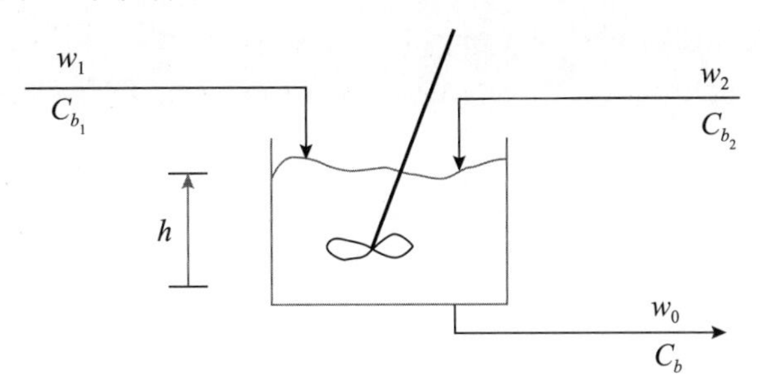

图 9-27　搅拌器

对于这个系统，其动力学模型为

$$\frac{\mathrm{d}h(t)}{\mathrm{d}t} = w_1(t) + w_2(t) - 0.2\sqrt{h(t)}$$

$$\frac{\mathrm{d}C_b(t)}{\mathrm{d}t} = (C_{b_1} - C_b(t))\frac{w_1(t)}{h(t)} + (C_{b_2} - C_b(t))\frac{w_2(t)}{h(t)} - \frac{k_1 C_b(t)}{(1 + k_2 C_b(t))^2}$$

式中，$h(t)$ 为液面高度；$C_b(t)$ 为产品输出浓度；$w_1(t)$ 为浓缩液 C_{b_1} 的输入流速；$w_2(t)$ 为稀释液 C_{b_2} 的输入流速。输入浓度设定为 $C_{b_1} = 24.9$，$C_{b_2} = 0.1$。消耗常量设置为 $k_1 = 1$，$k_2 = 1$。

控制的目标是通过调节流速 $w_2(t)$ 来保持产品浓度。为了简化演示过程，不妨设 $w_1(t) = 0.1$。在本例中不考虑液面高度 $h(t)$。

（2）建立模型。

MATLAB 神经网络工具箱中提供了这个演示实例。只需在 MATLAB 命令窗口中输入命令 predcstr，就会自动调用 Simulink，并且产生如图 9-28 所示的模型窗口。

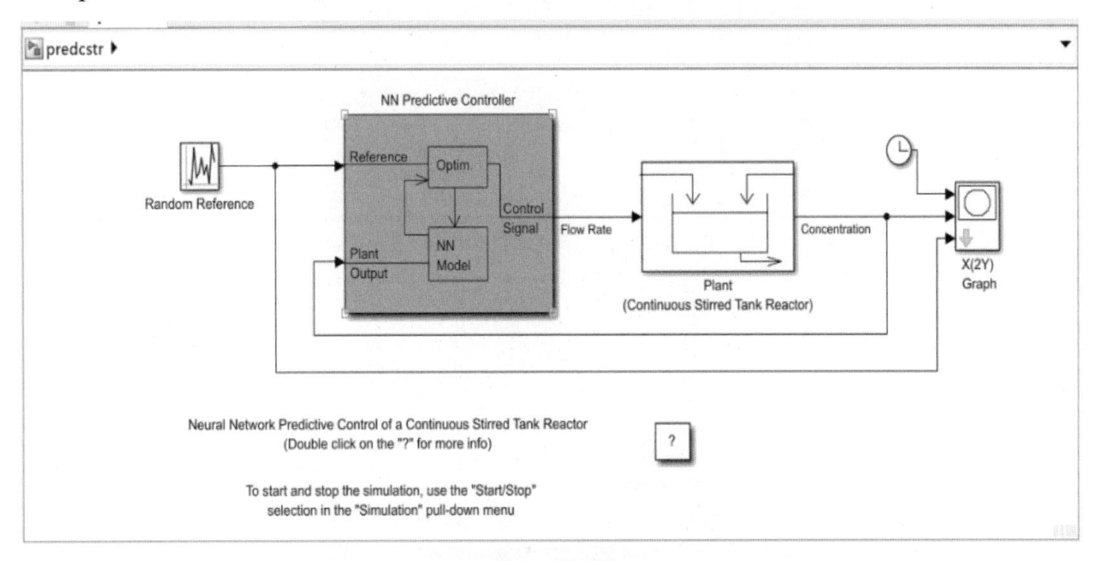

图 9-28　模型窗口

其中，神经网络预测控制模型（NN Predictive Controller）和 X（2Y）Graph 模块由神经网络模块集（Neural Network Blockset）中的控制系统模块库（Control Systems）复制而来。

图 9-28 中的 Plant（Continuous Stirred Tank Reactor）模块包含了搅拌器系统的 Simulink 模型。双击这个模块，可得到具体的 Simulink 实现。

NN Predictive Controller 模块的 Control Signal 端连接到搅拌器系统模型的输入端，同时搅拌器系统模型的输出端连接到 NN Predictive Controller 模块的 Plant Output 端，参考信号连接到 NN Predictive Controller 模块的 Reference 端。

双击 NN Predictive Controller 模块，会产生一个神经网络预测控制器参数设置窗口（Neural Network Predictive Control），如图 9-29 所示。这个窗口用于设计模型预测控制器。

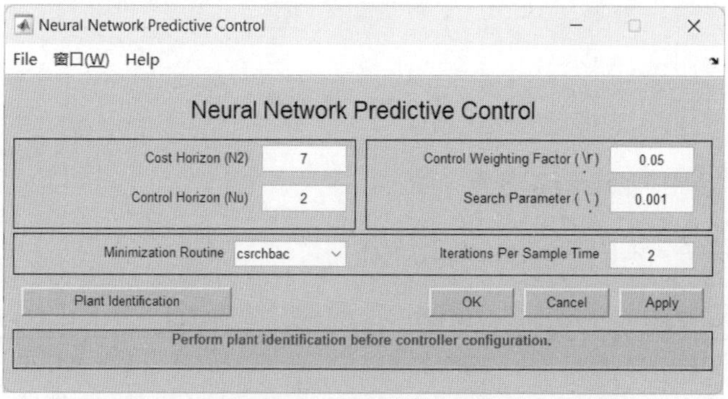

图 9-29　神经网络模型预测控制器参数设置窗口

在这个窗口中，可以调整预测控制算法中的有关参数。将鼠标移到相应的位置，就会出现对这一参数的说明。

（3）系统辨识。

在神经网络模型预测控制器参数设置窗口中单击 Plant Identification 按钮，会产生一个模型辨识参数设置窗口（Plant Identification），用于设置系统辨识的参数，如图 9-30 所示。

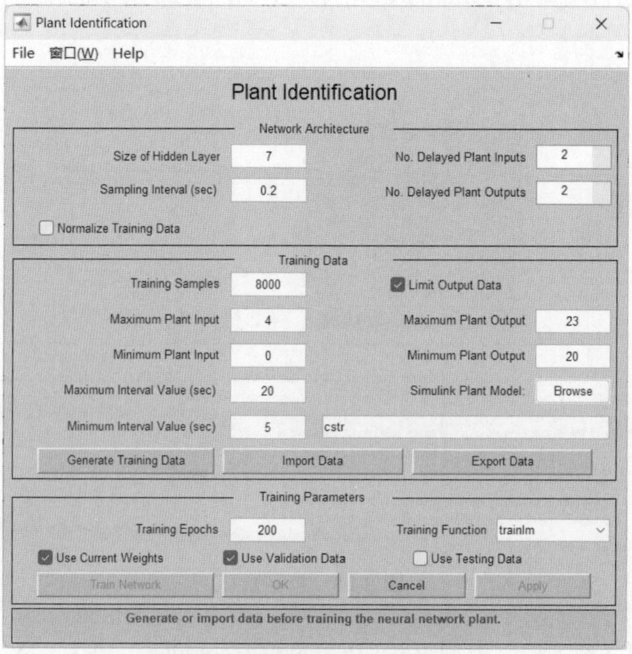

图 9-30　模型辨识参数设置窗口

（4）系统仿真。

在 Simulink 模型窗口中，选择“建模”→“模型设置”命令设置相应的仿真参数，然后单击“运行”命令进行仿真。仿真的过程需要一段时间。当仿真结束时，会显示出系统的输出和参考信号，如图 9-31 所示。

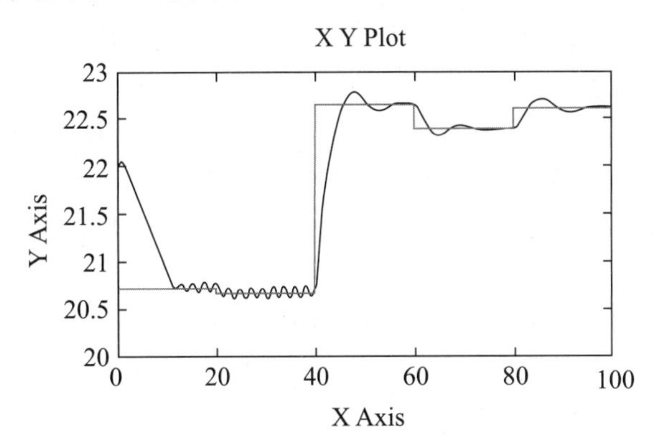

图 9-31　系统的输出和参考信号

（5）数据保存。

在图 9-31 中，利用“文件”选项下的“保存工作区”命令，可以将设计好的网络训练数据保存到工作空间中或保存到磁盘文件中。

神经网络预测控制是使用神经网络系统模型来预测系统未来的行为。优化算法用于确定控制输入，这个控制输入优化了系统在一个有限时间段内的性能。系统训练仅仅需要针对静态网络的成批训练算法，训练速度非常快。

9.2.2　反馈线性化控制

反馈线性化（NARMA-L2）的中心思想是通过去掉非线性，将一个非线性系统变换成线性系统。

反馈线性化控制的第一步是辨识被控制的系统。通过训练一个神经网络来表示系统的前向动态机制，在第一步中首先选择一个模型结构以供使用。一个用来代表一般的离散非线性系统的标准模型是非线性自回归移动平均模型（NARMA），用下式表示：

$$y(k+d)=N[y(k),y(k-1),\cdots,y(k-n+1),u(k),u(k-1),\cdots,u(k-n+1)]$$

式中，$u(k)$ 表示系统的输入；$y(k)$ 表示系统的输出。在辨识阶段，训练神经网络使其近似等于非线性函数 N。

如果希望系统输出跟踪一些参考曲线 $y(k+d)=y_r(k+d)$，下一步就是建立一个如下形式的非线性控制器：

$$u(k)=G[y(k),y(k-1),\cdots,y(k-n+1),y_r(k+d),u(k-1),\cdots,u(k-n+1)]$$

使用该类控制器的问题是，如果想训练一个神经网络用来产生函数 G（最小化均方差），必须使用动态反馈，该过程相当慢。Narendra 和 Mukhopadhyay 提出的一个解决办法是，使用近似模型来代表系统。

此处使用的控制器模型是基于 NARMA-L2 近似模型：

$$\hat{y}(k+d)=f[y(k),y(k-1),\cdots,y(k-n+1),u(k-1),\cdots,u(k-n+1)]$$
$$+g[y(k),y(k-1),\cdots,y(k-n+1),u(k-1),\cdots,u(k-n+1)]u(k)$$

模型是并联形式，控制器输入 $u(k)$ 没有包含在非线性系统中。这种形式的优点是，能控制控制器输入使系统输出跟踪参考曲线 $y(k+d)=y_r(k+d)$。

最终的控制器形式为

$$u(k)=\frac{y_r(k+d)-f[y(k),y(k-1),\cdots,y(k-n+1),u(k),u(k-1),\cdots,u(k-n+1)]}{g[y(k),y(k-1),\cdots,y(k-n+1),u(k),u(k-1),\cdots,u(k-n+1)]}$$

直接使用上式会引起实现问题，因为想求得输出 $y(k)$ 的同时必须得到 $u(k)$，所以采用下述模型：

$$y(k+d)=f[y(k),y(k-1),\cdots,y(k-n+1),u(k),\cdots,u(k-n+1)]$$
$$+g[y(k),y(k-1),\cdots,y(k-n+1),u(k),\cdots u(k-n+1)]\cdot u(k+1)$$

式中，$d\geqslant 2$。

利用 NARMA-L2 模型，可得到如下的 NARMA-L2 控制器：

$$u(k+1)=\frac{y_r(k+d)-f[y(k),y(k-1),\cdots,y(k-n+1),u(k),u(k-1),\cdots,u(k-n+1)]}{g[y(k),y(k-1),\cdots,y(k-n+1),u(k),u(k-1),\cdots,u(k-n+1)]}$$

式中，$d\geqslant 2$。

下面利用 NARMA-L2（反馈线性化）控制分析磁悬浮控制系统。

（1）问题描述。

如图 9-32 所示，有一块磁铁，被约束在垂直方向上运动。在其下方有一块电磁铁，通电后，电磁铁就会对其上的磁铁产生小电磁力的作用。目标是通过控制电磁铁，使其上的磁铁保持悬浮在空中。

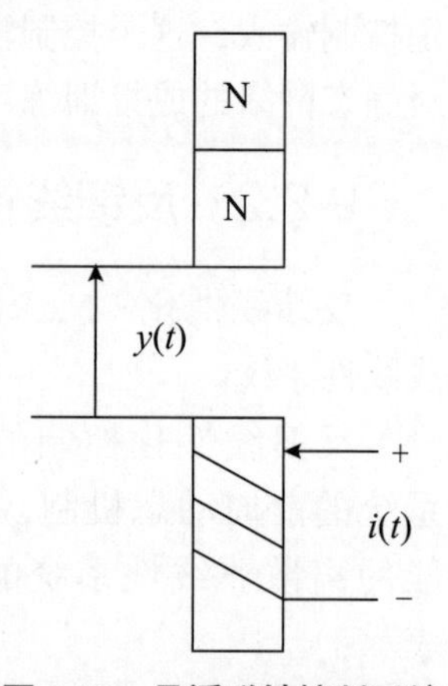

图 9-32　悬浮磁铁控制系统

建立该实际问题的动力学方程为

$$\frac{\mathrm{d}^2 y(t)}{\mathrm{d}t^2}=-g+\frac{\alpha i^2(t)}{My(t)}-\frac{\beta}{M}\frac{\mathrm{d}y(t)}{\mathrm{d}t}$$

式中，$y(t)$ 表示磁铁离电磁铁的距离；$i(t)$ 代表电磁铁中的电流；M 代表磁铁的质量；g 为重力加速度；β 为黏性摩擦系数，它由磁铁的材料决定；α 为场强常数，它由电磁铁上所绕的线圈圈数以及磁铁的强度决定。

（2）建立模型。

MATLAB 的神经网络工具箱中提供了这个演示实例。在 MATLAB 命令窗口中输入 narmamaglev，即自动调用 Simulink，产生如图 9-33 所示的模型窗口。

（3）系统辨识。

双击 NARMA-L2 Controller 模块，会产生一个新的窗口，如图 9-34 所示。

（4）系统仿真。

在 Simulink 模型窗口中，选择“建模”→“模型设置”命令设置相应的仿真参数，然后单击“运行”命令开始仿真。仿真的过程需要一段时间。当仿真结束时，会显示出系统的输出和参考信号，如图 9-35 所示。

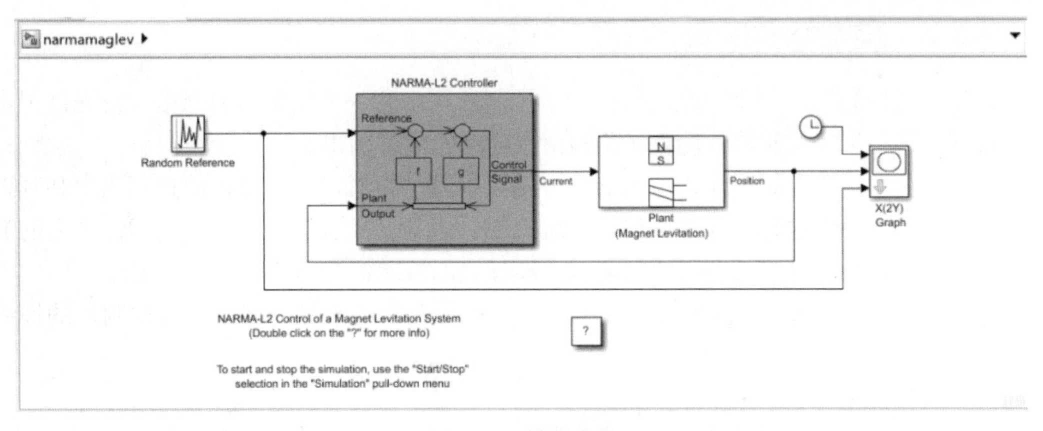

图 9-33　模型窗口

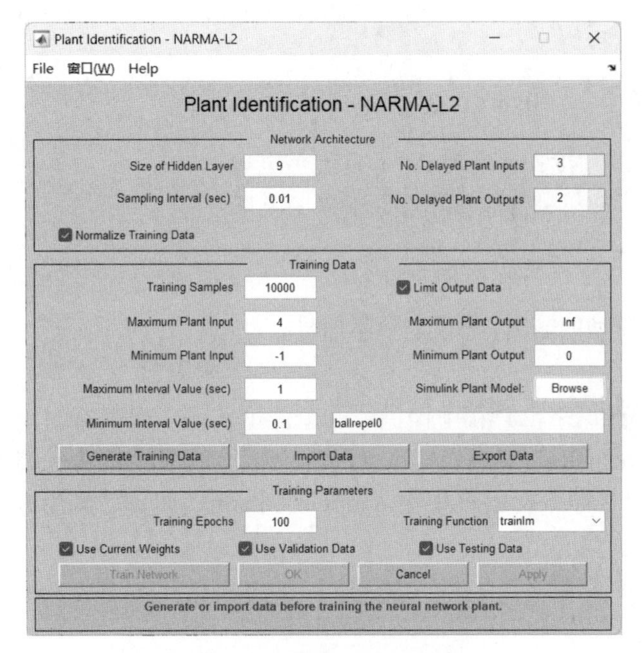

图 9-34　系统辨识参数设置窗口

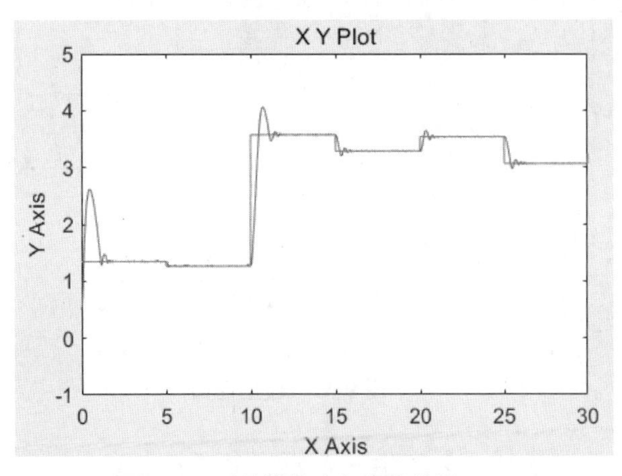

图 9-35　系统的输出和参考信号

9.2.3 模型参考控制

模型参考控制采用两个神经网络：一个控制器网络和一个实验模型网络。首先辨识出实验模型，然后训练控制器，使得实验输出跟随参考模型输出。

该模型参考控制有 3 组输入控制器，分别为延迟的参考输入、延迟的控制输出和延迟的系统输出。每一组这种输入都可以选择延迟值。通常，随着系统阶次的增加，延迟的数目也增加。神经网络系统模型有两组输入，即延迟的控制器输出和延迟的系统输出。

下面结合 MATLAB 神经网络工具箱中提供的一个实例来说明神经网络控制器的训练过程。

（1）问题描述。

图 9-36 所示为一个简单的单连接机械臂，目的是控制它的运动。

建立它的运动方程为

$$\frac{\mathrm{d}^2\Phi}{\mathrm{d}t^2}=-10\sin\Phi-2\frac{\mathrm{d}\Phi}{\mathrm{d}t}+u$$

式中，Φ为机械臂的角度；u代表 DC（直流）电机的转矩。目标是训练控制器，使机械臂能够跟踪以下参考模型：

$$\frac{\mathrm{d}^2y_r}{\mathrm{d}t^2}=-9y_r-6\frac{\mathrm{d}y_r}{\mathrm{d}t}+9r$$

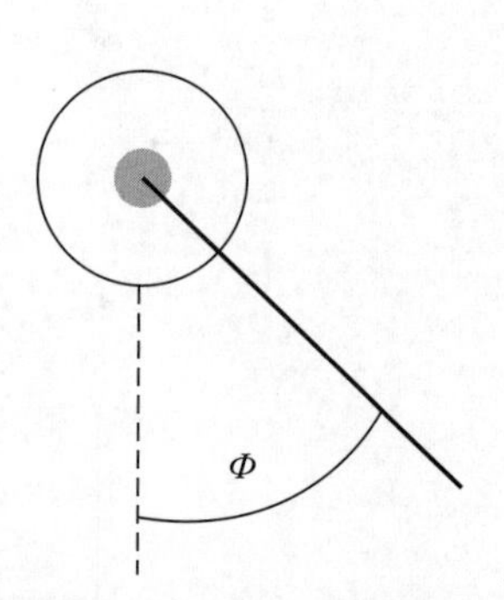

图 9-36 简单的单连接机械臂

式中，y_r代表参考模型的输出；r代表参考信号。

（2）建立模型。

MATLAB 的神经网络工具箱中提供了这个演示实例。控制器的输入包含了两个延迟参考输入、两个延迟系统输出和一个延迟控制器输出，采用间隔为 0.05 秒。

只需在 MATLAB 命令行窗口中输入 mrefrobotarm，即自动调用 Simulink，并产生如图 9-37 所示的模型窗口。

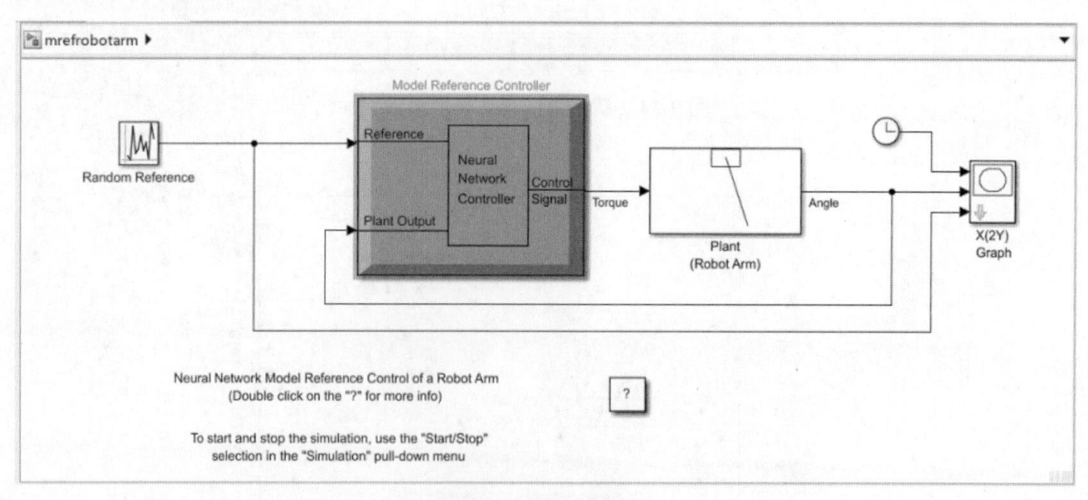

图 9-37 模型窗口

双击模型参考控制模块，会产生一个模型参考控制参数（Model Reference Control）设置窗口，如图 9-38 所示。这个窗口用于训练模型参考神经网络。

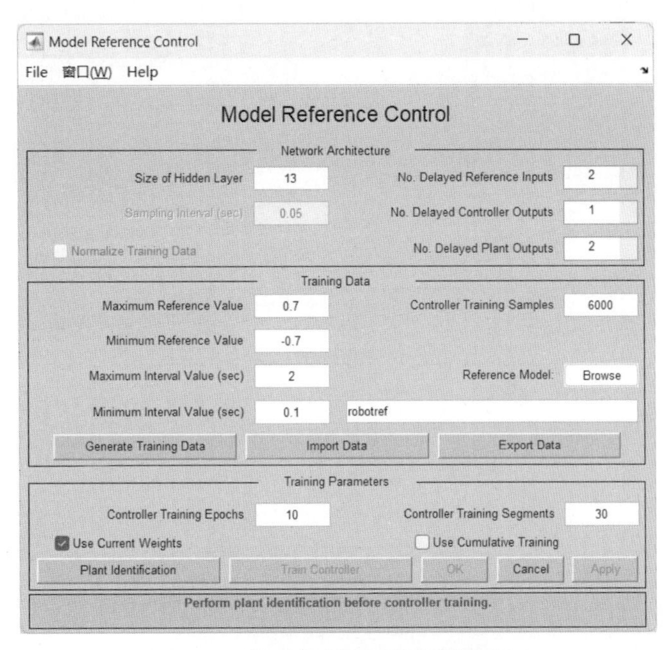

图 9-38 模型参考控制参数设置窗口

在模型参考控制参数设置窗口中单击 Plant Identification 按钮，会弹出一个系统辨识参数设置窗口，如图 9-39 所示。系统辨识结束后，单击图 9-39 中的 OK 按钮，返回模型参考控制窗口。

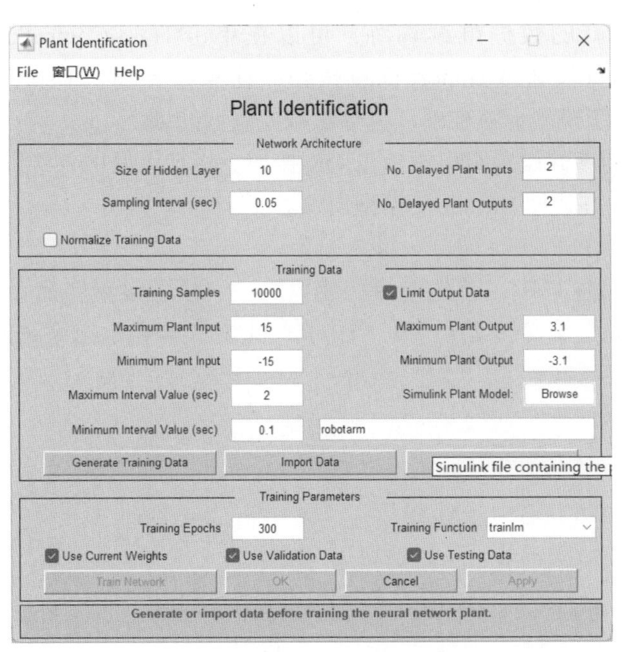

图 9-39 系统辨识参数设置窗口

系统模型神经网络辨识完成后，在图 9-38 所示的模型参考控制参数设置窗口中单击 Generate Training Data 按钮，程序会提供一系列随机阶跃信号，对控制器产生训练数据，训练过程误差曲线如图 9-40 所示。

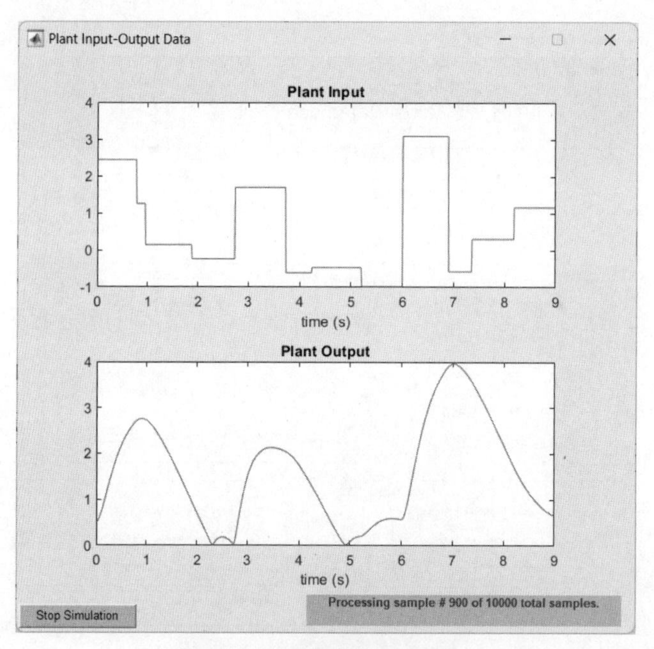

图 9-40 训练过程误差曲线

接收这些数据后，就可以利用模型参考控制参数设置窗口中的 Train Controller 按钮对控制器进行训练了。控制器训练需要的时间比系统模型训练需要的时间多得多，这是因为控制器必须使用动态反馈算法。

如果需要使用新的数据继续训练，可以在单击 Train Controller 按钮前再次单击 Generate Training Data 按钮或 Import Data 按钮（注意：要确认 Use Current Weights 被选中）。另外，如果系统模型不够准确，也会影响控制器的训练。

在模型参考控制参数设置窗口中单击 OK 按钮，将训练好的神经网络控制器权值导入 Simulink 模型窗口，并返回 Simulink 模型窗口。

（3）系统仿真。

在 Simulink 模型窗口中，首先选择“建模”→“模型设置”命令设置相应的仿真参数，然后单击“运行”命令开始仿真。当仿真结束时，会显示出系统的输出和参考信号，如图 9-41 所示。

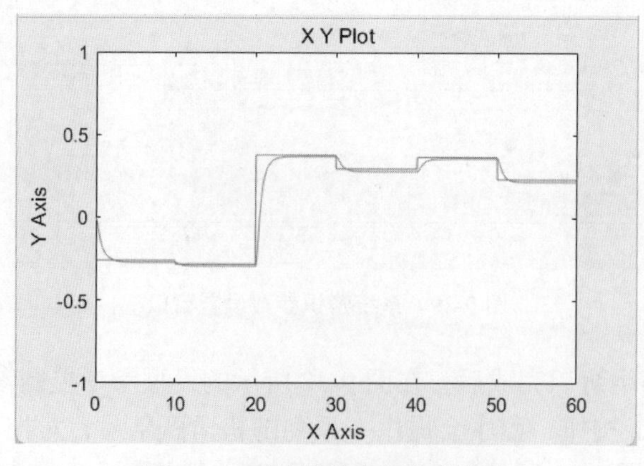

图 9-41 系统的输出和参考信号

第 10 章 CHAPTER 10 自定义神经网络

一般情况下，MATLAB 软件中自带的网络模型已经足够用户使用，但如果用户需要开发更加复杂的神经网络模型，现有软件中的标准函数就不能满足用户的需求了。此时，神经网络工具箱给用户提供了另一种方法，用户可以根据自己的需要自定义神经网络。

10.1　自定义神经网络概述

假设有一个如图 10-1 所示的自定义神经网络，输入向量均为序列向量。

$$\boldsymbol{p}_1 = \{[0;0][1;0.5]\}\ ,\ \ \boldsymbol{p}_2 = \{[1;-1;1;0;1][-2;-2;1;0;1]\}$$

希望从第 2 个网络层得到对 $\boldsymbol{p}_1$、$\boldsymbol{p}_2$ 的延迟响应输出 (y^1)；从第 3 个网络层得到目标序列响应输出 (y^2)，其目标序列向量为

$$\boldsymbol{T} = \{2\quad -2\}$$

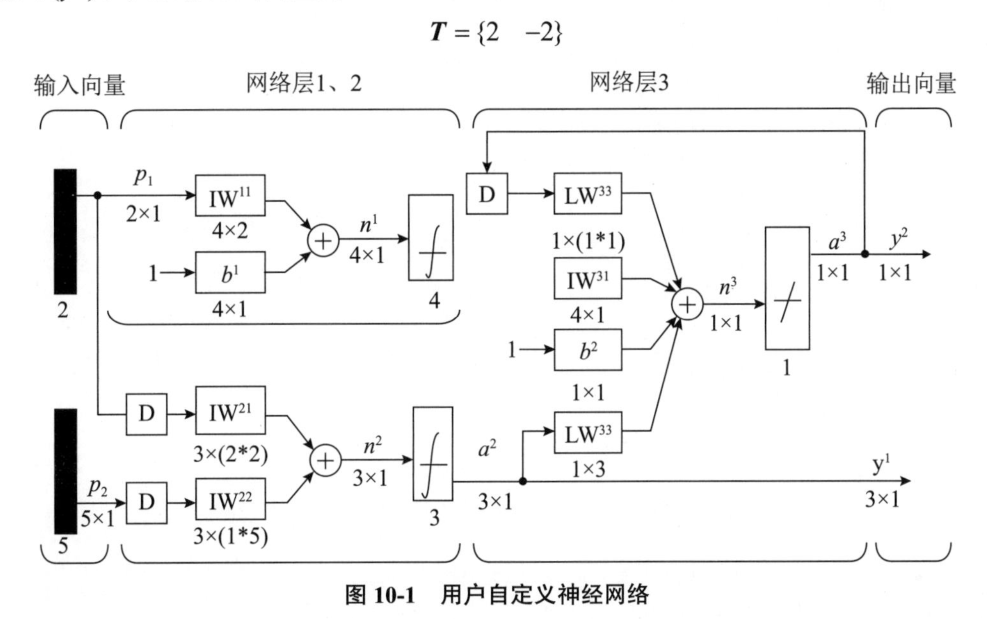

图 10-1　用户自定义神经网络

由于神经网络工具箱没有提供创建该网络的函数，所以需要自定义神经网络。下面就以此为例，介绍用户自定义神经网络的创建方法。

10.1.1 创建网络

在 MATLAB 的命令窗口中输入

```
>> net=network
```

即可生成自定义神经网络的结构，运行该命令，输出如下：

```
net =
    Neural Network
              name: 'Custom Neural Network'
          userdata: (your custom info)
    dimensions:
         numInputs: 0
         numLayers: 0
        numOutputs: 0
    numInputDelays: 0
    numLayerDelays: 0
 numFeedbackDelays: 0
 numWeightElements: 0
        sampleTime: 1
    connections:
       biasConnect: []
      inputConnect: []
      layerConnect: []
     outputConnect: []
    subobjects:
            inputs: {0×1 cell array of 0 inputs}
            layers: {0×1 cell array of 0 layers}
           outputs: {1×0 cell array of 0 outputs}
            biases: {0×1 cell array of 0 biases}
      inputWeights: {0×0 cell array of 0 weights}
      layerWeights: {0×0 cell array of 0 weights}
    functions:
          adaptFcn: (none)
        adaptParam: (none)
          derivFcn: 'defaultderiv'
         divideFcn: (none)
       divideParam: (none)
        divideMode: 'sample'
           initFcn: 'initlay'
        performFcn: 'mse'
      performParam: .regularization, .normalization
          plotFcns: {}
        plotParams: {1x0 cell array of 0 params}
          trainFcn: (none)
        trainParam: (none)
    weight and bias values:
                IW: {0x0 cell} containing 0 input weight matrices
```

```
                LW: {0×0 cell} containing 0 layer weight matrices
                 b: {0×1 cell} containing 0 bias vectors
    methods:
             adapt: Learn while in continuous use
         configure: Configure inputs & outputs
            gensim: Generate Simulink model
              init: Initialize weights & biases
           perform: Calculate performance
               sim: Evaluate network outputs given inputs
             train: Train network with examples
              view: View diagram
       unconfigure: Unconfigure inputs & outputs
    evaluate:       outputs = net(inputs)
```

由结果可以看到，神经网络所有的属性都为 0 或空值，应根据需要重新进行设置。主要对以下 5 个参数进行重新设置。

- neural network object architecture（网络对象结构属性）。
- subobject structures（子对象结构属性）。
- functions（函数属性）。
- parameters（参数属性）。
- weight and bias values（权值和偏置值属性）。

当设置或修改其中的任何一个属性值时，与之相关的属性都会自动改变，换句话说，并不是所有的属性都需要设置。

1. 网络对象结构属性

- 如果网络有 2 个输入向量，则 numInputs=2。
- 如果网络有 3 个网络层，则 numLayers=3。
- 若网络只在第 1、3 网络层有阈值向量，第 2 网络层无阈值向量，则 biasConnect= [1 0 1]。
- 两个输入向量与网络层的连接：第 1、2 网络层有来自输入向量 $\boldsymbol{p}_1$ 的连接；第 2 网络层还有来自输入向量 $\boldsymbol{p}_2$ 的连接；$\boldsymbol{p}_1$、$\boldsymbol{p}_2$ 与第 3 网络层均无连接，因此 inputConnect=[1 0;1 1;0 0]。
- 网络层之间的连接：第 3 个网络层有来自第 1、2 网络层以及自身的反馈连接，除此之外，无其他网络层的连接，因此 layerConnect=[0 0 0 ;0 0 0;1 1 1]。
- 输出向量及其与网络层的连接：网络有 2 个输出量，y^1 来自第 2 个网络层，y^2 来自第 3 个网络层，故 outputConnect=[0 1 1]，而 numOutputs=2 由输出向量与网络层的连接关系自动生成，不需要设置。
- 目标向量及其与网络层的连接：网络唯一的一个目标向量与第 3 个网络层连接，故 targetConnect=[0 1 1]，而 numTargets=1，由目标向量与网络层的连接关系自动生成，不需要设置。
- 输入和输出延迟量：在设置了输入层和网络层连接权的延迟后，可以自动生成网络的输入和输出延迟量，所以在此不必设置。

根据以上分析，设置以下网络对象的结构。

```
>> net.numInputs=2;
net.numLayers=3;
net.biasConnect=[1 0 1]';
net.inputConnect=[1 0;1 1;0 0];
net.layerConnect=[0 0 0;0 0 0;1 1 1];
net.outputConnect=[0 1 1];
net.targetConnect=[0 0 1];
```

运行以上程序，得到网络结构属性如下：

```
net =
    Neural Network
              name: 'Custom Neural Network'
          userdata: (your custom info)
    dimensions:
         numInputs: 2
         numLayers: 3
        numOutputs: 1
    numInputDelays: 0
    numLayerDelays: 0
 numFeedbackDelays: 0
 numWeightElements: 0
        sampleTime: 1
    connections:
       biasConnect: [1; 0; 1]
      inputConnect: [1 0; 1 1; 0 0]
      layerConnect: [0 0 0; 0 0 0; 1 1 1]
     outputConnect: [0 0 1]
```

2. 子对象结构属性

子对象结构在设置网络结构属性后会自动生成。

```
    subobjects:
            output: Equivalent to outputs{3}
            inputs: {2×1 cell array of 2 inputs}
            layers: {3×1 cell array of 3 layers}
           outputs: {1×3 cell array of 1 output}
            biases: {3×1 cell array of 2 biases}
      inputWeights: {3×2 cell array of 3 weights}
      layerWeights: {3×3 cell array of 3 weights}
```

但其属性值需根据自定义网络进行修改或重新设置。

（1）输入向量。

$\boldsymbol{p}_1$ 有 2 个输入，其取值范围为 0 ～ 2；$\boldsymbol{p}_2$ 有 5 个输入元素，其取值范围为 -2 ～ 2，只需要设置输入向量的取值范围。

```
>> net.inputs{1}.range=[0 2;0 2];
>> net.inputs{2}.range=[-2 2;-2 2;-2 2;-2 2;-2 2]
```

输入向量的 size 属性会自动设置。输入上面的设置后，再输入 net.inputs{1}，net.

inputs{2}，得到

```
>> net.inputs{1}
ans =
    Neural Network Input
              name: 'Input'
    feedbackOutput: []
       processFcns: {}
     processParams: {1×0 cell array of 0 params}
   processSettings: {0×0 cell array of 0 settings}
    processedRange: [2×2 double]
     processedSize: 2
             range: [2×2 double]
              size: 2
          userdata: (your custom info)

>> net.inputs{2}
ans =
    Neural Network Input
              name: 'Input'
    feedbackOutput: []
       processFcns: {}
     processParams: {1×0 cell array of 0 params}
   processSettings: {0×0 cell array of 0 settings}
    processedRange: [5×2 double]
     processedSize: 5
             range: [5×2 double]
              size: 5
          userdata: (your custom info)
```

（2）网络层。

网络层在设置了网络结构和子对象结构属性后会自动生成，如对第 1 个网络层而言有如下内容：

```
>> net.layers{1}
ans =
    Neural Network Layer
              name: 'Layer'
        dimensions: 0
       distanceFcn: (none)
     distanceParam: (none)
         distances: []
           initFcn: 'initwb'
       netInputFcn: 'netsum'
     netInputParam: (none)
         positions: []
             range: []
              size: 0
       topologyFcn: (none)
```

```
          transferFcn: 'purelin'
        transferParam: (none)
             userdata: (your custom info)
```

由以上输出可以看到，其属性值需要根据自定义网络进行修改或重新设置。第1层有4个神经元，第2层有3个神经元；而第3层的神经元由其输出向量决定，只有1个神经元。因此只需设置第1、2层的神经元数，net.layers{1}.size=4，net.layers{2}.size=3；选择 initFcn='initnw'；第1层的传输函数为 transferFcn='tansig'，第2层的传输函数为 transferFcn='logsig'。输入以下命令进行网络层设置：

```
>> net.layers{1}.size=4;
>> net.layers{1},initFcn='initnw';
>> net.layers{1}.transferFcn='tansig';
>> net.layers{1}.transferFcn='tansig';
>> net.layers{2}.size=3;
>> net.layers{2}.initFcn='initnw';
>> net.layers{2}.transferFcn='logsig';
>> net.layers{3}.size=1;
>> net.layers{3}.initFcn='initnw';
```

由此得到各网络层的属性如下：

```
>> net.layers{1}
ans =
    Neural Network Layer
              name: 'Layer'
        dimensions: 4
       distanceFcn: (none)
     distanceParam: (none)
         distances: []
           initFcn: 'initwb'
       netInputFcn: 'netsum'
     netInputParam: (none)
         positions: []
             range: [4×2 double]
              size: 4
       topologyFcn: (none)
       transferFcn: 'tansig'
     transferParam: (none)
          userdata: (your custom info)
>> net.layers{2}
ans =
    Neural Network Layer
              name: 'Layer'
        dimensions: 3
       distanceFcn: (none)
     distanceParam: (none)
         distances: []
           initFcn: 'initnw'
```

```
        netInputFcn: 'netsum'
      netInputParam: (none)
          positions: []
              range: [3×2 double]
               size: 3
        topologyFcn: (none)
        transferFcn: 'logsig'
      transferParam: (none)
           userdata: (your custom info)
>> net.layers{3}
ans =
    Neural Network Layer
               name: 'Layer'
         dimensions: 1
        distanceFcn: (none)
      distanceParam: (none)
          distances: []
            initFcn: 'initnw'
        netInputFcn: 'netsum'
      netInputParam: (none)
          positions: []
              range: [1×2 double]
               size: 1
        topologyFcn: (none)
        transferFcn: 'purelin'
      transferParam: (none)
           userdata: (your custom info)
```

（3）输出向量。

在定义网络结构时自动生成输出向量，属性如下：

```
>> net.outputs
ans =
  1×3 cell 数组
    {0×0 double}    {0×0 double}    {1×1 nnetOutput}
```

（4）目标向量。

在定义网络结构时自动生成目标向量，属性如下：

```
>> net.biases{1}
ans =
    Neural Network Bias
            initFcn: (none)
              learn: true
           learnFcn: (none)
         learnParam: (none)
               size: 4
           userdata: (your custom info)
>> net.biases{2}
```

```
ans =
     []
>> net.biases{3}
ans =
    Neural Network Bias
           initFcn: (none)
             learn: true
          learnFcn: (none)
        learnParam: (none)
              size: 1
          userdata: (your custom info)
```

（5）输入权重向量。

在定义网络结构时自动生成输入权重向量属性如下：

```
>> net.inputWeights{1,1}
ans =
    Neural Network Weight
            delays: 0
           initFcn: (none)
      initSettings: (none)
             learn: true
          learnFcn: (none)
        learnParam: (none)
              size: [4 2]
         weightFcn: 'dotprod'
       weightParam: (none)
          userdata: (your custom info)
>> net.inputWeights{1,2}
ans =
     []
>> net.inputWeights{2,1}
ans =
    Neural Network Weight
            delays: 0
           initFcn: (none)
      initSettings: .range
             learn: true
          learnFcn: (none)
        learnParam: (none)
              size: [3 2]
         weightFcn: 'dotprod'
       weightParam: (none)
          userdata: (your custom info)
>> net.inputWeights{2,2}
ans =
    Neural Network Weight
            delays: 0
```

```
             initFcn: (none)
        initSettings: .range
               learn: true
            learnFcn: (none)
          learnParam: (none)
                size: [3 5]
           weightFcn: 'dotprod'
         weightParam: (none)
            userdata: (your custom info)
>> net.inputWeights{3,1}
ans =
     []
>> net.inputWeights{3,2}
ans =
     []
```

根据图 10-1 所示的神经网络，第 1 层和第 2 层与输入向量的连接权有延迟，第 3 层与自身输出的连接权有延迟，因此通过以下命令重新设置：

```
>> net.inputWeights{2,1}.delays=[0 1];
>> net.inputWeights{2,2},delays=1;
```

（6）网络层权重向量。

在定义网络结构时自动生成网络层权重向量，属性如下：

```
>> net.layerWeights{1,1}
ans =
     []
>> net.layerWeights{1,2}
ans =
     []
>> net.layerWeights{1,3}
ans =
     []
>> net.layerWeights{2,1}
ans =
     []
>> net.layerWeights{2,2}
ans =
     []
>> net.layerWeights{2,3}
ans =
     []
>> net.layerWeights{3,1}
ans =
    Neural Network Weight
              delays: 0
             initFcn: (none)
        initSettings: .range
```

```
            learn: true
         learnFcn: (none)
       learnParam: (none)
             size: [1 4]
        weightFcn: 'dotprod'
      weightParam: (none)
         userdata: (your custom info)
>> net.layerWeights{3,2}
ans =
    Neural Network Weight
           delays: 0
          initFcn: (none)
     initSettings: .range
            learn: true
         learnFcn: (none)
       learnParam: (none)
             size: [1 3]
        weightFcn: 'dotprod'
      weightParam: (none)
         userdata: (your custom info)
>> net.layerWeights{3,3}
ans =
    Neural Network Weight
           delays: 0
          initFcn: (none)
     initSettings: .range
            learn: true
         learnFcn: (none)
       learnParam: (none)
             size: [1 1]
        weightFcn: 'dotprod'
      weightParam: (none)
         userdata: (your custom info)
```

根据图 10-1 的神经网络结构，第 3 层与自身输出的连接权有延迟，因此通过以下命令重新设置：

```
>> net.layerWeights{3,3}.delays=1;
```

3. 函数属性

通过以下命令设置函数属性：

```
>> net.layerWeights{3,3}.delays=1;
>> net.initFcn='initlay';
>> net.performFcn='mse';
>> net.trainFcn='trainlm';
```

输入 net，观察函数属性结果。

```
>> net
```

```
...
   functions:
          adaptFcn: (none)
        adaptParam: (none)
          derivFcn: 'defaultderiv'
         divideFcn: (none)
       divideParam: (none)
        divideMode: 'sample'
           initFcn: 'initlay'
        performFcn: 'mse'
...
```

4. 参数属性

函数属性确定后，函数的参数属性以各函数的默认值自动生成了。输入 net，观察参数属性结果。

```
...
      performParam: .regularization, .normalization
          plotFcns: {}
        plotParams: {1x0 cell array of 0 params}
          trainFcn: 'trainlm'
        trainParam: .showWindow, .showCommandLine, .show, .epochs,
                    .time, .goal, .min_grad, .max_fail, .mu, .mu_dec,
                    .mu_inc, .mu_max
```

5. 权值和阈值属性

网络对象结构属性和子对象结构属性确定后，网络权值和阈值的属性就确定了。

```
>> net.IW
ans =
  3×2 cell 数组
    {0×2 double}    {0×0 double}
    {0×4 double}    {0×5 double}
    {0×0 double}    {0×0 double}
>> net.LW
ans =
  3×3 cell 数组
    {0×0 double}    {0×0 double}    {0×0 double}
    {0×0 double}    {0×0 double}    {0×0 double}
    {[ 0 0 0 0]}    {[   0 0 0]}    {[       0]}
>> net.b
ans =
  3×1 cell 数组
    {0×1 double}
    {0×0 double}
    {[       0]}
```

现在完成对图 10-1 所示的网络的创建工作，输入 net 即可查看所定义网络的相关属性。

10.1.2 网络的初始化和训练

1. 自定义神经网络的初始化

自定义神经网络可以调用 init 函数，以定义的权值和阈值初始化函数对网络的权值和阈值进行初始化。

```
>> net=init(net)
```

初始化后的权值和阈值的输出结果如下：

```
>> net.IW
ans =
  3×2 cell 数组
    {4×2 double}    {0×0 double}
    {3×4 double}    {3×5 double}
    {0×0 double}    {0×0 double}
>> net.IW{1,1}
ans =
     0     0
     0     0
     0     0
     0     0
>> net.IW{2,1}
ans =
    0.6294    0.8268   -0.4430    0.9298
    0.8116    0.2647    0.0938   -0.6848
   -0.7460   -0.8049    0.9150    0.9412
>> net.IW{2,2}
ans =
    0.9143   -0.7162    0.5844   -0.9286    0.3575
   -0.0292   -0.1565    0.9190    0.6983    0.5155
    0.6006    0.8315    0.3115    0.8680    0.4863
>> net.LW
ans =
  3×3 cell 数组
    {0×0 double}    {0×0 double                  }    {0×0 double}
    {0×0 double}    {0×0 double                  }    {0×0 double}
    {1×4 double}    {[-0.9363 -0.4462 -0.9077]}    {[ -0.8057]}
>> net.LW{3,1}
ans =
   -0.2155    0.3110   -0.6576    0.4121
>> net.LW{3,2}
ans =
   -0.9363   -0.4462   -0.9077
>> net.LW{3,3}
ans =
   -0.8057
>> net.b
ans =
```

```
  3×1 cell 数组
    {4×1 double}
    {0×0 double}
    {[  0.6469]}
>> net.b{1}
ans =
     0
     0
     0
     0
>> net.b{2}
ans =
     []
>> net.b{3}
ans =
    0.6469
```

2. 自定义神经网络的训练

自定义神经网络可以调用 train 函数，以定义的网络训练函数对网络进行训练，由于第 3 层定义了目标向量，所以训练前必须定义输入向量和目标向量。

```
>> p={[0;0] [1;0.5];[1;-1;1;0;1] [-2;-2;1;0;1]};
>> t={1 -1};
>> net=train(net,p,t)
```

自定义神经网络训练图如图 10-2 所示。

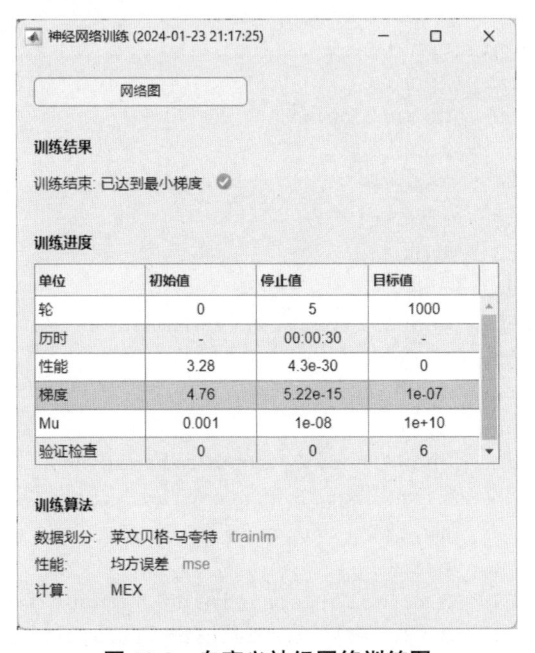

图 10-2　自定义神经网络训练图

训练后得到的网络如下：

```
net =
```

```
    Neural Network
              name: 'Custom Neural Network'
          userdata: (your custom info)
    dimensions:
         numInputs: 2
         numLayers: 3
        numOutputs: 1
    numInputDelays: 1
    numLayerDelays: 1
 numFeedbackDelays: 1
 numWeightElements: 48
        sampleTime: 1
    connections:
       biasConnect: [1; 0; 1]
      inputConnect: [1 0; 1 1; 0 0]
      layerConnect: [0 0 0; 0 0 0; 1 1 1]
     outputConnect: [0 0 1]
    subobjects:
            output: Equivalent to outputs{3}
            inputs: {2×1 cell array of 2 inputs}
            layers: {3×1 cell array of 3 layers}
           outputs: {1×3 cell array of 1 output}
            biases: {3×1 cell array of 2 biases}
      inputWeights: {3×2 cell array of 3 weights}
      layerWeights: {3×3 cell array of 3 weights}
    functions:
          adaptFcn: (none)
        adaptParam: (none)
          derivFcn: 'defaultderiv'
         divideFcn: (none)
       divideParam: (none)
        divideMode: 'sample'
           initFcn: 'initlay'
        performFcn: 'mse'
      performParam: .regularization, .normalization
          plotFcns: {}
        plotParams: {1×0 cell array of 0 params}
          trainFcn: 'trainlm'
        trainParam: .showWindow, .showCommandLine, .show, .epochs,
                    .time, .goal, .min_grad, .max_fail, .mu, .mu_dec,
                    .mu_inc, .mu_max
    weight and bias values:
                IW: {3×2 cell} containing 3 input weight matrices
                LW: {3×3 cell} containing 3 layer weight matrices
                 b: {3×1 cell} containing 2 bias vectors
    methods:
             adapt: Learn while in continuous use
         configure: Configure inputs & outputs
```

```
           gensim: Generate Simulink model
             init: Initialize weights & biases
          perform: Calculate performance
              sim: Evaluate network outputs given inputs
            train: Train network with examples
             view: View diagram
      unconfigure: Unconfigure inputs & outputs
    evaluate:          [outputs,inputStates,layerStates] = net(inputs,
inputState,layerStates)
```

10.2　自定义函数

神经网络工具箱允许创建并运用很多种类的自定义函数，用户可以根据需要，在初始化、仿真及训练中运用多种方法，实现对网络的自行调整。

这些函数主要用来进行神经网络的初始化、学习、训练和仿真，主要分以下三类。

（1）初始化函数。

- 网络初始化函数。
- 层初始化函数。
- 权值和阈值初始化函数。

（2）学习函数。

- 网络训练函数。
- 网络自适应函数。
- 网络性能函数。
- 权值和阈值学习函数。

（3）仿真函数。

- 传递函数。
- 网络输入函数。
- 权值函数。

自定义函数需要对所定义的函数本身、函数变量的数据格式、函数的限制条件和编程技巧等很熟悉。由于篇幅关系，本节不对自定义函数的创建及方法做详细介绍。

10.2.1　初始化函数

初始化函数包括网络、层、权值和阈值 3 种初始化函数。下面分别介绍如何定义这 3 种函数。

1. 网络初始化函数

网络初始化函数将所有的权值和阈值设置为一个适当的值，作为网络训练或者自适应条件的初始点。一旦定义了网络初始化函数，就可嵌入某一网络中。

假设定义网络的初始化函数为 sch( )，并嵌入某一网络中，则可用下面的语句实现：

```
net.initFcn='sch'
```

这样，在调用 init( ) 初始化网络时，就可以应用此时设定的网络初始化函数进行初始化。

```
net=init(net)
```

网络初始化函数编制完成后，接收某一网络，并且在初始化处理后，再返回一个网络。

```
net=sch(net,i)
```

自定义网络初始化函数可以根据要求对权值和阈值进行任意设置。

2. 层初始化函数

层初始化函数将某层所有权值和阈值设置为一个适当的值，作为网络训练或自适应调节的初始点。一旦定义了层初始化函数，就可以嵌入网络任意一层中。假设定义的层初始化函数为 sch( )，并嵌入网络第 2 层上，则应用下面的语句实现：

```
net.layers{2}.initFcn='sch'
```

如果网络初始化函数 net.initFcn 设置为工具箱函数 initlay( )，自定义层初始化函数就可以用来对层进行初始化。在调用 init( ) 初始化网络时，就可以应用此时设定的层初始化函数进行初始化。

```
net=init(net)
```

层初始化函数编制完成后，接收网络和层的标号作为输入 i，并在对第 i 层初始化处理后，再返回网络。

```
net=sch(net,i)
```

自定义层初始化函数可以根据要求对层的权值和阈值进行任意设置。

3. 权值和阈值初始化函数

权值和阈值初始化函数将所有的权值和阈值设置为一个适当的值，作为网络训练或自适应调节的初始点。一旦定义了权值和阈值初始化函数，就可以嵌入网络任意权值和阈值。

假设定义权值和阈值初始化函数为 schs( )，并嵌入网络第 2 层的阈值、第 1 层输入第 2 层的权值上，则应用下面的语句实现：

```
net=init(net)
```

权值和阈值初始化函数编制完成后，可以应用如下方式进行调用：

```
W=rands(S,PR)
b=rands(S)
```

其中，S 为层神经元数目；PR 为 R 个输入向量的最大 / 最小值矩阵。

10.2.2 学习函数

与网络学习、权值和阈值调整有关的学习函数有 4 种，分别是训练函数、自适应函数、性能函数、权值和阈值函数。

1. 训练函数

训练函数是常用的学习函数。学习函数循环地将输入向量应用于网络中，每次都能更新网络，直到达到训练目标为止。训练停止的条件可以是最大学习次数、最小误差梯度或训练精度等。

一旦定义了训练函数，就可嵌入某一网络中。假设定义的训练函数为 sy( )，并嵌入某个网络中，则应用下面的语句实现：

```
net.trainFcn='sy'
```

这样，训练网络时，就可以应用此时设定的训练函数。

```
[net,tr]=train(NET,P,T,Pi,Ai)
```

训练函数编制完后，可以应用如下方式进行调用：

```
[net,tr]=sy(net,Pd,T1,Ai,Q,TS,VV,TV)
```

自定义训练函数需要提供如下信息。

- version：神经网络工具箱版本。
- pdefaults：默认参数。

自定义训练函数可以根据所设定的任意方式更新网络的权值和阈值。

2. 自适应函数

自适应函数在每个输入时间段内都要更新网络，并进行仿真。一旦定义了自适应函数，就可以嵌入某一网络中。假定自适应函数为 yyds( )，并嵌入某个网络中，则实现的语句如下：

```
net.adaptFcn='yyds'
```

这样，自适应调节网络时，就可以应用此时设定的自适应函数。

```
[net,Ac,E]=yyds(net,Pd,Ti,Ai,Q,TS)
```

自定义自适应函数需要提供如下信息。

- version：神经网络工具箱的版本。
- pdefaults：默认参数。

自定义自适应函数可以根据所设定的任意方式更新网络的权值和阈值。

3. 性能函数

性能函数是学习训练时，期望达到最优的指标，通过改变权值和阈值使性能函数达到最优，改善网络性能。一旦定义了性能函数，就可以嵌入某一网络中。假定性能函数为 dn( )，并嵌入某个网络中，则应用下面的语句实现：

```
net.performFcn='dn'
```

这样训练网络时，就可以应用此时设定的性能函数进行优化。

```
[net,tr]=train(NET,P,T,Pi,Ai)
[net,Y,E,Pf,Af]=adapt(NET,P,T,Pi,Ai)
```

性能函数编制完成后，可以用以下格式调用：

```
perf=dn(E,X,PP)
```

其中，E 为期望值矩阵，X 为网络权值和阈值，PP 为网络参数。

如果 E 为元胞数组，则需要首先转换成矩阵形式，然后再进行调用，X 和 PP 的值通过网络得到。

```
E=cell2mat(E)
perf=dn(E,net)
X=getx(net)
PP=net.performParam;
```

自定义性能函数需要提供如下信息。

- version：神经网络工具箱的版本。
- deriv：相关导数函数名称。
- pdefaults：默认参数。

4. 权值和阈值学习函数

权值和阈值学习函数与某些训练或自适应函数一起使用，用于学习训练中更新权值和阈值。一旦定义了权值和阈值学习函数，就可嵌入网络任意层中。

10.2.3 仿真函数

自定义仿真函数包括传递函数、网络输入函数、权值函数，下面介绍这 3 种仿真函数及其相应的导数函数。

1. 传递函数

传递函数根据给定的网络输入向量 N，计算某层的输出向量 A，网络输入向量和输出向量必须具有相同的维数。一旦定义了传递函数，就可嵌入网络中任一层上。假定传递函数为 dds( )，并嵌入网络第 3 层，则应用以下命令实现：

```
net.layers{3}.transferFcn='dds'
```

这样，在对网络进行仿真时，就可以应用此时设定的传递函数。

```
[Y,Pf,Af]=sim(net,P,Pi,Ai)
```

传递函数编制完成后，可以应用如下方式进行调用：

```
A=dds(X)
```

其中，X 为网络输入向量，A 为函数返回值，即从网络输出可得到的值。

2. 网络输入函数

网络输入函数根据给定的加权输入向量 Z，计算某层的网络输入向量 N，网络输入向量和加权输入向量必须具有相同的维数。定义了网络输入函数后，就可嵌入网络中的任一层上。

假定网络输入函数为 input( )，并嵌入第 3 层，则应用以下命令实现：

```
net.layers{3}.netInputFcn='input'
```

这样，在对网络进行仿真时，就可以应用此时设定的网络输入函数。

```
[Y,Pf,Af]=sin(net,P,Pi,Ai)
```

网络输入函数编制完成后，可应用如下方式进行调用：

```
N=input(X1,X2,...)
```

其中，X1，X2，…为加权输入向量，N 为函数返回值，即网络的输入向量。

3. 权值函数

权值函数根据给定的输入向量 P 及权值矩阵 W，计算一个加权的输入向量 Z，一旦定义了权值函数，就可以嵌入网络中任意输入权值和层权值上。

假定权值函数为 wdh( )，并将网络的第 1 个输入嵌到第 4 层的权值上，则应用以下命令实现：

```
net.inputWeights{1,3}.weightFcn='wdh'
```

第 11 章 深度神经网络分析与应用

CHAPTER 11

一般来说，深度神经网络（Deep Neural Network，DNN）的基础就是人工神经网络，而人工神经网络是由生物神经网络启发得来的。

DNNs 是一个由多个层组成的递归函数，每一层由多个神经元组成，每个神经元接收前一层所有神经元的输出，根据输入数据对输出进行计算并传递给下一层神经元，最终完成预测或分类任务。DNNs 的学习能力强、非线性高、高度并行化、自适应机制、鲁棒性好等特点使其能在各领域中广泛应用。

本章主要对深度神经网络中较具典型代表的卷积神经网络、循环神经网络和长短时记忆神经网络进行介绍。

11.1 卷积神经网络

卷积神经网络（Convolutional Neural Network，CNN）是一类包含卷积或相关计算且具有深度结构的前馈神经网络，是深度学习的代表算法之一 。

11.1.1 卷积神经网络的结构

卷积的操作目的是提取特征，在一次计算卷积的过程中，其实没有必要对每个节点用不同的卷积核去计算，而只需对整幅图像进行一次曲线特征提取。为了解决该问题，提出了参数共享的概念，即每一层中的节点对上一层节点中的局部连接的参数都是一样的，这样就大大降低了参数的数量。

1. 输入层

卷积神经网络的输入层可以直接处理多维数据，常见地，一维卷积神经网络输入层接收的是一维或二维数组，其中一维数组通常为时间或频谱采样；二维数组可能包含多个通道，二维卷积神经网络输入层接收的是二维或三维数组；三维卷积神经网络输入层接收的是四维数组。

2. 隐藏层

卷积神经网络的隐藏层包含卷积层、池化层和全连接层 3 类常见构筑。在常见构筑中，卷积层和池化层为卷积神经网络所特有。卷积层中的卷积核包含权重系数，而池化层不包含权重系数，因此池化层可能不被认为是独立的层。

1）卷积层（Convolutional Layer）

卷积层的功能是对输入数据进行特征提取，其内部包含多个卷积核，组成卷积核的每个元素都对应一个权重系数和一个偏差量（bias vector），类似于一个前馈神经网络的神经元（neuron）。卷积层内每个神经元都与前一层中位置接近的区域的多个神经元相连，区域的大小取决于卷积核的大小，称为“感受野（receptive field）”。

由单位卷积核组成的卷积层也称为网中网（Network-In-Network，NIN）或多层感知器卷积层（MultiLayer Perceptron convolution layer，MLPconv）。单位卷积核可以在保持特征图尺寸的同时减少图的通道数，从而降低卷积层的计算量。完全由单位卷积核构建的卷积神经网络是一个包含参数共享的多层感知器（Multi-Layer Perceptron，MLP）的系统，和传统 MLP 相比，具有泛化能力强的优势。

2）池化层（Pooling Layer）

在卷积层进行特征提取后，输出的特征图会被传递至池化层进行特征选择和信息过滤。池化层包含预设定的池化函数，其功能是将特征图中单个点的结果替换为其相邻区域的特征图统计量。池化层选取池化区域与卷积核扫描特征图步骤相同，由池化大小、步长和填充控制。

3）Inception 模块（Inception Module）

Inception 模块是对多个卷积层和池化层进行堆叠所得的特殊隐藏层构筑。具体而言，一个 Inception 模块会同时包含多个不同类型的卷积和池化操作，并使用相同填充使上述操作得到相同尺寸的特征图，随后在数组中将这些特征图的通道进行叠加。由于上述做法在一个构筑中引入了多个卷积计算，其计算量会显著增大，因此为简化计算量，Inception 模块通常设计了瓶颈层，首先使用单位卷积核，即 NIN 结构减少特征图的通道数，再进行其他卷积操作。

4）局部连接

神经网络的输入是一个向量，然后在一系列隐藏层中对它做变换。每个隐藏层都由若干神经元组成，每个神经元都与前一层中的所有神经元连接。但是在一个隐藏层中，神经元相互独立，不进行任何连接。最后的全连接层称为“输出层”，在分类问题中，它输出的值被看作不同类别的评分值。

3. 输出层（Output Layer）

卷积神经网络中输出层的上游通常是全连接层，因此其结构和工作原理与传统前馈神经网络中的输出层相同。对于图像分类问题，输出层使用逻辑函数或归一化指数函数（Softmax Function）输出分类标签。在物体识别（Object Detection）问题中，输出层可设计为输出物体的中心坐标、大小和分类。在图像语义分割中，输出层直接输出每个像素的分类结果。

11.1.2　卷积神经网络的训练

卷积神经网络的训练过程和全连接网络的训练过程类似，都是先将参数随机初始化，进行前向计算，得到最后的输出结果，计算最后一层每个神经元的残差，然后从最后一层开始逐层往前计算每一层的神经元的残差，根据残差计算损失对参数的导数，最后再迭代

更新参数。这里反向传播中最重要的一个数学概念就是求导的链式法则。求导的链式法则公式为

$$\frac{\partial y}{\partial x}=\frac{\partial y}{\partial z}\times\frac{\partial z}{\partial x}$$

全连接网络的反向传播过程以及一些符号表达的含义如下。用 $\delta_i^{(l)}$ 表示第 l 层的第 i 个神经元 $v_i^{(l)}$ 的残差，即损失函数对第 l 层的第 i 个神经元 $v_i^{(l)}$ 的偏导数：

$$\delta_i^{(l)}=\frac{\partial L(w,b)}{\partial v_i^{(l)}}$$

用 $\frac{\partial L(w,b)}{\partial w_{ij}^{(l)}}$ 表示损失函数对第 l 层上的参数的偏导数：

$$\frac{\partial L(w,b)}{\partial w_{ij}^{(l)}}=\delta_i^{(l)}\times a_j^{(l-1)}$$

式中，$a_j^{(l-1)}$ 是前面一层的第 j 个神经元的激活值。激活值在前向计算的时候已经得到，所以只要计算出每个神经元的残差，就能得到损失函数对每个参数的偏导数。

最后一层残差的计算公式为

$$\delta_i^{(K)}=-(y_i-a_i^{(K)})\times f'(v_i^{(K)})$$

式中，y_i 是正确的输出值；$v_i^{(K)}$ 是最后一层第 i 个神经元的激活值；f' 是激活函数的导数。

其他层神经元的残差计算公式为

$$\delta_i^{(l-1)}=\left(\sum_{j=1}^{n_l}w_{ji}^{(l-1)}\times\delta_j^{(l)}\right)\times f'(v_i^{(l-1)})$$

求得了所有节点的残差之后，就能得到损失函数对所有参数的偏导数，然后进行参数更新。

普通的卷积神经网络和全连接神经网络的结构差别主要在于，卷积神经网络有卷积和池化操作，那么只要搞清楚卷积层和池化层残差是如何反向传播的以及是如何利用残差计算卷积核内参数的偏导数的，就基本实现了卷积网络的训练过程。

11.1.3 卷积神经网络的算法

本节主要介绍两种具有代表性的卷积神经网络，分别是 WaveNet 网络和 AlexNet 网络。

1. WaveNet 网络

WaveNet 是被用于语音建模的一维卷积神经网络，其构筑示意图如图 11-1 所示，其特点是采用扩张卷积和跳跃连接提升了长时间跨度下平移不变特征的提取能力。

WaveNet 以经过量化和独热编码（One-Hot Encoding）的音频作为输入特征，具体为一个包含采样和通道的二维数组。输入特征在 WaveNet 中首先进入线性卷积核，得到的特征图从过滤器和门输出后，会做矩阵元素乘法并通过由 NIN 构建的瓶颈层，所得结果的一部分会由跳跃连接直接输出，另一部分与进入该扩张卷积块前的特征图进行线性组合进入下一个构筑。WaveNet 的输出为每个采样相对于其之前所有采样的条件概率，与输入具有相同的维度：

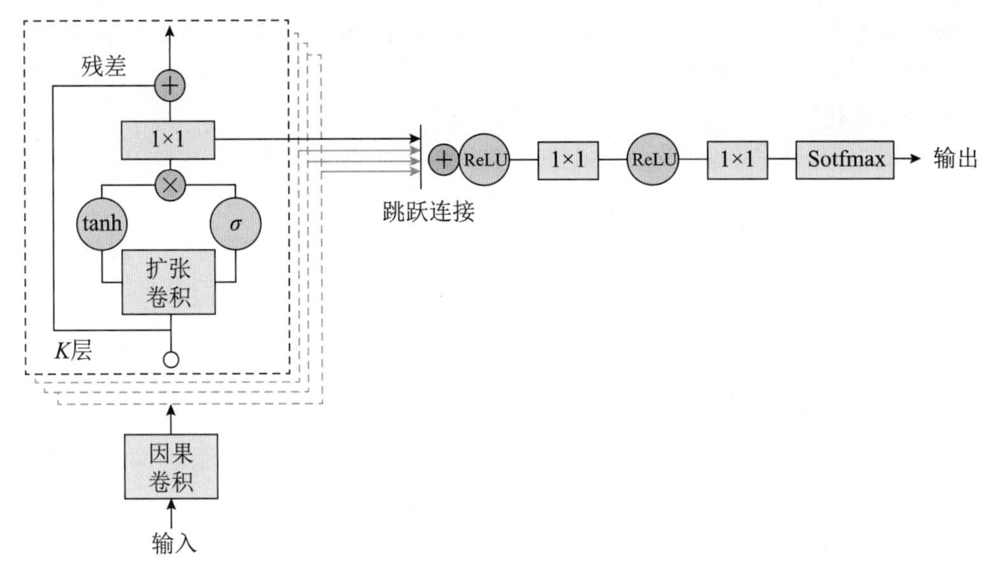

图 11-1 WaveNet 构筑示意图

$$p(x)=\prod_{t=1}^{T}p(x_t\mid x_1,x_2,\cdots,x_{t-1}),x=\{x_1,x_2,\cdots,x_T\}$$

2. AlexNet 网络

AlexNet 主要是在最基本的卷积网络上采用了很多新的技术点，如首次将 ReLU 激活函数、Dropout、LRN 等技巧应用到卷积神经网络中，并使用了 GPU 加速计算。

整个 AlexNet 有 8 层，前 5 层为卷积层，后 3 层为全连接层，如图 11-2 所示。最后一层是有 1000 类输出的 Softmax 层，用作分类。LRN 层出现在第一个及第二个卷积层后，而最大池化层出现在两个 LRN 层及最后一个卷积层后。ReLU 激活函数则应用在这 8 层每一层的后面。

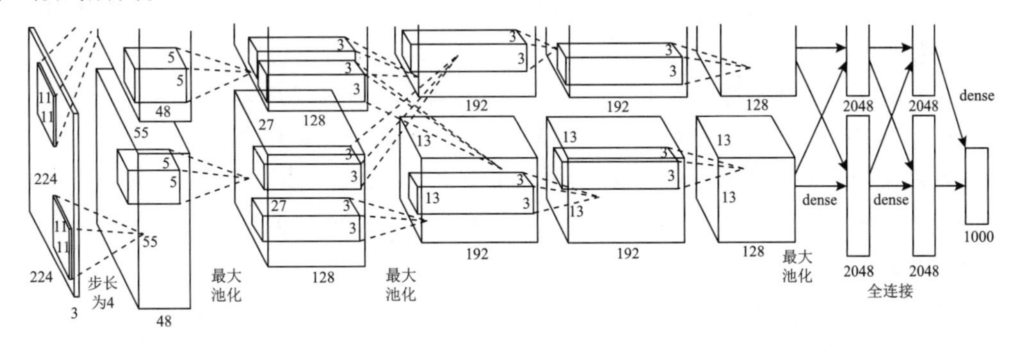

图 11-2 AlexNet 的网络结构

其中，图 11-2 模型的基本参数如下。

- 输入：224 × 224 大小的图片，3 通道。
- 第一层卷积：11 × 11 大小的卷积核 96 个，每个 GPU 上 48 个。
- 第一层最大池化：2 × 2 的核。
- 第二层卷积：5 × 5 卷积核 256 个，每个 GPU 上 128 个。
- 第二层最大池化：2 × 2 的核。

- 第三层卷积：与上一层是全连接，3×3 的卷积核 384 个，两个 GPU 上各 192 个。
- 第四层卷积：3×3 的卷积核 384 个，两个 GPU 上各 192 个，该层与上一层连接没有经过池化层。
- 第五层卷积：3×3 的卷积核 256 个，两个 GPU 上各 128 个。
- 第五层最大池化：2×2 的核。
- 第一层全连接：4096 维，将第五层最大池化的输出连接成为一个一维向量，作为该层的输入。
- 第二层全连接：4096 维。
- Softmax 层：输出为 1000，输出的每一维都是图片属于该类别的概率。

AlexNet 中主要使用到的技巧有：

- 使用 ReLU 作为 CNN 的激活函数，并验证了其效果在较深的网络上超过了 Sigmoid，成功解决了 Sigmoid 在网络较深时的梯度弥散问题。
- 训练时使用 Dropout 随机忽略一部分神经元，以避免模型过拟合。
- 此前 CNN 中普遍使用平均池化，AlexNet 全部使用最大池化，避免平均池化的模糊化效果。并且 AlexNet 中提出让步长比池化核的尺寸小，这样池化层的输出之间会有重叠和覆盖，提升了特征的丰富性。
- 提出了 LRN 层，对局部神经元的活动创建竞争机制，使得其中响应比较大的值变得相对更大，并抑制其他反馈较小的神经元，增强了模型的泛化能力。
- 使用 CUDA 加速深度卷积网络的训练，利用 GPU 强大的并行计算能力，处理神经网络训练时大量的矩阵运算。

11.1.4 卷积神经网络的实现

AlexNet 是深度为 8 层的卷积神经网络，可以从 ImageNet 数据库中加载该网络的预训练版本，该版本基于 ImageNet 数据库的超过一百万幅图像进行训练。该预训练网络可以将图像分类至 1000 个目标类别（例如键盘、鼠标、铅笔和多种动物）。因此，该网络已基于大量图像学习了丰富的特征表示。该网络的图像输入大小为 227×227。

MATLAB 提供了 alexnet 函数用于创建 AlexNet 网络，函数的语法格式如下。

net = alexnet：返回基于 ImageNet 数据集训练的 AlexNet 网络。

net = alexnet('Weights','imagenet')：返回基于 ImageNet 数据集训练的 AlexNet 网络。此语法等效于 net = alexnet。

layers = alexnet('Weights','none')：返回未经训练的 AlexNet 网络架构。未经训练的模型不需要支持包。

【例 11-1】从预训练的卷积神经网络中提取已学习的图像特征，并使用这些特征来训练图像分类器。

具体实现步骤如下。

（1）加载数据。

解压缩实例图像并加载这些图像作为图像数据存储。imageDatastore 根据文件夹名称自动标注图像，并将数据存储为 ImageDatastore 对象。通过图像数据存储可以存储大图像数据，包括无法放入内存的数据。

```
>> unzip('MerchData.zip');
imds = imageDatastore('MerchData', ...
    'IncludeSubfolders',true, ...
    'LabelSource','foldernames');
```

将数据拆分，其中70%用作训练数据，30%用作测试数据。splitEachLabel将images数据存储拆分为两个新的数据存储。

```
>>[imdsTrain,imdsTest] = splitEachLabel(imds,0.7,'randomized');
```

在这个非常小的数据集中，现在有55幅训练图像和20幅验证图像。下面的代码会显示一些实例图像。

```
>>numImagesTrain = numel(imdsTrain.Labels);
idx = randperm(numImagesTrain,16);
for i = 1: 16
    I{i} = readimage(imdsTrain,idx(i));
end
figure
imshow(imtile(I))    %显示实例图像如图11-3所示
```

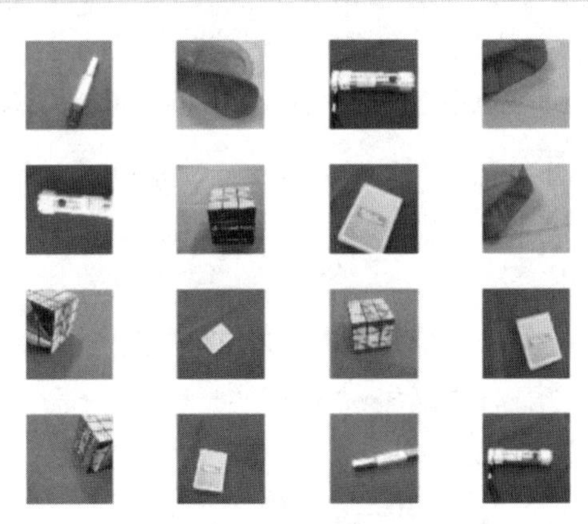

图11-3　显示实例图像

（2）加载预训练网络。

加载一个预训练的AlexNet网络。如果未安装Deep Learning Toolbox Model for AlexNet Network支持包，则软件会提供下载链接。AlexNet已基于超过一百万幅图像进行了训练，可以将图像分为1000个对象类别。因此，该模型已基于大量图像学习了丰富的特征表示。

```
>> net = alexnet;
```

上面的代码可以显示网络架构。该网络有5个卷积层和3个全连接层。

```
>>net.Layers
ans =
  25×1 Layer array with layers:
     1  'data'   Image Input  227×227×3 images with 'zerocenter' normalization
```

```
        2   'conv1'  Convolution  96 11×11×3 convolutions with stride [4 4]
and padding [0  0  0  0]
    ...
        23  'fc8'       Fully Connected                    1000 fully connected
layer
        24   prob'      Softmax                                   softmax
        25  'output'  Classification Output            crossentropyex with
'tench' and 999 other classes
```

第一层（图像输入层）需要大小为 227×227×3 的输入图像，其中 3 是颜色通道数。

```
    inputSize = net.Layers(1).InputSize
    >>inputSize = 1×3
       227   227     3
```

（3）提取图像特征。

网络构造输入图像的分层表示。更深层包含更高级别的特征，这些特征使用较浅层的较低级别特征构建。要获得训练图像和测试图像的特征表示，可在全连接层 'fc7' 上使用 activations。要获得图像的较低级别表示，可使用网络中较浅的层。

网络要求输入图像的大小为 227×227×3，但图像数据存储中的图像具有不同大小。要在将训练图像和测试图像输入网络之前自动调整它们的大小，请创建增强的图像数据存储，指定所需的图像大小，并将这些数据存储用作 activations 的输入参数。

```
    >>augimdsTrain = augmentedImageDatastore(inputSize(1: 2),imdsTrain);
    augimdsTest = augmentedImageDatastore(inputSize(1: 2),imdsTest);

    layer = 'fc7';
    featuresTrain = activations(net,augimdsTrain,layer,'OutputAs','rows');
    featuresTest = activations(net,augimdsTest,layer,'OutputAs','rows');
```

从训练数据和测试数据中提取标签。

```
    >>YTrain = imdsTrain.Labels;
    YTest = imdsTest.Labels;
```

（4）拟合图像分类器。

使用从训练图像中提取的特征作为预测变量，并使用 fitcecoc（Statistics and Machine Learning Toolbox）拟合多类支持向量机（SVM）。

```
    >>mdl = fitcecoc(featuresTrain,YTrain);
```

（5）对测试图像进行分类。

使用经过训练的 SVM 模型和从测试图像中提取的特征对测试图像进行分类。

```
    >>YPred = predict(mdl,featuresTest);
```

显示 4 个实例测试图像及预测的标签。

```
    >>idx = [1 5 10 15];
    figure
    for i = 1:numel(idx)
```

```
    subplot(2,2,i)
    I = readimage(imdsTest,idx(i));
    label = YPred(idx(i));
    imshow(I)                    % 效果如图 11-4 所示
    title(label)
end
```

MathWorks Cap

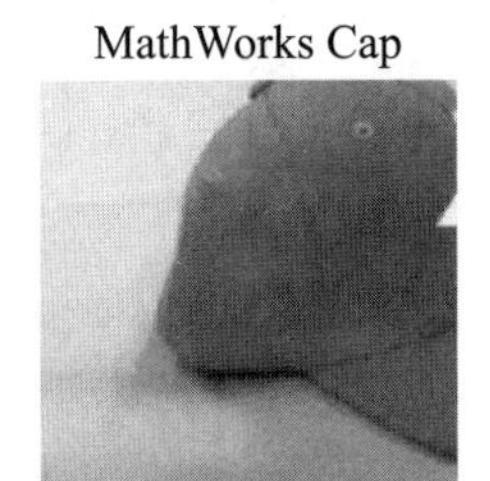

MathWorks Cube

MathWorks Playing Cards

MathWorks Screwdriver

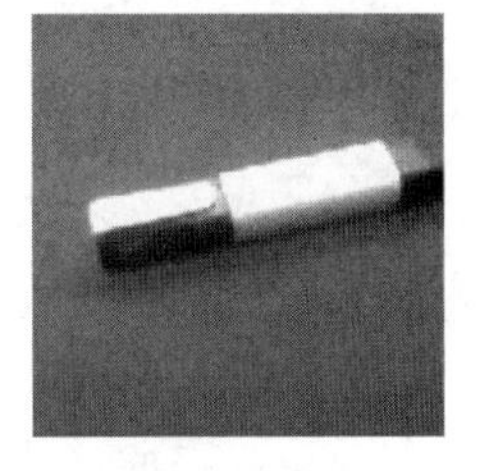

图 11-4　4 个实例测试图像及预测的标签

计算针对测试集的分类准确度，准确度是网络预测正确的标签的比例。

```
>>accuracy = mean(YPred == YTest)
accuracy = 1
```

此 SVM 有很高的准确度，如果使用特征提取时的准确度不够高，则可尝试迁移学习。

11.2　循环神经网络

循环神经网络（Recurrent Neural Network，RNN）主要是自然语言处理应用的一种网络模型。RNN 在网络中引入了定性循环，使信号从一个神经元传递到另一个神经元并不会马上消失，而是继续存活，这就是循环神经网络名称的由来。

11.2.1　循环神经网络的特点

循环神经网络的特点在于它是按时间顺序展开的，下一步会受本步处理的影响，网络模型如图 11-5 所示。

循环神经网络的训练也是使用误差反向传播（BackPropagation，BP）算法，并且参数 w_1 、 w_2 和 w_3 是共享的。但是，其在反向传播中，不仅依赖当前层的网络，还依赖前面若干层的网络，这种算法称为随机时间反向传播（BackPropagation Through Time，BPTT）算法。

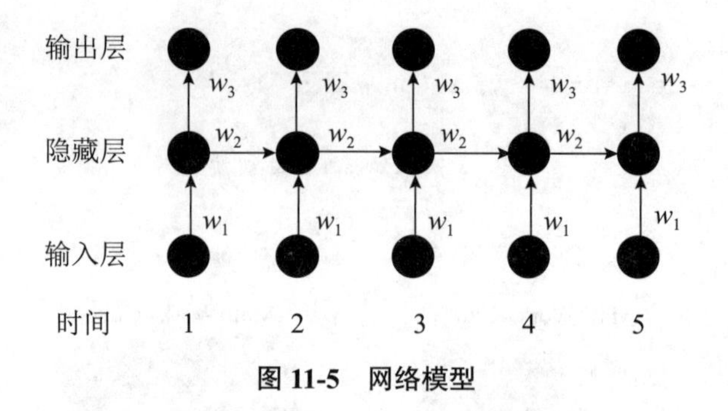

图 11-5 网络模型

11.2.2 循环神经网络的原理

在 RNNs 中引入了定向循环，能够处理那些输入之间前后关联的问题。图 11-6 展示了定向循环结构。

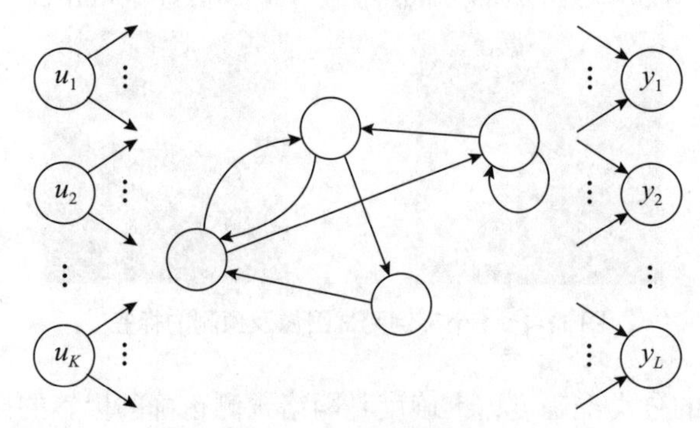

图 11-6 定向循环结构

RNNs 是用来处理序列数据的，RNNs 之所以称为循环神经网络，是因为一个序列当前的输出与前面的输出有关。具体的表现形式为网络会对前面的信息进行记忆并应用于当前输出的计算中，即隐藏层之间的节点不再无连接而是有连接的，并且隐藏层的输入不仅包括输入层的输出，还包括上一时刻隐藏层的输出。

RNNs 包含输入单元（Input Units），输入集标记为 $\{x_0, x_1, \cdots, x_t, x_{t+1}, \cdots\}$，输出单元（Output Units）的输出集标记为 $\{y_0, y_1, \cdots, y_t, y_{t+1}, \cdots\}$。RNNs 还包含隐藏单元（Hidden Units），其输出集标记为 $\{s_0, s_1, \cdots, s_t, s_{t+1}, \cdots\}$，这些隐藏单元完成了最为主要的工作。

11.2.3 损失函数

在输出层为二分类或者 Softmax 多分类的深度网络中，代价函数通常选择交叉熵（Cross Entropy）损失函数。在分类问题中，交叉熵函数的本质就是似然损失函数。尽管 RNNs 的网络结构与分类网络不同，但它们的损失函数是有相似之处的。

假设采用 RNNs 网络构建“语言模型”，为了更好地理解语言模型中损失函数的定义形式，这里做一些推导，根据全概率公式，一句话是“自然化的语句”的概率为

$$p(w_1, w_2, \cdots, w_T) = p(w_1) \times p(w_2 \mid w_1) \times \cdots \times p(w_T \mid w_1, w_2, \cdots, w_{T-1})$$

所以语言模型的目标就是最大化 $P(w_1, w_2, \cdots, w_T)$。而损失通常为最小化问题，所以可

定义：

$$\text{Loss}(w_1, w_2, \cdots, w_T \mid \theta) = -\log P(w_1, w_2, \cdots, w_T \mid \theta)$$

将以上公式展开可得

$$\text{Loss}(w_1, w_2, \cdots, w_T \mid \theta) = -(\log p(w_1) + \log p(w_1 \mid w_2) + \cdots + \log(w_T \mid w_1, w_2 \cdots, w_{T-1}))$$

展开式中的每一项为一个 Softmax 分类模型，类别数为所采用的词库大小（Vocabulary Size），相信大家此刻应该也就明白了，为什么使用 RNNs 网络解决语言模型时，输入序列和输出序列错了一个位置了。

11.2.4 梯度求解

在训练任何深度网络模型时，求解损失函数关于模型参数的梯度，都是最核心的一步了。RNN 模型在进行训练时，采用的是 BPTT 算法，这个算法实质上就是朴素的 BP 算法，也是采用"链式法则"求解参数梯度，唯一的不同在于每一个 time step 上参数共享。从数学的角度来讲，BP 算法就是一个单变量求导过程，而 BPTT 算法就是一个复合函数求导过程。接下来以损失函数展开式中的第 3 项为例，推导其关于网络参数 U、V、W 的梯度表达式（总损失的梯度则是各项相加的过程而已）。

为了简化符号表示，记 $E_3 = -\log p(w_3 \mid w_1, w_2)$，则根据 RNN 的展开图可得

$$s_3 = \tanh(U \times x_3 + W \times s_2); \qquad s_2 = \tanh(U \times x_2 + W \times s_1);$$
$$s_1 = \tanh(U \times x_1 + W \times s_0); \qquad s_0 = \tanh(U \times x_0 + W \times s_{-1});$$

所以

$$\begin{aligned}
\frac{\partial s_3}{W} &= \frac{\partial s_3}{W_1} + \frac{\partial s_3}{\partial s_2} \times \frac{\partial s_2}{W} \\
\frac{\partial s_2}{W} &= \frac{\partial s_2}{W_1} + \frac{\partial s_2}{\partial s_1} \times \frac{\partial s_1}{W} \\
\frac{\partial s_1}{W} &= \frac{\partial s_1}{W_0} + \frac{\partial s_0}{\partial s_0} \times \frac{\partial s_0}{W} \\
\frac{\partial s_0}{W} &= \frac{\partial s_0}{W_1}
\end{aligned} \tag{11-1}$$

说明一下，为了更好地体现复合函数求导的思想，在式（11-1）中引入了变量 W_1 看作关于 W 的函数，即 $W_1 = W$。另外，因为 s_{-1} 表示 RNN 网络的初始状态，为一个常数向量，所以式（11-1）中第 1 个表达式展开后只有一项，所以有

$$\frac{\partial s_3}{W} = \frac{\partial s_3}{W_1} + \frac{\partial s_3}{\partial s_2} \times \frac{\partial s_2}{W_1} + \frac{\partial s_3}{\partial s_2} \times \frac{\partial s_2}{\partial s_1} \times \frac{\partial s_1}{W_1} + \frac{\partial s_3}{\partial s_2} \times \frac{\partial s_2}{\partial s_1} \times \frac{\partial s_1}{\partial s_0} \times \frac{\partial s_0}{\partial W_1}$$

化简得到下式：

$$\frac{\partial s_3}{W} = \frac{\partial s_3}{W_1} + \frac{\partial s_3}{\partial s_2} \times \frac{\partial s_2}{W_1} + \frac{\partial s_3}{\partial s_1} \times \frac{\partial s_1}{W_1} + \frac{\partial s_3}{\partial s_0} \times \frac{\partial s_0}{W_1}$$

继续化简得

$$\frac{\partial s_3}{W} - \sum_{i=0}^{3} \frac{\partial s_3}{\partial s_i} \times \frac{\partial s_i}{W}$$

11.2.5 循环神经网络的实现

前面已对循环神经网络的特点、原理、损失函数、梯度求解进行了介绍，下面直接通过一个实例来演示其实现。

【例 11-2】利用循环神经网络拟合时间序列。

```
clear all
%% 训练数据集生成
dx = 0.15;
x1 = 0: dx: 1;                    % 输入值
x2 = x1.^2;
y_start = x1./(x2+1);             % 真实输出值
the_dim = length(x1);             % 输入时间序列的长度
%% 输入变量
alpha = 0.1;                      % 学习率
input_dim = 2;                    % 输入变量维数
hidden_dim = 16;                  % 隐藏层大小
output_dim = 1;                   % 输出变量维数

%% 初始化神经网络权重
synapse_0 = 2*rand(input_dim,hidden_dim) - 1;     % 输入层与隐藏层权值矩阵:
                                                  %input_dim*hidden_dim
synapse_1 = 2*rand(hidden_dim,output_dim) - 1;    % 隐藏层与输出层权值矩阵:
                                                  %hidden_dim*output_dim
synapse_h = 2*rand(hidden_dim,hidden_dim) - 1;    % 前一时刻的隐藏层与现
                                                  % 在时刻的隐藏层全值矩阵:
                                                  %hidden_dim*hidden_dim

% 存储权值更新
synapse_0_update = zeros(size(synapse_0));
synapse_1_update = zeros(size(synapse_1));
synapse_h_update = zeros(size(synapse_h));

%% 训练逻辑
for j = 1: 1000                        % 迭代训练
    y_out = zeros(size(y_start));      % 初始化空的二进制数组，存储神经网络的预测值
    overallError = 0;                  % 重置误差值

    %layer_2 为输出层输出；layer_1 为隐藏层输出；layer_1x 为隐藏层输入
    layer_2_deltas = [];               % 记录 layer_2 的导数值
    layer_1_values = [];               % 记录 layer_1 的值
    layer_1x_values = [];              % 记录 layer_1x 的值
    layer_1_values = [layer_1_values; zeros(1, hidden_dim)];
                                       % 存储隐藏层的输出值，并提前设置上一时刻的值

    % 开始对一个序列进行处理
    for position1 = 1: the_dim                           % 输入的时间序列长度
        X = [x1(position1) x2(position1)];               %X 是 input
```

```
        y = [y_start(position1)]';                    %Y 是 label,用来计算最后误差

        % 这里是 RNN,因此隐藏层比较简单
        layer_1x = X*synapse_0 + layer_1_values(end, :)*synapse_h;
        % 隐藏层输入
        % 隐藏层输出
        layer_1 = acf(X*synapse_0 + layer_1_values(end, :)*synapse_h);
        % layer_2 为最终的输出结果,其维度应该与 label(Y) 的维度是一致的
        layer_2x = layer_1*synapse_1;        % 输出层输入
        layer_2 = acf(layer_1*synapse_1);   % 输出层输出
        % 计算误差,根据误差进行反向传播
        %y 是真实结果
        %layer_2 是输出结果
        %layer_2_deltas 是输出层的变化结果,使用反向传播进行求导(输出层的输入是
        %layer_2,对输入求导即可,然后乘以误差就可以得到输出的 diff)
        layer_2_error = y - layer_2;          % 误差
        layer_2_deltas = [layer_2_deltas; layer_2_error*acf_output_to_
derivative(layer_2x)];
        % 总体的误差(误差有正有负,用绝对值)
        overallError = overallError + abs(layer_2_error); % 累计绝对误差

        % 记录神经网络的输出
        y_out(position1) = layer_2;

        % 记录此次的隐藏层输出(h(t)),以便在反向传播时使用
        layer_1_values = [layer_1_values; layer_1];  % 因为多设置了零时刻的
                                                      % 隐藏层,所以长度比样
                                                      % 本时间序列多 1
        layer_1x_values = [layer_1x_values; layer_1x];
    end
    % 计算隐藏层的 diff,用于求参数的变化和更新参数
    future_layer_1_delta = zeros(1, hidden_dim);  % 提前设置储存量

    % 重置权值参数变化量
    synapse_0_update = synapse_0_update * 0;
    synapse_1_update = synapse_1_update * 0;
    synapse_h_update = synapse_h_update * 0;
    % 开始进行反向传播,计算 hidden_layer 的 diff,以及参数的 diff
    for position2 = the_dim: -1: 1 % 误差反向传播,即按照时间序列从尾传到头
        % 因为是通过输入得到隐藏层,因此这里还是需要用到输入
        % 注意这里从最后开始往前推
        X = [x1(position2) x2(position2)];
        %layer_1 表示隐藏层输出 hidden_layer (h(t))
        layer_1 = layer_1_values(position2+1, :);     % 提取当前时刻隐藏
                                                      % 层输出
        prev_layer_1 = layer_1_values(position2, :);% 提取前一时刻隐藏
                                                      % 层输出
        layer_1x =layer_1x_values(position2, :);
```

```
            %layer_2_delta 就是隐藏层的 diff
            layer_2_delta = layer_2_deltas(position2, :);
            %此处的 layer_2_delta 来自两方面，因为隐藏层的下一步为下一时间步或输出，
            %因此其反向传播也是两方面
              layer_1_delta = (future_layer_1_delta*(synapse_h') + layer_2_
delta*(synapse_1')) ....* acf_output_to_derivative(layer_1x);

            %更新所有权重，再试一次
            synapse_1_update = synapse_1_update + (layer_1')*(layer_2_
delta);
            synapse_h_update = synapse_h_update + (prev_layer_1')*(layer_1_
delta);
            synapse_0_update = synapse_0_update + (X')*(layer_1_delta);

            future_layer_1_delta = layer_1_delta;
        end
        %可以把结果打印出来观察
        synapse_0 = synapse_0 + synapse_0_update * alpha;
        synapse_1 = synapse_1 + synapse_1_update * alpha;
        synapse_h = synapse_h + synapse_h_update * alpha;
    end
    plot(y_out,'--')
    hold on
    plot(y_start)
```

运行程序，拟合效果如图 11-7 所示。

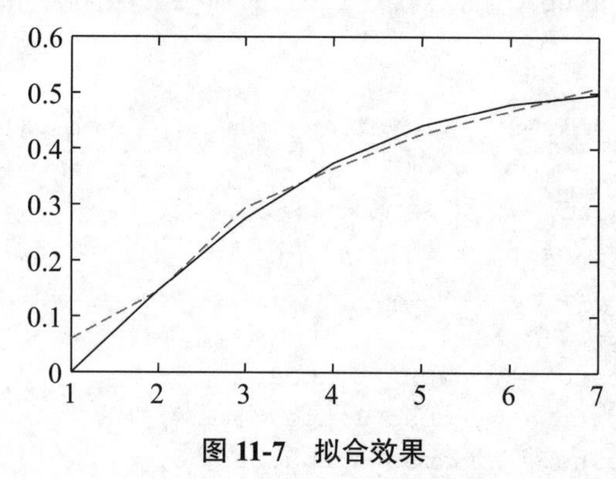

图 11-7 拟合效果

在以上代码中，调用到的自定义激活函数源代码如下（激活函数可以选择 sigmoid/tanh/ReLU）：

```
%%%激活函数
%%sigmoid
function yy = acf(xx)
  yy = 1./(1 + exp(-xx));
end
```

```
function yy = acf_output_to_derivative(xx)
  yy = acf(xx).*(1-acf(xx));
end

%%tanh 函数
%function yy = acf(xx)
%    yy = (exp(xx)-exp(-xx))./(exp(xx)+exp(-xx));
%end
%
%function yy = acf_output_to_derivative(xx)
%     yy = 1-acf(xx).^2;
%end

%% ReLU 函数
%function yy = acf(xx)
%    yy = max(0,xx);
%end
%
%function yy = acf_output_to_derivative(xx)
%     yy = xx./abs(xx);
%     yy = max(0,yy);
%end
```

11.3　长短期记忆网络

长短期记忆网络（Long Short-Term Memory，LSTM）是 RNN 网络的代表，它是为了解决一般的循环神经网络存在的长期依赖问题而专门设计出来的。

11.3.1　LSTM 基本单元结构

所有的 RNNs 都具有一种重复神经网络模块的链式形式。在标准 RNN 中，这个重复的结构模块只有一个非常简单的结构，如一个 tanh 层，如图 11-8 所示。

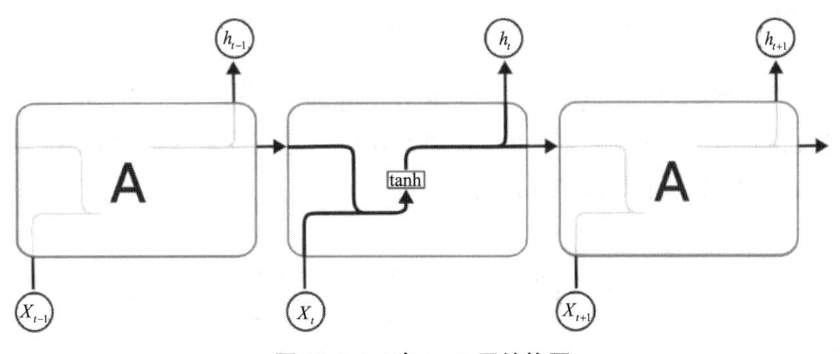

图 11-8　一个 tanh 层结构图

LSTM 同样是这样的结构，但是重复的模块不同于单一神经网络层，这里有 4 个 tanh 层，以一种非常特殊的方式进行交互，如图 11-9 所示。

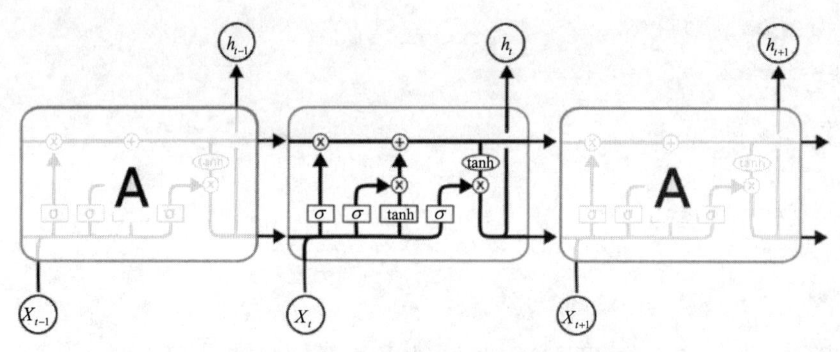

图 11-9　一个 tanh 层的 LSTM 结构图

LSTM 单元与普通 RNNs 单元相比有较大区别，其主要的核心思想有以下两个。

- 采用一个叫“细胞状态”的通道贯穿整个时间序列。
- 通过精心设计的“门”来去除或者增加信息到细胞状态的能力。“门”是让信息通过多少计算单元，0 代表“不允许任何量通过”，1 代表“允许任意量通过”，0 ～ 1 代表“允许一部分分量通过”。

LSTM 有三个“门”来控制不同阶段的数据输入和输出，分别是“遗忘门”“输入门”和“输出门”，其连接如图 11-10 所示。

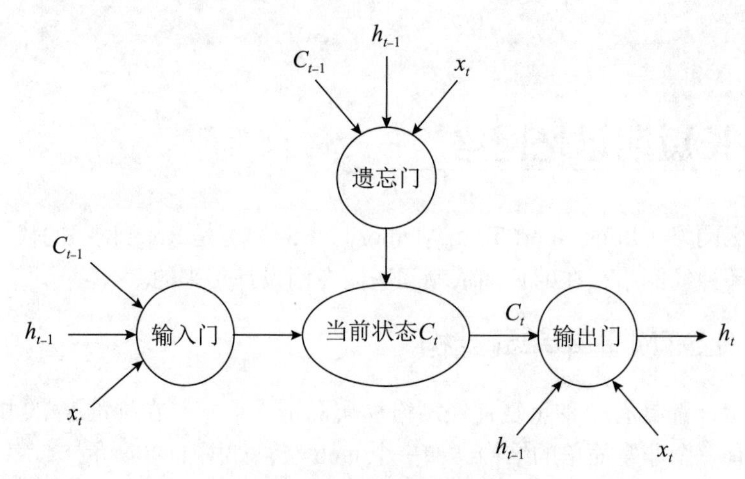

图 11-10　LSTM 的三个门

LSTM 层的可学习权重包括输入权重 $\boldsymbol{W}$（InputWeights）、循环权重 $\boldsymbol{R}$（Recurrent Weights）以及偏置 $\boldsymbol{b}$（Bias）。矩阵 $\boldsymbol{W}$、$\boldsymbol{R}$ 和 $\boldsymbol{b}$ 分别是输入权重、循环权重和每个分量的偏置的串联。该层根据以下等式串联矩阵：

$$\boldsymbol{W}=\begin{bmatrix} W_i \\ W_f \\ W_g \\ W_o \end{bmatrix},\quad \boldsymbol{R}=\begin{bmatrix} R_i \\ R_f \\ R_g \\ R_o \end{bmatrix},\quad \boldsymbol{b}=\begin{bmatrix} b_i \\ b_f \\ b_g \\ b_o \end{bmatrix}$$

式中，i、f、g、o 分别表示输入门、遗忘门、候选单元和输出门。时间步 t 处的单元状态由下式给出：

$$c_t = f_t \cdot c_{t-1} + i_t \cdot g_t$$

式中，“·”表示哈达玛乘积（向量的按元素乘法）。

时间步 t 处的隐藏状态由下式给出：

$$h_t = o_t \cdot \sigma_c(c_t)$$

式中，σ_c 表示状态激活函数。默认情况下，lstmLayer 函数使用双曲正切函数（tanh）计算状态激活函数。

以下公式说明时间步 t 处的组件。

输入门：$i_t = \sigma_g(W_i x_i + R_i h_{t-1} + b_i)$

遗忘门：$f_t = \sigma_g(W_f x_t + R_f h_{t-1} + b_f)$

候选单元：$g_t = \sigma_c(W_g x_t + R_g h_{t-1} + b_g)$

输出门：$o_t = \sigma_g(W_o x_t + R_o h_{t-1} + b_o)$

在这些计算中，σ_g 表示门激活函数。默认情况下，lstmLayer 函数使用 $\sigma(x) = (1+\mathrm{e}^{-x})^{-1}$ 给出的 Sigmoid 函数来计算门激活函数。

11.3.2　LSTM 的应用

ECG 记录一段时间内人体心脏的电活动。医生使用 ECG 检测患者的心跳是正常还是不规则。心房纤维性颤动（AFib）是一种不规则的心跳，当心脏的上腔（即心房）与下腔（即心室）失去协调时就会发生心房纤维性颤动。

LSTM 网络非常适合研究序列和时间序列数据，LSTM 网络可以学习序列的时间步之间的长期相关性。本节通过一个实例来演示 LSTM 在医学领域的应用。

【例 11-3】使用长短期记忆网络对 ECG 信号进行分类（数据可从 https：//physionet.org/challenge/2017/ 获取）。

具体实现步骤如下。

（1）加载并检查数据。

运行 ReadPhysionetData 脚本，从 PhysioNet 网站下载数据，并生成包含适当格式的 ECG 信号的 MAT 文件（PhysionetData.mat）。下载数据可能需要几分钟。使用一个条件语句，限定仅在当前文件夹中不存在 PhysionetData.mat 时才运行该脚本。

```
>>load PhysionetData
```

加载操作会向工作区添加两个变量：Signals 和 Labels。Signals 是保存 ECG 信号的元胞数组。Labels 是分类数组，它保存信号的对应真实值标签。

```
>> Signals(1: 5)
ans =
  5×1 cell 数组
     {[  -127 -162 -197 -229 -245 -254 -261 -265 -268 -268 -267 -265
-263 -260 -256 … ] (1×9000 double)}
     {[ 128 157 189 226 250 257 262 265 268 269 268 266 263 260 258 257
255 252 249 … ] (1×9000 double)}
```

```
        {[56 73 85 93 100 107 113 117 118 117 115 113 111 109 104 101 107
121 134 147 … ] (1×18000 double)}
        {[ 519 619 723 827 914 956 955 934 920 900 889 883 877 873 870 866
863 860 858 … ] (1×9000 double)}
        {[ -188 -239 -274 -316 -356 -374 -380 -384 -387 -389 -390 -391 -392
-393 -393 … ] (1×18000 double)}
   >> Labels(1: 5)
   ans =
     5×1 categorical 数组
        N
        N
        N
        A
        A
```

使用 summary 函数可查看数据中包含多少 AFib 信号和正常信号。

```
   >> summary(Labels)
        A       738
        N      5050
```

以下代码生成信号长度的直方图（大多数信号的长度是 9000 个采样）。

```
   >>L = cellfun(@length,Signals);
   h = histogram(L);    %效果如图 11-11 所示
   xticks(0: 3000: 18000);
   xticklabels(0: 3000: 18000);
   title('信号长度')
   xlabel('长')
   ylabel('数量')
```

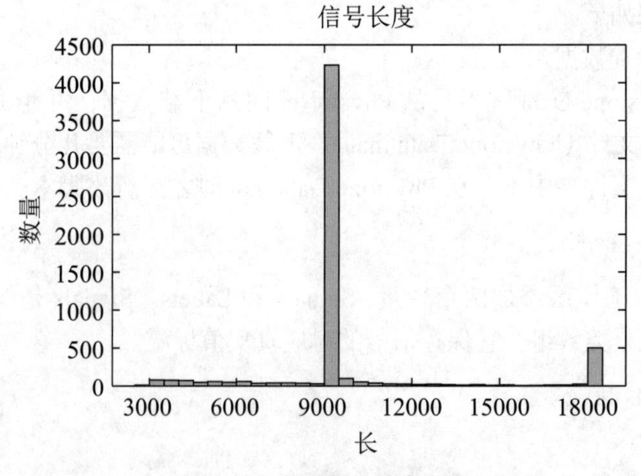

图 11-11 信号长度的直方图

可视化每个类中一个信号的一段。AFib 心跳间隔不规则，而正常心跳会周期性发生。AFib 心跳信号还经常缺失 P 波，P 波在正常心跳信号的 QRS 复合波之前出现。正常信号的绘图会显示 P 波和 QRS 复合波。

```
normal = Signals{1};
aFib = Signals{4};

subplot(2,1,1)
plot(normal)
title('正常节律')
xlim([4000,5200])
ylabel('振幅(mV)')
text(4330,150,'P','HorizontalAlignment','center')
text(4370,850,'QRS','HorizontalAlignment','center')

subplot(2,1,2)
plot(aFib)
title('心房颤动')
xlim([4000,5200])
xlabel('样本')
ylabel('振幅(mV)')
```

运行程序，效果如图 11-12 所示。

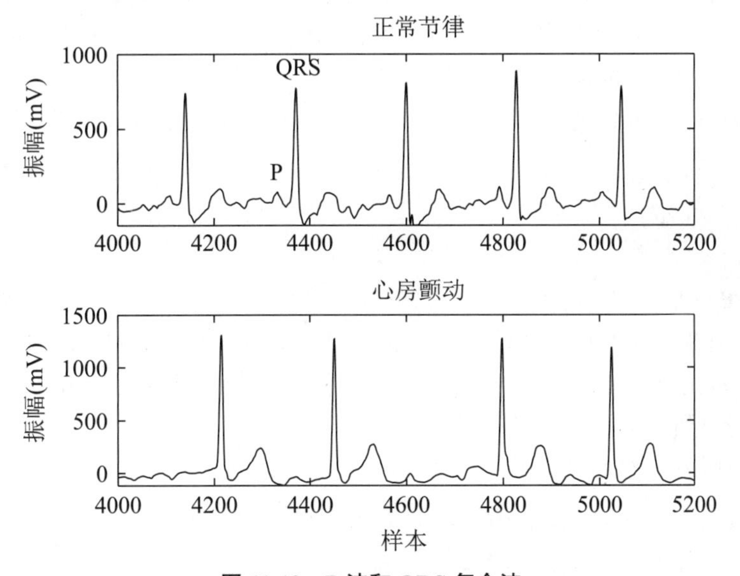

图 11-12　P 波和 QRS 复合波

（2）准备要训练的数据。

在训练期间，trainNetwork( ) 函数将数据分成小批量。然后，该函数在同一个小批量中填充或截断信号，使它们具有相同的长度。过多的填充或截断会对网络性能产生负面影响，因为网络可能会根据添加或删除的信息错误地解释信号。

为避免过度填充或截断，需要对 ECG 信号应用 segmentSignals( ) 函数，使它们的长度都为 9000 个采样。该函数会忽略少于 9000 个采样的信号。如果信号的采样超过 9000 个，segmentSignals( ) 会将其分成尽可能多地包含 9000 个采样的信号段，并忽略剩余采样。例如，具有 18500 个采样的信号将被变为两个包含 9000 个采样的信号，剩余的 500 个采样被忽略。

```
>> [Signals,Labels] = segmentSignals(Signals,Labels);
```

查看 Signals 数组的前 5 个元素，以验证每个条目的长度现在为 9000 个采样。

```
>> Signals(1: 5)
ans =
  5×1 cell 数组
     {[ -127 -162 -197 -229 -245 -254 -261 -265 -268 -268 -267 -265 -263
-260 -256 … ] (1×9000 double)}
     {[128 157 189 226 250 257 262 265 268 269 268 266 263 260 258 257
255 252 249 … ] (1×9000 double)}
     {[56 73 85 93 100 107 113 117 118 117 115 113 111 109 104 101 107
121 134 147 … ] (1×9000 double)}
     {[ 16 17 17 19 20 21 21 21 19 16 14 12 11 9 7 5 4 4 7 10 13 16 18
21 24 28 30 … ] (1×9000 double)}
     {[519 619 723 827 914 956 955 934 920 900 889 883 877 873 870 866
863 860 858 … ] (1×9000 double)}
```

（3）第一次尝试：使用原始信号数据训练分类器。

设计分类器可以使用前面生成的原始信号。将信号分成一个训练集（训练分类器）和一个测试集（基于新数据测试分类器的准确度）。

使用 summary( ) 函数显示 AFib 信号与正常信号的比率为 718：4937，约为 1：7。

```
>> summary(Labels)
     A       718
     N      4937
```

由于约 7/8 的信号是正常信号，因此通过简单地将所有信号分类为正常信号分类器就可以达到高准确度。为了避免这种偏置，需要通过复制数据集中的 AFib 信号来增加 AFib 数据，以便正常信号和 AFib 信号的数量相同。这种复制通常称为过采样，是深度学习中使用的一种数据增强形式。

根据信号所属的类划分信号。

```
>>afibX = Signals(Labels=='A');
afibY = Labels(Labels=='A');

normalX = Signals(Labels=='N');
normalY = Labels(Labels=='N');
```

接下来，使用 dividerand( ) 将每个类的目标随机分为训练集和测试集。

```
>> [trainIndA,~,testIndA] = dividerand(718,0.9,0.0,0.1);
[trainIndN,~,testIndN] = dividerand(4937,0.9,0.0,0.1);

XTrainA = afibX(trainIndA);
YTrainA = afibY(trainIndA);

XTrainN = normalX(trainIndN);
```

```
YTrainN = normalY(trainIndN);

XTestA = afibX(testIndA);
YTestA = afibY(testIndA);

XTestN = normalX(testIndN);
YTestN = normalY(testIndN);
```

现在有 646 个 AFib 信号和 4443 个正常信号用于训练。要在每个类中获得相同数量的信号，需要使用前 4438 个正常信号，然后使用 repmat( ) 对前 634 个 AFib 信号重复 7 次。

对于测试集，现在有 72 个 AFib 信号和 494 个正常信号。使用前 490 个正常信号，然后使用 repmat( ) 对前 70 个 AFib 信号重复 7 次。默认情况下，神经网络会在训练前随机对数据进行乱序处理，以确保相邻信号不都具有相同的标签。

```
>> XTrain = [repmat(XTrainA(1: 634),7,1); XTrainN(1: 4438)];
YTrain = [repmat(YTrainA(1: 634),7,1); YTrainN(1: 4438)];

XTest = [repmat(XTestA(1: 70),7,1); XTestN(1: 490)];
YTest = [repmat(YTestA(1: 70),7,1); YTestN(1: 490);];
```

现在，正常信号和 AFib 信号在训练集和测试集中的分布均衡了。

```
>> summary(YTrain)
     A       4438
     N       4438
>> summary(YTest)
     A       490
     N       490
```

（4）定义 LSTM 网络架构。

LSTM 网络可以学习序列数据的时间步之间的长期相关性。实例使用双向 LSTM 层 bilstmLayer，因为它可以从前向和后向两个方向检测序列。

由于输入信号各有一个维度，故将输入大小指定成大小为 1 的序列。指定输出大小为 100，并输出序列的最后一个元素。此命令指示双向 LSTM 层将输入时间序列映射到 100 个特征，然后为全连接层准备输出。最后，通过使用大小为 2 的全连接层，后跟 Softmax 层和分类层，来指定两个类。

```
layers = [ ...
    sequenceInputLayer(1)
    bilstmLayer(100,'OutputMode','last')
    fullyConnectedLayer(2)
    softmaxLayer
    classificationLayer
    ]
layers =
  具有以下层的 5×1 Layer 数组:
     1   ''   序列输入     序列输入: 1 个维度
     2   ''   BiLSTM     BiLSTM: 100 个隐藏单元
```

```
3   ''   全连接       2 全连接层
4   ''   Softmax    softmax
5   ''   分类输出      crossentropyex
```

为了指定分类器的训练选项，将 'MaxEpochs' 设置为 10，以允许基于训练数据对网络进行 10 轮训练。'MiniBatchSize' 为 150 指示网络一次分析 150 个训练信号。'InitialLearnRate' 为 0.01 有助于加快训练过程。指定 'SequenceLength' 为 1000 是将信号分解成更小的片段，这样机器就不会因为一次处理太多数据而耗尽内存。将 'GradientThreshold' 设置为 1 以防止梯度过大，从而稳定训练过程。将 'Plots' 指定为 training-progress，以生成显示训练随迭代次数的增加而变化的进度图。将 'Verbose' 设置为 false 以隐藏对应于图中所示数据的表输出。如果要查看此表，可将 'Verbose' 设置为 true。

实例中使用自适应矩估计（ADAM）求解器。与默认的具有动量的随机梯度下降（SGDM）求解器相比，ADAM 在使用 LSTM 之类的 RNN 时性能更好。

```
>> options = trainingOptions('adam', ...
    'MaxEpochs',10, ...
    'MiniBatchSize', 150, ...
    'InitialLearnRate', 0.01, ...
    'SequenceLength', 1000, ...
    'GradientThreshold', 1, ...
    'ExecutionEnvironment',"auto",...
    'plots','training-progress', ...
    'Verbose',false);
```

（5）训练 LSTM 网络。

通过 trainNetwork 用指定的训练选项和层架构训练 LSTM 网络。由于训练集很大，故训练过程可能需要一段时间。

```
>> net = trainNetwork(XTrain,YTrain,layers,options);   % 效果如图 11-13 所示
```

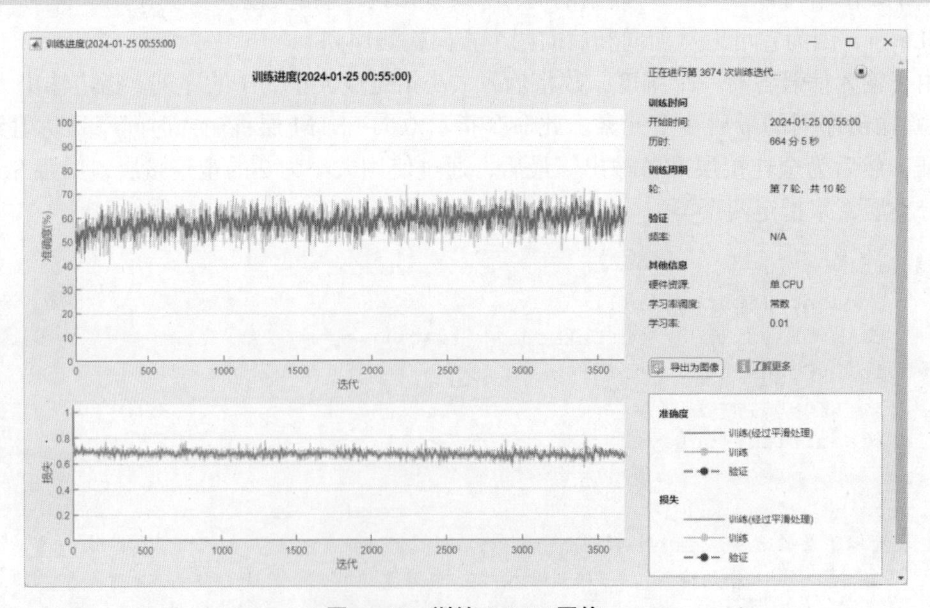

图 11-13　训练 LSTM 网络

训练进度图的顶部子图表示训练准确度，即基于每个小批量的分类准确度。若训练在成功进行，此值通常会逐渐增大，直到100%。底部子图显示训练损失，即基于每个小批量的交叉熵损失。若训练在成功进行，该值通常会逐渐降低，直到为零。

提示：如果训练未收敛，绘图可能会在各值之间振荡，而不会呈现向上或向下趋势。这种振荡意味着训练准确度没有提高，训练损失没有减少。这种情况可能发生在训练开始时，在训练准确度有初步提高后，绘图可能趋于平稳。在许多情况下，更改训练选项可以帮助网络实现收敛。减少MiniBatchSize或减少InitialLearnRate可能会导致更长的训练时间，但这可能有助于网络更好地学习。

在10轮结束时，分类器的训练准确度在50%～60%振荡。

（6）可视化训练和测试准确度。

计算训练准确度，该准确度表示分类器对于所训练信号的准确度。首先，对训练数据进行分类。

```
>> trainPred = classify(net,XTrain,'SequenceLength',1000);
```

在分类问题中，混淆矩阵用于可视化分类器对于一组已知真实数值的数据上的性能。目标类是信号的真实值标签，输出类是网络分配给信号的标签。坐标区标签表示类标签AFib（A）和Normal（N）。

使用confusionchart命令计算用于测试数据预测的总体分类准确度。将'RowSummary'指定为'row-normalized'以在行汇总中显示真正率和假正率。此外，将'ColumnSummary'指定为'column-normalized'以在列汇总中显示正预测值和假发现率。

```
>>LSTMAccuracy = sum(trainPred == YTrain)/numel(YTrain)*100
LSTMAccuracy =
   59.9031

>>figure    % 效果如图 11-14 所示
>> confusionchart(YTrain,trainPred,'ColumnSummary','column-normalized',...
              'RowSummary','row-normalized','Title','LSTM 的混淆图');
ylabel('真实类别')
xlabel('预测类别')
```

现在用相同的网络对测试数据进行分类。

```
>>testPred = classify(net,XTest,'SequenceLength',1000);
```

计算测试准确度，并使用混淆矩阵将分类性能可视化。

```
>>LSTMAccuracy = sum(testPred == YTest)/numel(YTest)*100
LSTMAccuracy =
   58.8776
figure    % 效果如图 11-15 所示
confusionchart(YTest,testPred,'ColumnSummary','column-normalized',...
              'RowSummary','row-normalized','Title','LSTM 的混淆图');
ylabel('真实类别')
xlabel('预测类别')
```

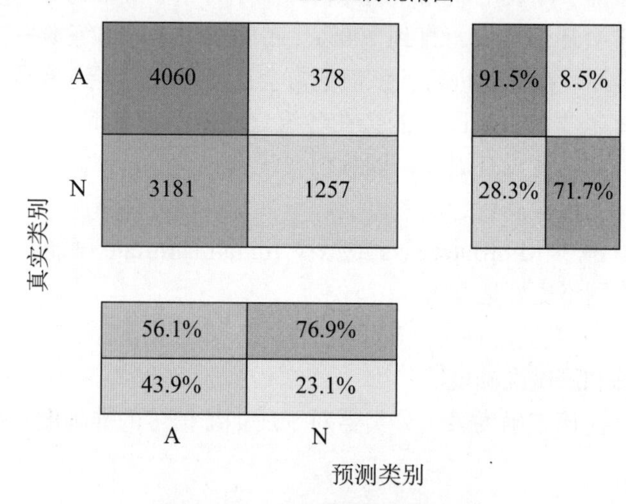

图 11-14　正预测值和假发现率

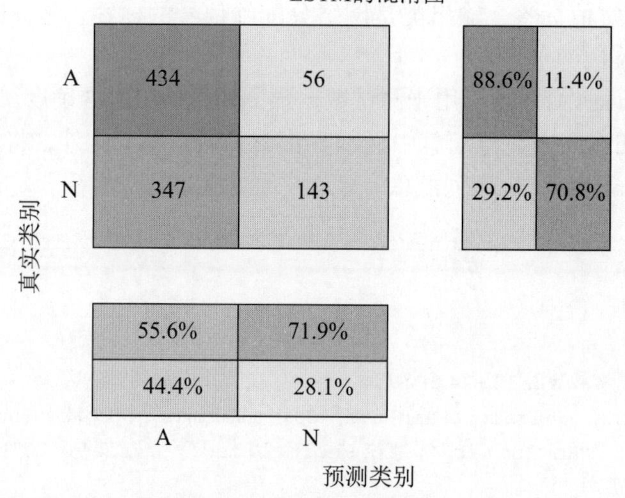

图 11-15　LSTM 的混淆图

（7）第二次尝试：通过特征提取提高性能。

从数据中提取特征有助于提高分类器的训练和测试准确度。为了决定提取哪些特征，实例采用的方法是先计算时频图像（如频谱图），然后使用它们来训练卷积神经网络（CNN）。

可视化每个信号类型的频谱图如图 11-16 所示。

```
>>fs = 300;
figure
subplot(2,1,1);
pspectrum(normal,fs,'spectrogram','TimeResolution',0.5)
title('正常信号')
subplot(2,1,2);
pspectrum(aFib,fs,'spectrogram','TimeResolution',0.5)
title('AFib信号')
```

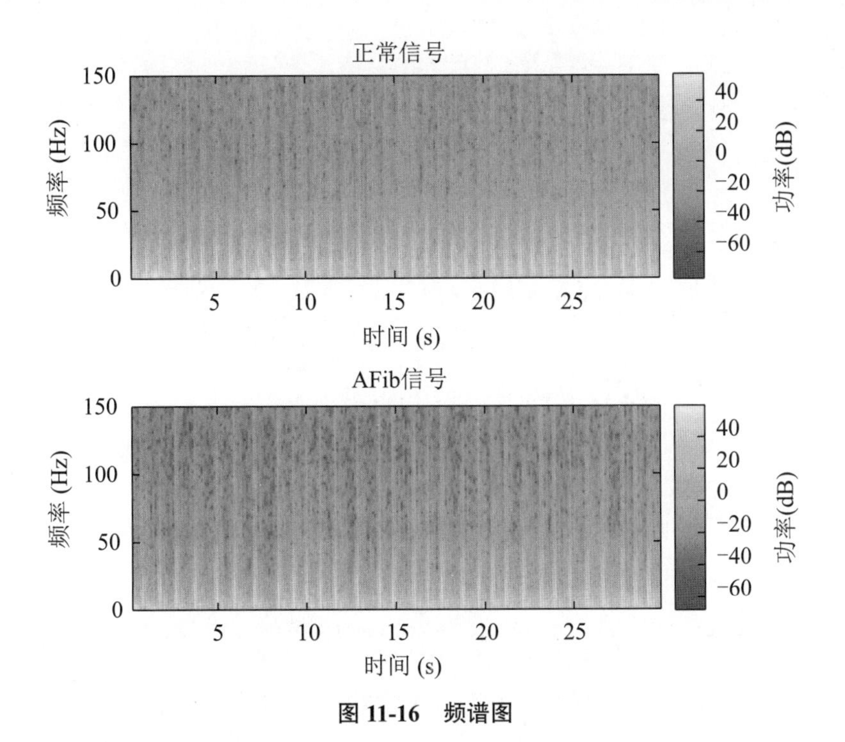

图 11-16　频谱图

因为实例中使用 LSTM 而不是 CNN，所以必须转换该方法以应用于一维信号。时频（TF）矩从频谱图中提取信息，每个矩都可以用作一维特征以输入 LSTM。

探查时域中以下两个 TF 矩：

- 瞬时频率（instfreq）；
- 谱熵（pentropy）。

instfreq 函数估计信号的时变频率，作为功率谱图的第一个矩。该函数使用时间窗上的短时傅里叶变换计算频谱图。在实例中，该函数使用 255 个时间窗。该函数的时间输出对应于时间窗的中心。

可视化每个信号类型的瞬时频率如图 11-17 所示。

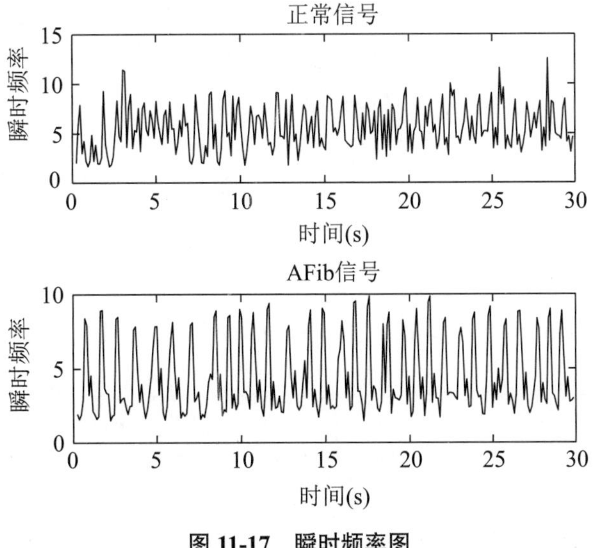

图 11-17　瞬时频率图

```
>>[instFreqA,tA] = instfreq(aFib,fs);
[instFreqN,tN] = instfreq(normal,fs);
figure
subplot(2,1,1);
plot(tN,instFreqN)
title('正常信号')
xlabel('时间(s)')
ylabel('瞬时频率')

subplot(2,1,2);
plot(tA,instFreqA)
title('AFib信号')
xlabel('时间(s)')
ylabel('瞬时频率')
```

使用cellfun( )将instfreq( )函数应用于训练集和测试集中的每个单元。

```
>>instfreqTrain = cellfun(@(x)instfreq(x,fs)',XTrain,'UniformOutput',
false);
>>instfreqTest = cellfun(@(x)instfreq(x,fs)',XTest,'UniformOutput',
false);
```

谱熵测量信号的频谱的尖度或平坦度。具有尖峰频谱的信号（如正弦波之和）具有低谱熵；具有平坦频谱的信号（如白噪声）具有高谱熵。pentropy( )函数基于功率谱估计谱熵。与瞬时频率估计一样，pentropy( )使用255个时间窗来计算频谱图。函数的时间输出对应于时间窗的中心。

可视化每个信号类型的谱熵，效果如图11-18所示。

```
>>[pentropyA,tA2] = pentropy(aFib,fs);
[pentropyN,tN2] = pentropy(normal,fs);

figure
subplot(2,1,1)
plot(tN2,pentropyN)
title('正常信号')
ylabel('谱熵')
subplot(2,1,2)
plot(tA2,pentropyA)
title('AFib信号')
xlabel('时间(s)')
ylabel('谱熵')
```

使用cellfun( )将pentropy( )函数应用于训练集和测试集中的每个单元。

```
>>pentropyTrain = cellfun(@(x)pentropy(x,fs)',XTrain,'UniformOutput',
false);
pentropyTest = cellfun(@(x)pentropy(x,fs)',XTest,'UniformOutput',
false);
```

串联这些特征，使新的训练集和测试集中的每个单元都有两个维度（即两个特征）。

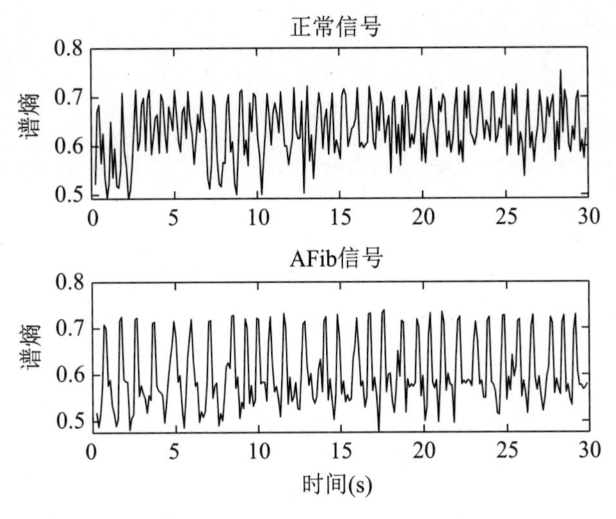

图 11-18 每个信号类型的谱熵

```
>>XTrain2 = cellfun(@(x,y)[x;y],instfreqTrain,pentropyTrain,'UniformOutput',
false);
XTest2 = cellfun(@(x,y)[x;y],instfreqTest,pentropyTest,'UniformOutput',
false);
```

可视化新输入的格式。每个单元不再包含一个长度为 9000 个采样的信号，现在它包含两个长度为 255 个采样的特征。

```
>>XTrain2(1: 5)
ans =
  5×1 cell 数组
    {2×255 double}
    {2×255 double}
    {2×255 double}
    {2×255 double}
    {2×255 double}
```

（8）标准化数据。

瞬时频率和谱熵的均值相差几乎一个数量级，而且瞬时频率均值可能会因太高而导致 LSTM 无法高效学习。当网络适合于均值和极差较大的数据时，大的输入可能会减慢网络的学习和收敛速度。

```
>>mean(instFreqN)
ans =
    5.5551
>>mean(pentropyN)
ans =
    0.6324
```

使用训练集均值和标准差来标准化训练集和测试集。标准化是一种在训练过程中提高网络性能的常用方法。

```
>>XV = [XTrain2{: }];
```

```
mu = mean(XV,2);
sg = std(XV,[],2);

XTrainSD = XTrain2;
XTrainSD = cellfun(@(x)(x-mu)./sg,XTrainSD,'UniformOutput',false);

XTestSD = XTest2;
XTestSD = cellfun(@(x)(x-mu)./sg,XTestSD,'UniformOutput',false);
```

显示标准化瞬时频率和谱熵的均值。

```
>>instFreqNSD = XTrainSD{1}(1,:);
pentropyNSD = XTrainSD{1}(2,:);
mean(instFreqNSD)
ans =
   -0.3225
>>mean(pentropyNSD)
ans =
   -0.2408
```

（9）修改 LSTM 网络架构。

至此每个信号都有两个维度，这时有必要通过将输入序列大小指定为 2 来修改网络架构。指定输出大小为 100，并输出序列的最后一个元素。通过使用一个大小为 2 的全连接层，后跟 Softmax 层和分类层，来指定两个类。

```
>>layers = [ ...
    sequenceInputLayer(2)
    bilstmLayer(100,'OutputMode','last')
    fullyConnectedLayer(2)
    softmaxLayer
    classificationLayer
    ]
layers =
  具有以下层的 5×1 Layer 数组:
     1   ''   序列输入     序列输入: 2 个维度
     2   ''   BiLSTM      BiLSTM: 100 个隐藏单元
     3   ''   全连接      2 全连接层
     4   ''   Softmax     softmax
     5   ''   分类输出     crossentropyex
```

指定训练选项。将最大轮数设置为 30，以允许基于训练数据对网络进行 30 轮训练。

```
options = trainingOptions('adam', ...
    'MaxEpochs',30, ...
    'MiniBatchSize', 150, ...
    'InitialLearnRate', 0.01, ...
    'GradientThreshold', 1, ...
    'ExecutionEnvironment',"auto",...
    'plots','training-progress', ...
    'Verbose',false)
```

```
options =
  TrainingOptionsADAM - 属性:
           GradientDecayFactor: 0.9000
    SquaredGradientDecayFactor: 0.9990
                       Epsilon: 1.0000e-08
              InitialLearnRate: 0.0100
                     MaxEpochs: 30
             LearnRateSchedule: 'none'
           LearnRateDropFactor: 0.1000
           LearnRateDropPeriod: 10
                 MiniBatchSize: 150
                       Shuffle: 'once'
                    WorkerLoad: []
           CheckpointFrequency: 1
       CheckpointFrequencyUnit: 'epoch'
                SequenceLength: 'longest'
          DispatchInBackground: 0
              L2Regularization: 1.0000e-04
       GradientThresholdMethod: 'l2norm'
             GradientThreshold: 1
                       Verbose: 0
              VerboseFrequency: 50
                ValidationData: []
           ValidationFrequency: 50
            ValidationPatience: Inf
                CheckpointPath: ''
          ExecutionEnvironment: 'auto'
                     OutputFcn: []
                       Metrics: []
                         Plots: 'training-progress'
          SequencePaddingValue: 0
      SequencePaddingDirection: 'right'
             InputDataFormats: "auto"
            TargetDataFormats: "auto"
      ResetInputNormalization: 1
  BatchNormalizationStatistics: 'auto'
                 OutputNetwork: 'last-iteration'
```

（10）用时频特征训练 LSTM 网络。

通过 trainNetwork( ) 用指定的训练选项和层架构训练 LSTM 网络，效果如图 11-19 所示。

```
>>net2 = trainNetwork(XTrainSD,YTrain,layers,options);
```

从图 11-19 中可看出，训练准确度有很大提高，交叉熵损失趋于 0，而且训练所需的时间减少，因为 TF 矩比原始序列短。

（11）可视化训练性能和测试准确度。

使用更新后的 LSTM 网络对训练数据进行分类。将分类性能可视化为混淆矩阵，效果如图 11-20 所示。

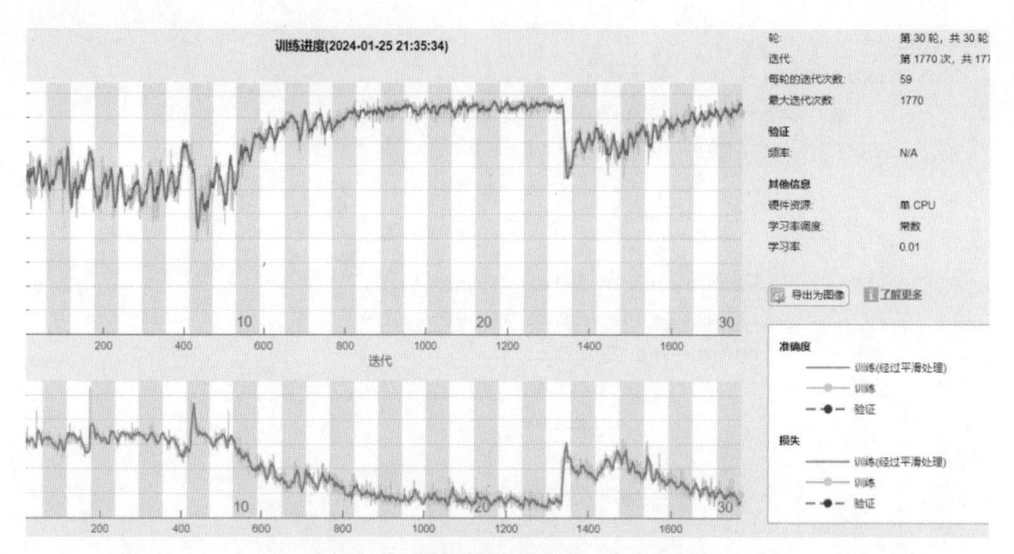

图 11-19　用时频特征训练 LSTM 网络

```
>>trainPred2 = classify(net2,XTrainSD);
LSTMAccuracy = sum(trainPred2 == YTrain)/numel(YTrain)*100
LSTMAccuracy =
   93.8711
figure
confusionchart(YTrain,trainPred2,'ColumnSummary','column-normalized',...
             'RowSummary','row-normalized','Title','LSTM的混淆图');
ylabel('真实类别')
xlabel('预测类别')
```

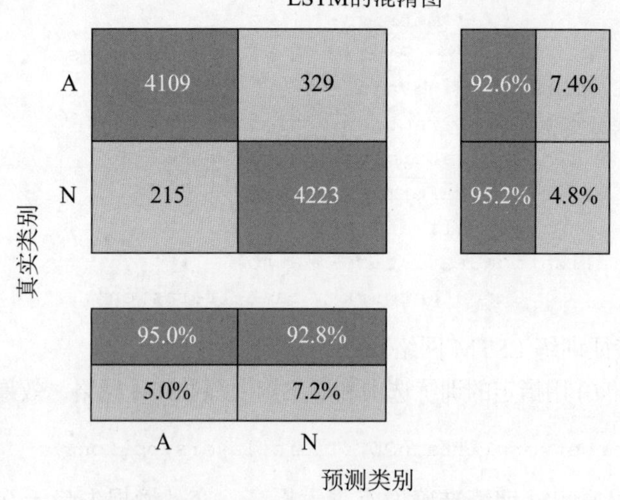

图 11-20　分类性能可视化为混淆矩阵

使用更新后的网络对测试数据进行分类。绘制混淆矩阵以检查测试准确度，效果如图 11-21 所示。

```
>>testPred2 = classify(net2,XTestSD);
LSTMAccuracy = sum(testPred2 == YTest)/numel(YTest)*100
LSTMAccuracy =
   94.6939
figure
confusionchart(YTest,testPred2,'ColumnSummary','column-normalized',...
              'RowSummary','row-normalized','Title','LSTM的混淆图');
ylabel('真实类别')
xlabel('预测类别')
```

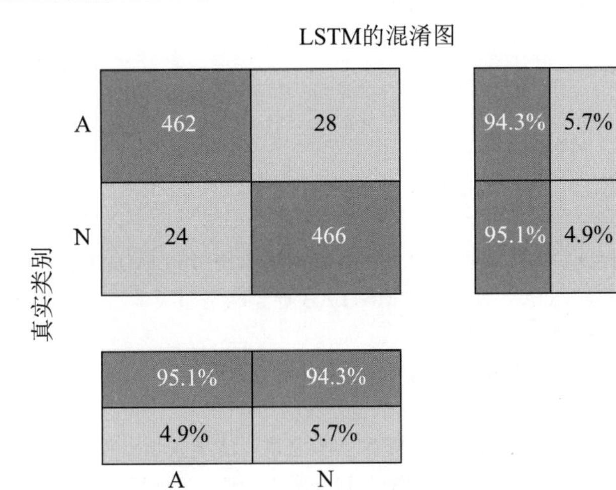

图 11-21　检查测试准确度

本节实例说明如何使用 LSTM 网络构建分类器来检测 ECG 信号中的心房颤动。该过程使用过采样来避免在主要由健康被测者组成的人群中检测异常情况时出现的分类偏置问题。使用原始信号数据训练 LSTM 网络会导致分类准确度差。对每个信号使用两个时频矩特征来训练网络可显著提高分类性能，同时减少训练时间。

参考文献

REFERENCES

[1] 史峰，王小川，郁磊，等. MATLAB 神经网络 30 个案例分析 [M]. 北京：北京航空航天大学出版社，2010.

[2] 闻新，李新，张兴旺. 应用 MATLAB 实现神经网络（2014b）[M]. 北京：国防工业出版社，2014.

[3] MATLAB 技术联盟，刘冰，郭海霞 . MATLAB 神经网络超级学习手册 [M]. 北京：人民邮电出版社，2017.

[4] 李国勇，杨丽娟 . 神经 · 模糊 · 预测控制及其 MATLAB 实现 [M]. 3 版 . 北京：电子工业出版社，2013.

[5] 陈明. MATLAB 神经网络原理与实例精解 [M]. 北京：清华大学出版社，2013.

[6] 丛爽. 面向 MATLAB 工具箱的神经网络 [M]. 4 版 . 安徽：中国科学技术大学出版社，2022.

[7] Phil Kim. 深度学习：基于 MATLAB 的设计实例 [M]. 邹伟，王振波，王燕妮，译 . 北京：北京航空航天大学出版社，2018.

[8] 刘金琨 . RBF 神经网络自适应控制及 MATLAB 仿真 [M]. 2 版 . 北京：清华大学出版社，2019.

[9] 姚舜才，李大威. 神经网络与深度学习 [M]. 北京：清华大学出版社，2022.